JN082690

これ1冊で
最短合格

テクニカル
問題も簡単!
解説動画付!

工事担任者
総合通信
要点解説
過去問付き
赤シート対応

テキスト&問題集

総合学習塾まなびや塾長
藤本勇作 著

秀和システム

はじめに

この本を手にとっていただき、本当にありがとうございます。合格のナビゲートとして、お役に立てる教材を作りたいとの思いでこの本を作りました。

工事担任者試験は基礎・技術・法規と３科目あり、内容が幅広いものになっています。短期合格のためには、出るところに絞った効率よい学習が必要です。幸い、工事担任者試験は過去問題からの出題が多い試験です。過去問を攻略すれば、合格は確実といっても過言ではありません。本書では過去問の内容に沿った構成を徹底し、目次構成も本試験の出題順になるよう心がけました。本書の順番で学習していただければ、過去問題も同じ順で解けるようになります。

また、多くの方が苦手とされる計算問題には、解説動画もつけさせていただきました（本書掲載のQRコードは、著者webサイトにリンクしております。サイト内で本書掲載の解説動画をご確認いただけます。また、練習が必要な計算問題には類題もつけさせていただきました）。本試験特有の言い回しに慣れていただくための工夫として、可能な限り多くの過去問題も掲載いたしました。改訂にあたり図表の数も増やし、『これ一冊』で合格できる内容になっております。

工事担任者資格は、電気通信回線設備に端末設備を接続するための工事を行い、監督することができる資格で、その重要性は益々高まっています。ぜひ試験に合格していただき、この国の社会インフラを支える、貴重な人財となっていただけることを切に願っております。

夢への一歩を踏み出してください。あなたの合格のサポートができることを、大変光栄に思っております。

著者しるす

試験について(試験概要)

「工事担任者」資格は、電気通信回線と端末設備等とを接続するために必要とされる国家資格です。これからの情報通信ネットワーク社会を支える技術者として、活躍の場はますます拡がっています。

試験制度の改正(令和3年4月1日から適用)により、「資格の名称の変更・第二種の廃止」、「科目免除資格に施工管理技士が追加」など、いまや工事担任者試験は大きな転換点にあります。

「総合通信」資格は「工事担任者」の中で最上位に位置しており、アナログ伝送路設備とデジタル伝送路設備を総合的に取り扱うことのできる資格です。

試験制度が大きく変わるいまだからこそ、取得しておきたい資格といえます。

試験実施要領

試験の実施日、場所、申請方法等については一般財団法人日本データ通信協会電気通信国家試験センターのホームページにて公示されます。

また、ご不明点等は試験センターにお問い合わせいただくことも可能です。

一般財団法人　日本データ通信協会電気通信国家試験センター

https://www.dekyo.or.jp/shiken/charge/

メール：shiken@dekyo.or.jp

住所　：〒170-8585 東京都豊島区巣鴨2丁目11番1号
ホウライ巣鴨ビル6階

電話　：受付時間平日10:00～16:00
TEL:03-5907-6556　FAX:03-5974-0096
03-5907-5957(実務経歴担当)

実施詳細は公示内容をご確認いただくとして、以下例年の実施概要を記載いたします。令和6年8月1日の試験申請分より試験手数料が改定されます。

試験実施時期：例年2回（5月と11月）実施

試験実施地：公示された地区の中から申請時に1つ指定。試験会場の詳細は、個別に郵送される受験票により通知される。

試験手数料（令和6年8月1日申請分より）：① 14,600円(非課税)
②全科目免除を申請する方は 9,400円(非課税)
※全科目とは、「基礎」、「技術」、「法規」の3科目すべてのこと。
※令和6年7月31日申請分までは試験手数料①8,700円、②5,600円で受験できる。

出題形式：多肢択一式

科目数：基礎、技術、法規の3科目（科目免除制度あり）

合格点：100点満点中60点以上で合格（科目合格制度あり）

受験資格：年齢・学歴・性別などに関係なく、どなたでも受験することができる。

試験出題範囲：【基礎】電気回路、電子回路、論理回路、伝送理論、伝送技術、などから計22問程度出題。
【技術】端末設備の技術、総合デジタル通信の技術、接続工事の技術、トラヒック理論、ネットワークの技術、情報セキュリティの技術、などから計50問程度出題。
【法規】電気通信事業法、有線電気通信法、不正アクセス行為の禁止等に関する法律、電子署名および認証業務に関する法律、などから計25問程度出題。

他の資格を有していたり、実務経験や認定学校の修了など、一定の要件を満たす場合は科目免除制度などもあります。

試験の傾向と対策について

試験の傾向としては、一貫して過去問からの出題が目立ちます。全体の約9割程度は、過去問およびその類題で構成されています。過去問をしっかりと解けるようになれば、合格点の60点は難しい数字ではありません。

ただし、取り組む過去問の量が大切です。試験センターが公開している2年分（計4回分）の問題量では少なすぎます。少なくとも基礎と法規は5年分、技術は10年分ほど解いておきたいところです。それだけ取り組めば、試験問題がいかに過去問の繰り返しで構成されているか、よくわかります。しかし、現実的には自力でそれだけの問題に取り組むことは困難です。そこで本書では、基礎、技術、法規各10年分（計20回分）の本試験のエッセンスを一冊の書籍に盛り込みました。必要な情報のみが凝縮されていて、無駄な情報はほぼありません。

平成から令和に変わっても、過去問主体の出題傾向に変化はないので、過去問中心の勉強方法で間違いないでしょう。

試験対策としては、合格点の60点をとることが大切です。そのため、目標点は80点くらいとするのがよいでしょう。100点を目標とする試験ではありません。短期合格をするためには、習得に時間がかかりすぎる単元は、後回しにすることも肝要です。各問題の配点はほぼ同じですから、難易度の高い単元はスルーする勇気も必要です。本書でも、初学者がつまずきやすい単元は、あえて割愛してあります。本書記載の内容に専念することで、合格点奪取のための力は十分身につくものと確信しています。

解説動画と類題演習サイトの紹介

本書読者様限定特典として解説動画および類題演習サイトを設けております。
以下のQRコードもしくはURLよりアクセスいただけます。

各単元のページはパスワード保護されており、パスワードは本書の内容と照らし合わせていただければわかるように、上記webサイト上にヒントを記載しております（計算結果の数字や、重要用語などをパスワードにしております）。

このようにして覚えていただいたキーワードや計算問題は強く記憶に残り、試験本番でもお役に立てるかと思います。

仕様上、パスワード入力画面上では入力した文字を表示できないため、パスワード入力の際は、半角英数字になっていることをご確認ください。セキュリティ保護のため、パスワードは不定期に更新して参ります。

更新情報も上記webサイト上に記載させていただきますので、本書をご参照いただきながら入力いただけましたら幸いです。

解説動画やオリジナル資料など、適宜内容を更新し質の高いものをご提供できるよう努めて参りますので、ご活用いただき合格への最短ルートを歩んでいただくことを切に願っております。

https://xn--q9js5a0a.jp/gentei/

総合通信合格への効率学習ロードマップ

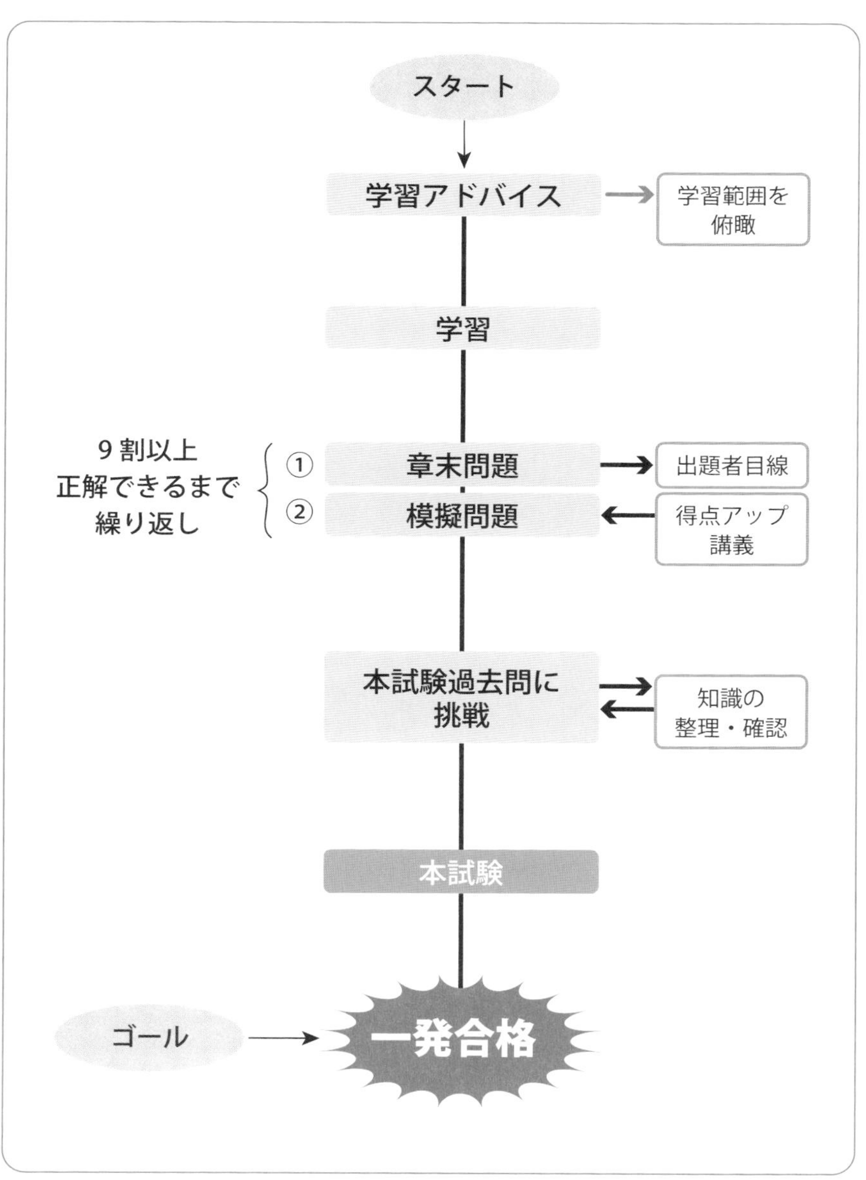

本書の7つの工夫！

本書は、工事担任者試験 総合通信に最短で合格できるよう、下記のような紙面構成と様々な工夫を盛り込んでいます。これらの特徴を生かし、ぜひ確実に合格の栄誉を勝ち取ってください。

ポイントその1

学習のアドバイスで要点が把握できる！

学習内容の概略、学習上の要点です。

ポイントその4

解説動画でカンタン理解！

視覚と聴覚で理解できます。動画の視聴方法は、6ページを参照してください。

ポイントその2

赤シートにも対応！

重要語句や重要数値などは、赤フィルターを使って学習できます。

ポイントその3

出題の意図や傾向がわかる！

出題傾向を分析し、出題者側の観点から問題を解くカギをわかりやすく解説します。

Theme 4 半導体の重要暗記事項

重要度：★★★

半導体（ダイオードなど）の重要暗記事項についてまとめています。

- 過去問の内容をテキスト化した学習（過去問自体を教科書にする）が効率よくお勧めです。
- 赤字部分を赤シートなどで隠し、答えられるまで繰り返しましょう。

1 半導体の性質

■1 原子の電子的性質

原子は全体として電気的に中性を保っています。

何らかの原因により電子の数が**不足した場合**、正電荷を帯びたイオンとなり、電子の数が**多くなった場合**は負電荷を帯びたイオンとなります。（平成29年第2回）

■2 半導体の性質

導体と絶縁体の中間的性質を持つものを「半導体」といいます。

原子核の周りを負の電気を帯びた電子が回っており、最も外側を回っている電子を**価電子**と呼びます。価電子の数は価数（○価）として表されます。
半導体の性質を持つシリコンやゲルマニウムの元素は、**4価**の状態で安定して**共有結合**を起こしています。

次の内容が出題されています。※（ ）内は出題回を表す。以後同じ。

☑シリコン原子は4個の価電子を持っており、これらの価電子は原子核から最も外側の軌道に位置する。（平成29年第2回）

- この単元からは1問（4点分）の配点が見込まれます。
- 正誤問題が出されやすいので、ひっかけに注意してください。

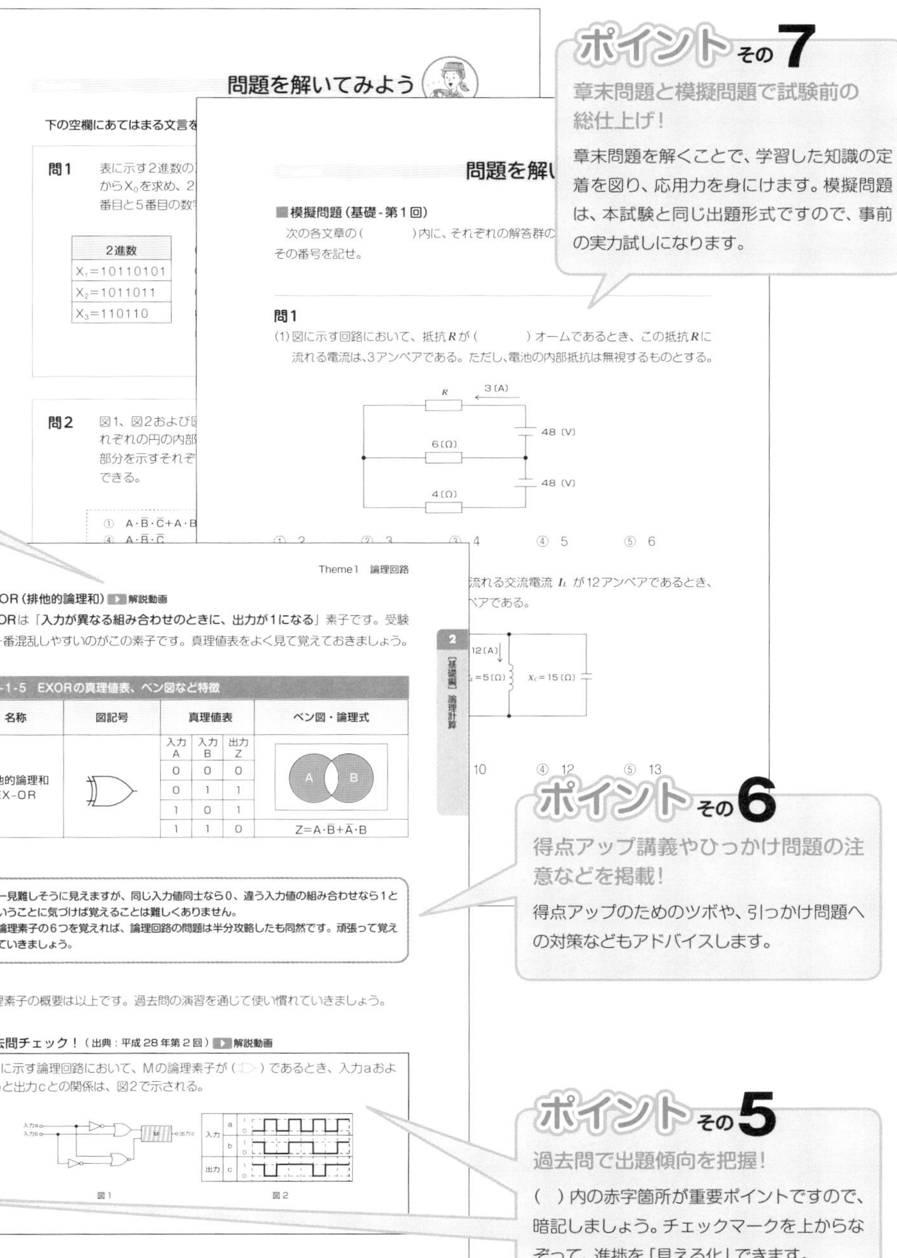
ポイントその7
章末問題と模擬問題で試験前の総仕上げ！
章末問題を解くことで、学習した知識の定着を図り、応用力を身にけます。模擬問題は、本試験と同じ出題形式ですので、事前の実力試しになります。
ポイントその6
得点アップ講義やひっかけ問題の注意などを掲載！
得点アップのためのツボや、引っかけ問題への対策などもアドバイスします。
ポイントその5
過去問で出題傾向を把握！
（ ）内の赤字箇所が重要ポイントですので、暗記しましょう。チェックマークを上からなぞって、進捗を「見える化」できます。

目次

はじめに ……2
試験について（試験概要）……3
試験の傾向と対策について ……5
解説動画と類題演習サイトの紹介 ……6
総合通信合格への
　効率学習ロードマップ ……7
本書の7つの工夫！ ……8

第1章　［基礎編］電気回路、半導体他（大問1&2）

Theme1　電気一般の重要暗記事項 …… 14
Theme2　直流回路計算 …… 20
Theme3　交流回路計算 …… 29
Theme4　半導体の重要暗記事項 …… 35
Theme5　トランジスタの重要暗記事項 …… 39
Theme6　トランジスタの計算 …… 44
問題を解いてみよう …… 49
答え合わせ …… 50

第2章　［基礎編］論理計算（大問3）

Theme1　論理回路 …… 52
Theme2　n進数 …… 59
Theme3　ブール代数 …… 64
Theme4　ベン図 …… 67
問題を解いてみよう …… 70
答え合わせ …… 71

第3章　［基礎編］伝送理論と伝送技術（大問4&5）

Theme1　伝送理論の重要暗記事項 …… 74
コラム　総合通信合格後のおすすめ資格 …… 77
Theme2　伝送理論の計算問題 …… 78
Theme3　伝送技術…変調方式、多重伝送方式他 …… 88
Theme4　伝送技術…光ファイバ伝送、品質評価他 …… 95
問題を解いてみよう …… 100
答え合わせ …… 101

第4章　［技術・理論編］端末設備（大問1&2）

Theme1　電話機、FAXなど …… 104

Theme 2　PBX、IP電話の音声品質、SIP …… 107
Theme 3　ISDN端末 …… 115
Theme 4　電磁ノイズ、雷対策 …… 119
Theme 5　LAN端末設備 …… 121
Theme 6　無線LAN …… 126
問題を解いてみよう …… 130
答え合わせ …… 131

第5章　［技術・理論編］ネットワーク技術(大問3&4)

Theme 1　ISDNインタフェース …… 134
Theme 2　ISDNレイヤ1～3 …… 139
Theme 3　ネットワーク技術 …… 148
Theme 4　通信プロトコル …… 154
Theme 5　ブロードバンドアクセス技術 …… 160
Theme 6　LAN構成機器、その他重要事項 …… 166
問題を解いてみよう …… 170
答え合わせ …… 171

第6章　［技術・理論編］トラヒック理論(大問5)

Theme 1　トラヒック理論 …… 174
問題を解いてみよう …… 182
答え合わせ …… 183

第7章　［技術・理論編］情報セキュリティ技術(大問6)

Theme 1　情報セキュリティの概要、攻撃手法 …… 186
コラム　過去問だけでは合格できない!? …… 189
Theme 2　端末設備とセキュリティ技術、防御方法 …… 190
Theme 3　情報セキュリティ管理 …… 200
問題を解いてみよう …… 204
答え合わせ …… 205

第8章　［技術・理論編］端末設備接続技術(大問7&8&9)

Theme 1　線路設備 …… 208
Theme 2　配線方式、配線用図記号 …… 211
Theme 3　PBX他設置、接続工事 …… 217
Theme 4　ISDN工事 …… 223

Theme 5　LAN配線工事 …… 228
Theme 6　構内情報配線システム …… 234
Theme 7　光ファイバ試験 …… 241
Theme 8　テスタ …… 245
問題を解いてみよう …… 248
答え合わせ …… 249

第9章　［技術・理論編］施工管理（大問10）

Theme 1　労働安全 …… 252
コラム　試験制度変更の経緯について …… 255
Theme 2　設計・施工管理 …… 256
問題を解いてみよう …… 263
答え合わせ …… 264

第10章　［法規編］各種法令規則（大問1～5）

Theme 1　電気通信事業法 …… 266
Theme 2　工事担任者規則、有線電気通信法他 …… 273
Theme 3　端末設備等規則Ⅰ …… 279
Theme 4　端末設備等規則Ⅱ …… 286
Theme 5　有線電気通信設備令、不正アクセス禁止法等 …… 296
問題を解いてみよう …… 306
答え合わせ …… 308

模擬問題（第1回） …… 311
模擬問題（基礎-第1回）／模擬問題（技術-第1回）／模擬問題（法規-第1回）
模擬問題解説（基礎-第1回）／模擬問題解説（技術-第1回）／模擬問題解説（法規-第1回）
模擬問題（第2回） …… 350
模擬問題（基礎-第2回）／模擬問題（技術-第2回）／模擬問題（法規-第2回）
模擬問題解説（基礎-第2回）／模擬問題解説（技術-第2回）／模擬問題解説（法規-第2回）

●索引 …… 379

※各見出しにある大問番号は、著者独自の見解によるものです。試験での出題箇所を保証したものではありません。年度ごとに問題の配置も異なりますので、目安としてお考えください。

第1章

［基礎編］電気回路、半導体他（大問1&2）

Theme 1

電気一般の重要暗記事項

重要度：★★★

ここでは、主に基礎の大問１に出題されている、電気一般（静電気、電磁気、交流）の重要暗記事項についてまとめています。

- 本試験特有のいい回しに慣れていただくため、できるだけ実際の試験の記述を載せています。
- 試験で問われた箇所（選択肢の部分）は赤字表記にしています。

1 静電気暗記事項

誘電分極、静電誘導、静電遮蔽（へい）について整理しておきます。

■1 誘電分極

★過去問チェック！（出典：令和３年第２回）

> 中身がくり抜かれていない**絶縁体**に対し、正に帯電した導体を近づけたとき、絶縁体の表面において、この導体に近い側に負、遠い側に正の電荷が現れる現象は、（**誘電分極**）といわれる。

■2 静電誘導

絶縁した**導体**に帯電体を近づけると，帯電体に近い表面に異種の電荷，遠い表面に同種の電荷が現れる現象を**静電誘導**といいます。

- この単元からは１問程度（５点分）の出題が見込まれます。
- 公式は同じものが繰り返し出題されています。

図1-1-1　誘電分極と静電誘導の違い

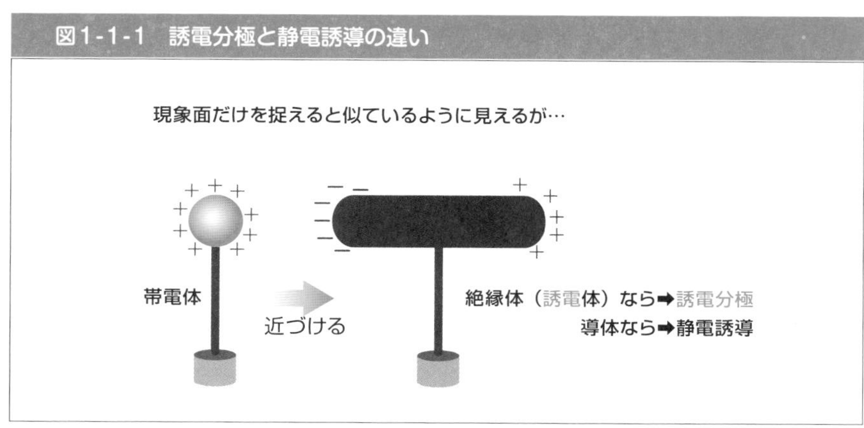

■3　静電遮蔽

★過去問チェック！（出典：平成29年第1回）

帯電体Aの周囲を中空導体Bで覆い、Bを**接地**すると、Bの外部はAの電荷の影響を受けない。これは一般に、(**静電遮蔽**)効果といわれる。

図1-1-2　静電遮蔽

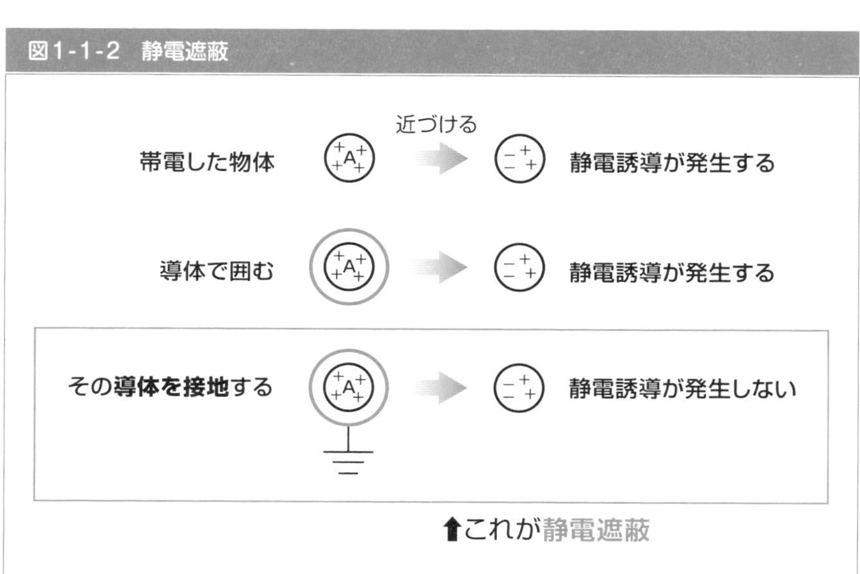

2 電磁気暗記事項

ここでは、主にコイルや磁界に関する事項をまとめています。

■1 レンツの法則

電磁誘導によって誘起される**起電力**の方向についての法則です。

★過去問チェック！（出典：令和元年第２回）

コイルを貫く磁束が変化したとき、**電磁誘導**によってコイルに生ずる（**起電力**）は、これによって生ずる電流の作る磁場が、与えられた磁束の変化を妨げるような向きに発生する。これは、**レンツの法則**といわれる。

■2 コイルの自己インダクタンス

コイルに発生する起電力の比例定数をコイルの自己インダクタンスといい、

$\frac{\text{誘導起電力}}{\text{電流変化率}}$で表されます。

★過去問チェック！（出典：平成28年第１回）

コイルに交流電流が流れると、コイル内には時間的に変化する磁束が生じ、流れる電流を妨げる向きに誘導起電力が生ずる。このとき、**コイルの自己インダクタンス**は、$\frac{\text{誘導起電力}}{\text{電流変化率}}$で表される。

■3 コイルの誘導性リアクタンス

★過去問チェック！（出典：令和４年第２回）

自己インダクタンスがLヘンリーのコイルの誘導性リアクタンスをX_Lオームとすると、X_Lの大きさは、コイルに流れる（**交流電流の周波数**）に比例する。

■4　誘導起電力

電磁誘導によって巻数Nのコイルに生ずる誘導起電力eは、コイルを貫く磁束ϕの時間tと共に変化する割合を$\dfrac{\Delta \phi}{\Delta t}$とすれば、

$e=\boldsymbol{N\times\dfrac{\Delta \phi}{\Delta t}}$で表されます。

■5　電磁エネルギー

インダクタンスLヘンリーのコイルにIアンペアの直流電流が流れているとき、このコイルに蓄えられている電磁エネルギーは、

$\boldsymbol{\dfrac{1}{2}LI^2}$で表されます。

■6　平行電線と吸引力・反発力

２本の導線を平行に置いたときに、電流の方向が**同じ場合**には**吸引力**が働き、電流の方向が**異なる場合**には**反発力**が働きます。

★**過去問チェック！**（出典：平成30年第２回）

> 平行に置かれた２本の電線に、互いに**反対方向**に直流電流を流すと、電線間において相互に（**反発**）する電磁力が発生する。

図1-1-3　平行電線と吸引力・反発力

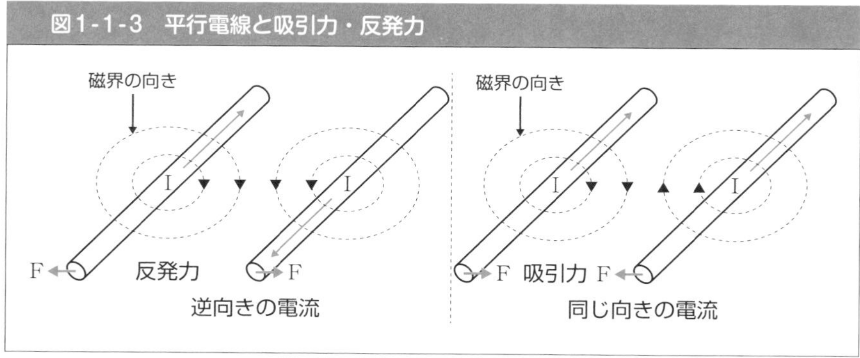

3　交流暗記事項

■1　交流波形（正弦波）の頻出事項

交流波形ではいろいろな波の表し方がありますが、試験対策上は「**実効値**」と「**波高率**」の表し方を覚えておくとよいでしょう。

①実効値＝**最大値**×$\frac{1}{\sqrt{2}}$　　②波高率＝$\frac{\text{最大値}}{\text{実効値}}$≒**1.41**（$=\sqrt{2}$）

★過去問チェック！（出典：令和２年第２回）

> 正弦波交流の電圧において、**実効値**は（**最大値**）の$\frac{1}{\sqrt{2}}$倍である。

★過去問チェック！（出典：平成31年第１回）

> 交流波形のひずみの度合いを判断するための目安の1つである**波高率**は、（**最大値の実効値**）に対する比で表され、正弦波形の場合は約1.41である。

■2　共振周波数

回路にある周波数の交流電流が流れたときに、コイルの誘導性リアクタンスとコンデンサの容量性リアクタンスが打ち消し合ってインピーダンスのリアクタンス成分が0になる現象のことを**共振**といい、このときの周波数を**共振周波数**といいます。

★過去問チェック！（出典：令和４年第１回）

> Rオームの抵抗、Lヘンリーのコイルおよび C ファラドのコンデンサを直列に接続した回路の**共振周波数**は、（$\frac{1}{2\pi\sqrt{LC}}$）ヘルツである。

3　交流電力の分類

交流電力は皮相電力、有効電力、無効電力に分けることができます。

正弦波交流回路において、電圧の実効値をEボルト、電流の実効値をIアンペア、電流と電圧の位相差をθラジアンとすると、各電力は次式で表されます。

皮相電力$S=EI$ [V・A]

有効電力$P=EI\cos\theta$　[W]

無効電力$Q=EI\sin\theta$　[var]

無効電力が試験頻出です。

★過去問チェック！（出典：令和３年第１回）

> 正弦波交流回路において、電圧の実効値をEボルト、電流の実効値をIアンペア、電圧と電流の位相差をθラジアンとすると、無効電力は（$\boldsymbol{EI\sin\theta}$）バールである。

4　力率

力率（cosθ）とは供給された電力のうち何%が有効に働いたかを示すもので、次式で表されます。

$$\cos\theta=\frac{\boldsymbol{P}}{\sqrt{\boldsymbol{P}^2+\boldsymbol{Q}^2}}$$

★過去問チェック！（出典：平成29年第２回）

> 正弦波交流回路において、有効電力をPワット、無効電力をQバールとすれば、力率は、$\dfrac{\boldsymbol{P}}{\sqrt{\boldsymbol{P}^2+\boldsymbol{Q}^2}}$で表される。

Theme 2

直流回路計算

基礎大問１に出題される直流回路の計算事項についてまとめていきます。

重要度：★★☆

●試験までに時間がない場合は、思い切って捨て問にしてもかまいません。
●合格点は60点。苦手分野を捨て問にすることも合格戦略の１つです。

1　オームの法則・合成抵抗の計算

1　オームの法則

オームの法則は全ての計算の基礎になりますので、絶対に覚えましょう。

図1-2-1　オームの法則

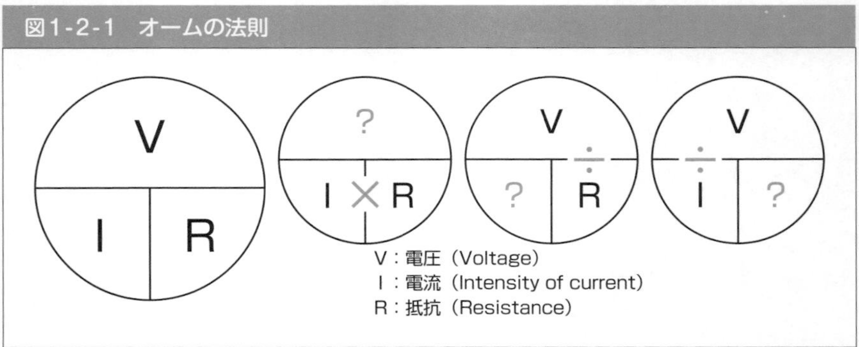

●例年1問目に「キルヒホッフ」や「合成抵抗」が出題されます。この単元全体からは1～2問程度（5～10点分）の出題が見込まれます。

2　合成抵抗の計算（直列・並列）

①直列接続

複数の抵抗を一列に接続したものを**直列接続**といいます。

抵抗をそれぞれR_1、R_2、R_3とした場合の合成抵抗Rは次式で表されます。

$$R=R_1+R_2+R_3$$

②並列接続

複数の抵抗をそれぞれ並列に接続したものを**並列接続**といいます。

抵抗をそれぞれ$\frac{1}{R_1}$, $\frac{1}{R_2}$, $\frac{1}{R_3}$とした場合の合成抵抗$\frac{1}{R}$は次式で表されます。

$$\frac{1}{R}=\frac{1}{R_1}+\frac{1}{R_2}+\frac{1}{R_3}$$

図1-2-2　直列接続と並列接続の合成抵抗の求め方

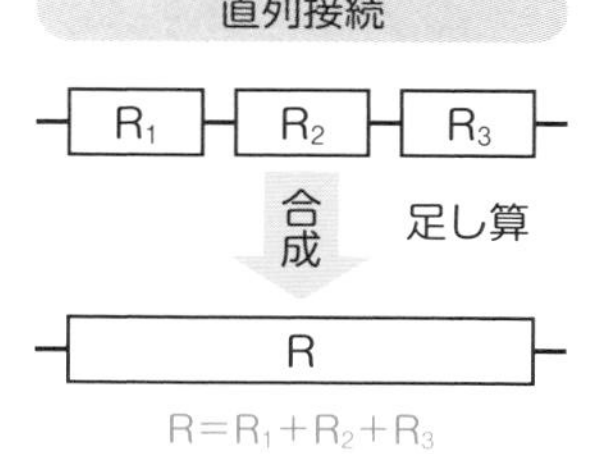

並列接続

逆数になることに注意！　計算後、$\frac{1}{R}$をRに直す必要があります。

例：$\frac{1}{R}=\frac{1}{2}$のとき、R=2となります。

■ 3　特殊な合成抵抗の計算

特殊な合成抵抗の計算では、試験で2つのパターンが出題されています。

図1-2-3　特殊な合成抵抗2パターン

●パターン1：対称回路＋1個　a-b 中央

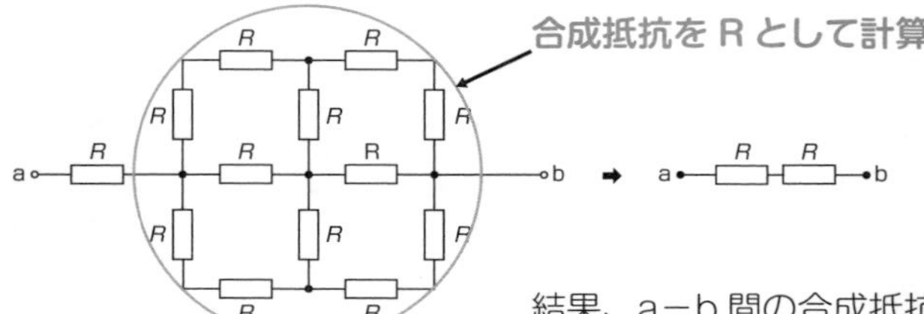

合成抵抗を R として計算

結果、a－b 間の合成抵抗は **2R** となる

●パターン2：対称回路のみ　a-b 上下

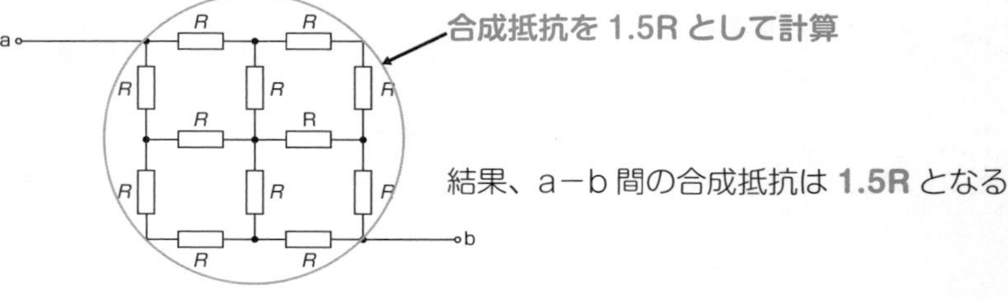

合成抵抗を 1.5R として計算

結果、a－b 間の合成抵抗は **1.5R** となる

★過去問チェック！（出典：令和４年第１回）▶解説動画

図に示す回路において、抵抗Rが4オームであるとき、
端子a-b間の合成抵抗は、(8) オームである。

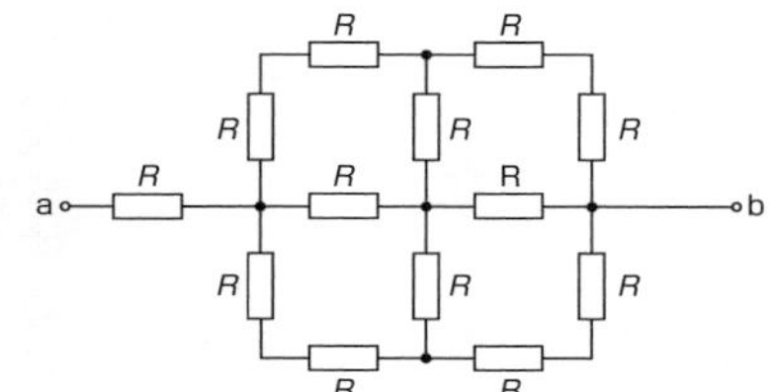

<解説>

パターン1より、

全体の合成抵抗は2Rとなるので、

2×4=8

よって、8オームが正解

4　ハシゴ回路の電圧計算

抵抗がハシゴ状になった回路で、電圧を問う問題が出題されています。

このパターンの場合、右端からスタートして、**列を1つ左へ移るごとに電圧を2倍ずつ上げ**ていくとa－b間の電圧を求められます。

例えば端子c－d間が1Vの場合、次のように考えます。

図1-2-4　ハシゴ型回路の電圧計算

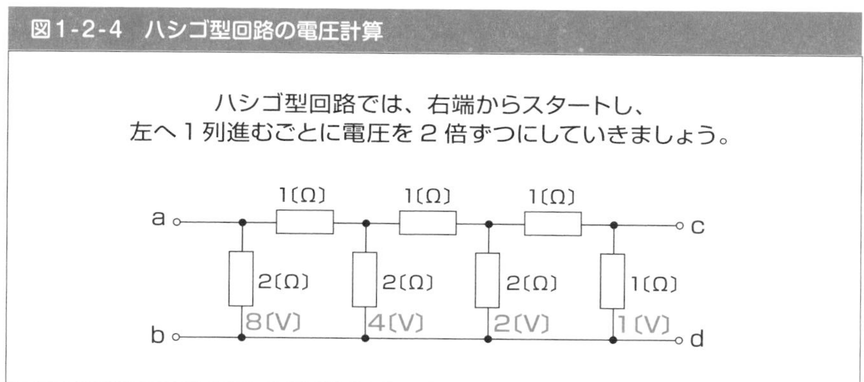

左端では8Vになりました。これがa－b間の電圧となります。

★過去問チェック！（出典：平成30年第１回）解説動画

図に示す回路において、端子a-b間に（8）ボルトの直流電圧を加えると、端子c-d間には、1ボルトの電圧が現れる。

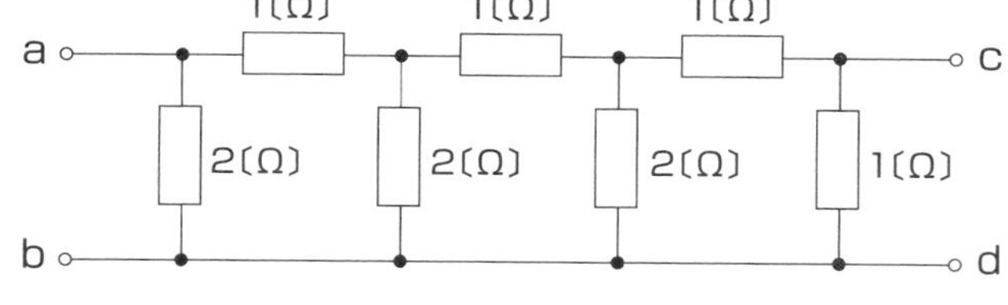

2　コンデンサの計算

■1　平行板コンデンサの静電容量

絶縁体を間に挟む平行な導体板の間に生ずる静電容量は、**距離**に**反比例**します。

面積Sの2枚の金属板を間隔dだけ隔てて平行に置き、その間を誘電率εの誘電体で満たして平行板コンデンサとしたとき、コンデンサの静電容量Cは次式で表されます。

$$C=\varepsilon\frac{S}{d}$$

面積はSの他にAで示されることもあります。

★過去問チェック！（出典：令和３年第１回）

> 面積Aの金属板2枚を間隔dだけ隔てて平行に置き、その間を誘電率εの誘電体で満たした平行板コンデンサがある。このコンデンサの静電容量をCとすると、これらの間には$C=\frac{\varepsilon A}{d}$の関係がある。

また、公式の内容から、比例反比例の関係が問われることもあります。

★過去問チェック！（出典：令和４年第１回）

> 誘電率がεの絶縁体を間に挟む、面積がS、間隔がdの平行な導体板の間に生ずる静電容量は、(d)に反比例する。

さらに、面積(S)や距離(d)に数値を代入して計算するものもあります。

★過去問チェック！（出典：令和元年第２回）▶解説動画

> 2枚の平板導体を平行に向かい合わせたコンデンサにおいて、各平板導体の面積を2倍、平板導体間の距離を3倍にすると、静電容量は、$\frac{2}{3}$倍になる。

2　合成静電容量の計算

接続されたコンデンサ全体の静電容量を、合成静電容量といいます。

①直列接続の合成静電容量

直列接続において、静電容量をそれぞれ、C_1、C_2、C_3とした場合の合成静電容量Cは次式で表されます。

$$\frac{1}{C}=\frac{1}{C_1}+\frac{1}{C_2}+\frac{1}{C_3}$$

②並列接続の合成静電容量

並列接続において、静電容量をそれぞれ、C_1、C_2、C_3とした場合の合成静電容量Cは次式で表されます。

$$C=C_1+C_2+C_3$$

図1-2-5　コンデンサの合成静電容量の公式（直列・並列）

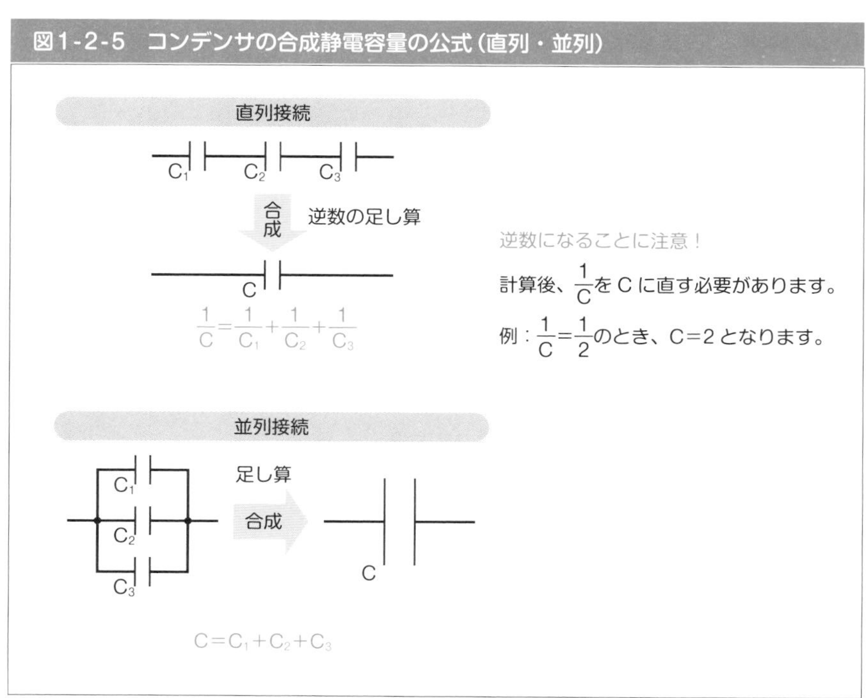

■3　静電容量と電圧の関係

電圧をV、コンデンサに蓄えられる電荷をQ、静電容量をCとすると、

$Q = CV$

★過去問チェック！（出典：平成26年第1回）▶解説動画

図に示す回路において、端子b-c間に蓄えられる電荷は、(90) マイクロクーロンである。

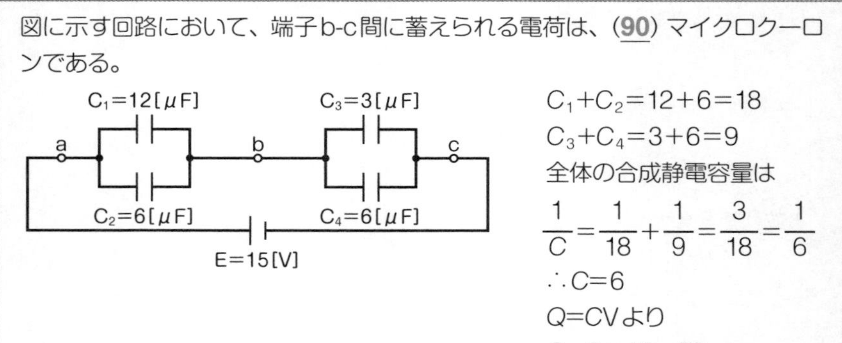

$C_1+C_2=12+6=18$

$C_3+C_4=3+6=9$

全体の合成静電容量は

$$\frac{1}{C}=\frac{1}{18}+\frac{1}{9}=\frac{3}{18}=\frac{1}{6}$$

$\therefore C=6$

$Q=CV$より

$Q=6\times15=90$

■4　時定数τ（タウ）

コンデンサの過渡現象における時定数も出題されています。

「時定数」というキーワードが来たら、「τ（タウ）」と覚えましょう。

時定数 $\tau = C \times R$

★過去問チェック！（出典：令和４年第２回）

抵抗とコンデンサの直列回路において、抵抗の値を2倍にし、コンデンサの静電容量の値を (3) 倍にすると、回路の時定数は6倍になる。

抵抗の値をR、コンデンサの静電容量の値をCとすると

時定数$\tau = C \times R$より、$6=C\times2$　$\therefore C = 3$

5　キルヒホッフの法則

複雑な直流回路の計算において、キルヒホッフの法則が用いられます。

キルヒホッフの法則には、第１法則と第２法則があります。

図1-2-6　キルヒホッフの法則

キルヒホッフの第1法則

電流に関する法則

回路の任意の点において、「流れ込む電流の総和」と「流れ出す電流の総和」は等しい。

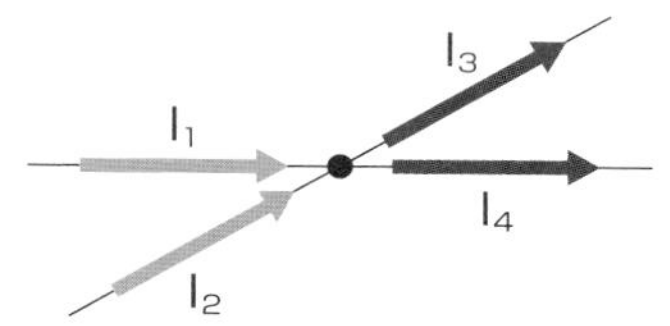

流れ込む電流の総和＝流れ出す電流の総和

$$I_1+I_2=I_3+I_4$$

キルヒホッフの第2法則

電圧に関する法則

任意の閉回路において、「起電力の総和」と「電圧降下の和」は等しい。

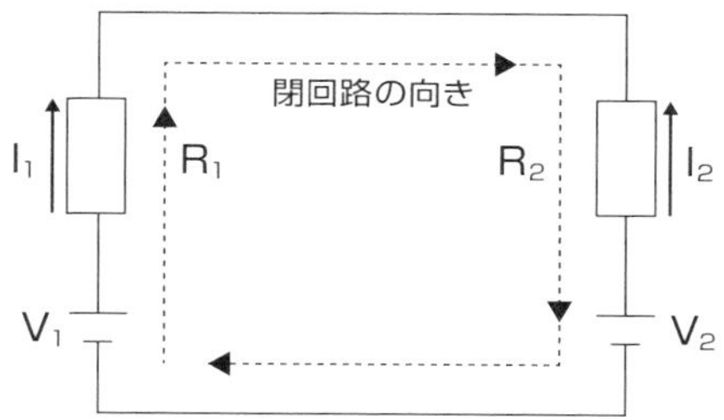

起電力の総和＝電圧降下の和

$$V_1-V_2=I_1R_1-I_2R_2$$

※閉回路の向きと、起電力や電流の向きが逆になるときは、計算上負（−）として扱う。

★過去問チェック！（出典：令和３年第２回）解説動画

図に示す回路において、矢印のように電流が流れているとき、抵抗R_2は、(6) オームである。ただし、電池の内部抵抗は無視するものとする。

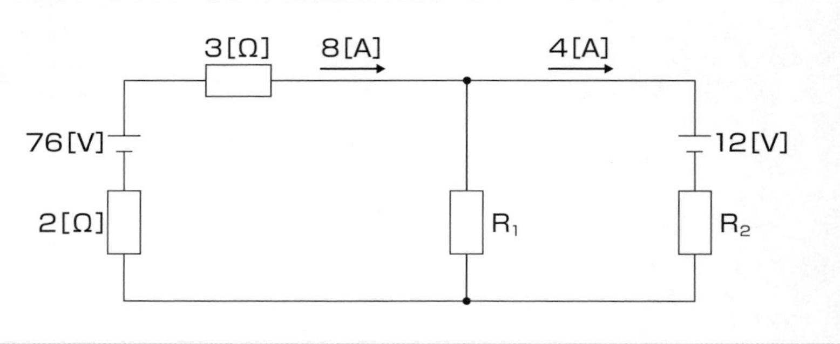

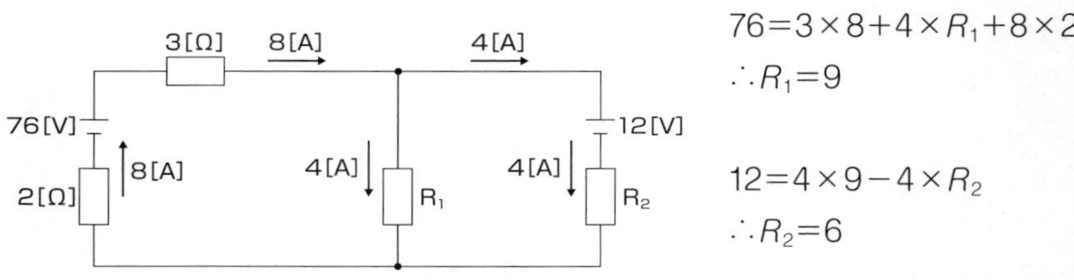

$$76=3\times 8+4\times R_1+8\times 2$$
$$\therefore R_1=9$$

$$12=4\times 9-4\times R_2$$
$$\therefore R_2=6$$

キルヒホッフの法則に関する問題は全部で４パターン出題されています。

捨て問にしても他の単元で十分合格点を狙えますので、書籍では割愛させていただきます。

Web上（本書特典ページ上）で他パターン解説掲載しておりますので、挑戦してみたい方はご参照ください。

Theme

3 交流回路計算

交流回路の計算事項についてまとめています。

重要度：★★☆

- コイルとコンデンサは打ち消し合う関係にあることを意識すれば、公式を覚えやすくなるでしょう。
- 公式だけを覚えてもダメです。必ず計算の練習をしましょう。

1 RLC直列回路の計算

1 合成インピーダンス

RLC直列回路の合成インピーダンスZは、次の式で求められます。

$$Z=\sqrt{R^2+(X_L-X_C)^2}$$

★過去問チェック！（出典：令和３年第１回）解説動画

図に示す回路において、端子a-b間の合成インピーダンスは、(17) オームである。

$R=8$〔Ω〕 $X_L=18$〔Ω〕 $X_C=3$〔Ω〕

a ○—R—L—C—○ b

$Z=\sqrt{R^2+(X_L-X_C)^2}$ より

$Z=\sqrt{8^2+(18-3)^2}=\sqrt{64+225}=\sqrt{289}=17$ ($Z>0$より)

- この単元からは１問程度（５点分）の出題が見込まれます。
- 頻出パターン化していますので、合格のためには押さえておきたい問題といえます。

以降の計算においても、特にことわりのないかぎりは「Z> 0」として扱います。

■ 2　抵抗に加わる電圧

合成インピーダンスZは、抵抗Rと同じように、オームの法則が適用できます。

オームの法則と合成インピーダンスの関係　→　$I=\frac{V}{Z}$, $V=ZI$,$Z=\frac{V}{I}$

★過去問チェック！（出典：平成30年第2回）▶ 解説動画

図に示す回路において、端子a-b間に65ボルトの交流電圧を加えたとき、抵抗Rに加わる電圧は、(60) ボルトである。

a ○—[$R=12$〔Ω〕]—[$X_L=9$〔Ω〕]—[$X_C=14$〔Ω〕]—○ b

まず、この回路の合成インピーダンスを求めます。

$Z=\sqrt{R^2+(X_L-X_C)^2}$　に代入し、$Z=\sqrt{12^2+(9-14)^2}=13$[Ω]

$I=\frac{V}{Z}=\frac{65}{13}=5$[A]

抵抗Rに加わる電圧は、$V=I\times Z=5\times 12=60$[V]

コイルX_LとコンデンサX_Cは互いに打ち消し合う関係にあります。

■ 3　回路全体の電圧を求める問題

回路全体の電圧は、次式で求められます。

$$V=\sqrt{V_R{}^2+(V_L-V_C)^2}$$

★過去問チェック！（出典：令和3年第2回）▶解説動画

図に示す回路において、端子a-d間に（**15**）ボルトの交流電圧を加えると、端子a-b間には9ボルト、端子b-c間には10ボルト、端子c-d間には22ボルトの電圧が現れる。

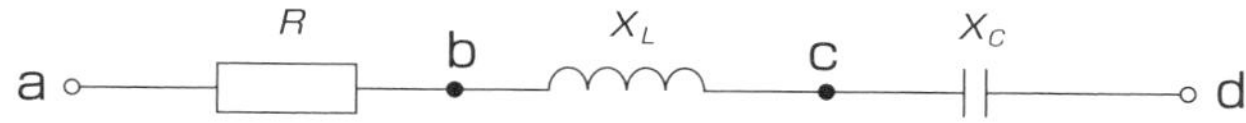

コイルV_LとコンデンサV_Cは互いに打ち消し合う関係にあります。

$$V=\sqrt{V_R{}^2+(V_L-V_C)^2}\quad より$$

$$V=\sqrt{9^2+(10-22)^2}=\sqrt{81+144}=\sqrt{225}=15[V]$$

以降も、特にことわりのないかぎりは「V> 0」として扱います。

■ 4　RL直列回路（またはRC直列回路）

RL直列回路（またはRC直列回路）は、RLC直列回路からC（またはL）を除いたものです。

使われる**基本公式は、RLC直列回路と同じです。**欠けているC（またはL）の数値を0として扱います。

★**過去問チェック！**（出典：令和２年第２回）▶解説動画

図に示す回路において、端子a-c間の電圧が12ボルト、端子c-b間の電圧が5ボルトであった。このとき、端子a-b間に加えた交流電圧は、（13）ボルトである。

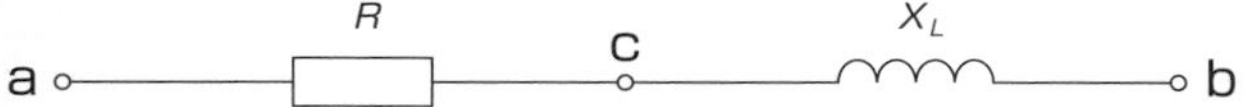

RLCの中で、欠けている要素があれば、そこの数値は「0」として扱います。そうすれば、RLC直列回路の公式から対応できます。

$$V=\sqrt{V_R{}^2+(V_L-V_C)^2}$$ ←**V_Cに0を代入**（コンデンサがないため「0」とする）

$$V=\sqrt{12^2+(5-0)^2}=\sqrt{169}=13$$

2　RLC並列回路の計算

■1　全電流を求める問題

★**過去問チェック！**（出典：平成27年第２回）▶解説動画

図に示す回路において、コンデンサに流れる交流電流Icが2アンペアであるとき、回路に流れる全交流電流Iは（5）アンペアである。

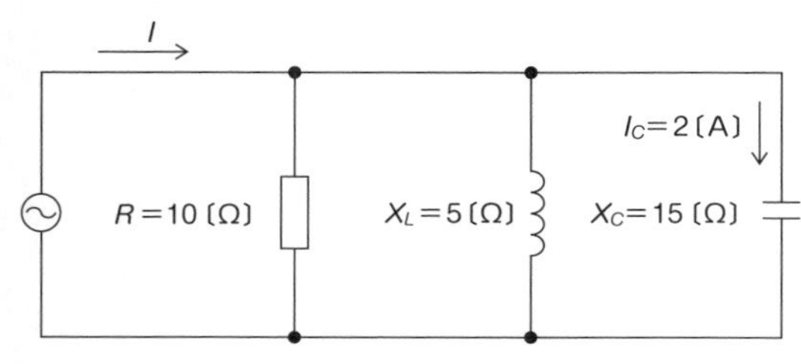

まず**回路全体の合成インピーダンス**を求め、そこから**オームの法則**により、電流の大きさを求めます。

$$V = \underline{I_C \times X_C} = 2 \times 15 = 30$$

$$Z = \frac{1}{\underline{\sqrt{\left(\frac{1}{R}\right)^2 + \left(\frac{1}{X_L} - \frac{1}{X_C}\right)^2}}} = \frac{1}{\sqrt{\left(\frac{1}{10}\right)^2 + \left(\frac{1}{5} - \frac{1}{15}\right)^2}} = 6\,[\Omega]$$

$$I = \frac{V}{\underline{Z}} = \frac{30}{6} = 5\,[\mathrm{A}]$$

公式：$Z = \dfrac{1}{\sqrt{\left(\frac{1}{R}\right)^2 + \left(\frac{1}{X_L} - \frac{1}{X_C}\right)^2}}$

■2　力率cos θを用いる問題

回路全体の電流をI、力率をcos θ、抵抗に流れる電流をI_Rとすると、

$$\underline{I \times \cos\theta} = I_R$$

★過去問チェック！（出典：平成30年第1回）▶解説動画

図に示す回路において、端子a-b間に正弦波の交流電圧120ボルトを加えた場合、力率（抵抗Rに流れる電流I_Rと回路に流れる全電流Iとの比）が0.8であるとき、容量性リアクタンスX_Cは、（20）オームである。

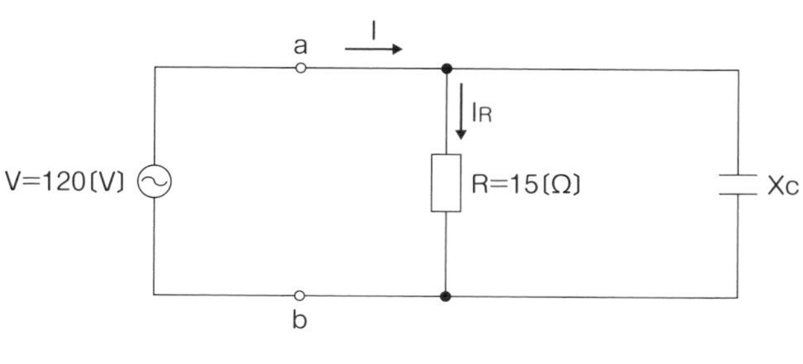

$I_R \times 15 = 120 \quad \therefore I_R = 8$

$\underline{I \times \cos\theta} = I_R$ より $I \times 0.8 = 8 \quad \therefore I = 10$

$I = \underline{\sqrt{I_R^2 + I_C^2}}$ より $10 = \sqrt{8^2 + I_C^2} \quad \therefore I_C = 6$

$\underline{I_C \times X_C} = V$ より $6 \times X_C = 120 \quad \therefore X_C = 20$

並列回路では回路にかかる電圧が等しくなるので、$I_R \times R = 120$[V]として計算できます。

3 RLC直並列回路の計算

RLC回路で直列と並列が混在したものも出題されています。

★過去問チェック！（出典：令和４年第１回）解説動画

図に示す回路において、抵抗Rに流れる電流Iは、(3) アンペアである。

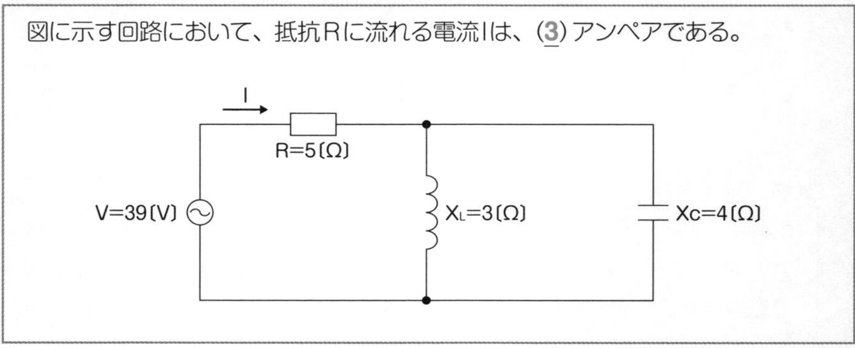

X_LとX_Cの合成インピーダンス（並列部分）を計算 ➡12[Ω]

次に回路全体の合成インピーダンスを計算 ➡13[Ω]

オームの法則より、$I = \frac{39}{13} = 3$[A]

Theme 4

半導体の重要暗記事項

重要度：★★★

半導体（ダイオードなど）の重要暗記事項についてまとめています。

- 過去問の内容をテキスト化した学習（過去問自体を教科書にする）が効率よくお勧めです。
- 赤字部分を赤シートなどで隠し、答えられるまで繰り返しましょう。

1 半導体の性質

■1 原子の電子的性質

原子は全体として電気的に中性を保っています。

何らかの原因により電子の数が**不足した場合**、**正電荷**を帯びたイオンとなり、電子の数が**多くなった場合**は**負電荷**を帯びたイオンとなります。(平成29年第2回)

■2 半導体の性質

導体と絶縁体の中間的性質を持つものを「半導体」といいます。

原子核の周りを負の電気を帯びた電子が回っており、最も外側を回っている電子を**価電子**と呼びます。価電子の数は価数（○価）として表されます。
半導体の性質を持つシリコンやゲルマニウムの元素は、**4価**の状態で安定して**共有結合**を起こしています。

次の内容が出題されています。※(　)内は出題回を表す。以後同じ。

☑シリコン原子は**4**個の価電子を持っており、これらの価電子は原子核から最も外側の軌道に位置する。(平成29年第2回)

- この単元からは1問（4点分）の配点が見込まれます。
- 正誤問題が出されやすいので、ひっかけに注意してください。

☑半導体材料の構造には、原子が規則正しく配列している単結晶、原子の間隔や結合角度などが不規則である非晶質などがあり、非晶質は**アモルファス**ともいわれる。(平成27年第2回)

■3　真性半導体と不純物半導体

他の元素を含まない純粋な半導体を**真性半導体**といい、真性半導体に異なる元素を加えたものを**不純物半導体**といいます。

不純物半導体では、熱や光などの外部エネルギーを与えると抵抗率が大きく変化する性質があり、ダイオードなどの電子部品の材料として利用されています。

不純物半導体には、n形半導体とp形半導体があります。

☑**正孔**が多数キャリアであるp形半導体と、**自由電子**が多数キャリアであるn形半導体は、いずれも真性半導体に不純物を加えて作られる。(令和4年第2回)

■4　n形半導体

☑半導体に不純物として**リン**、**アンチモン**、ひ素などの**5価**の元素を加えると、価電子が余り**n形半導体**となります。(令和2年第2回)

☑このときに、半導体に電子を与える元素を**ドナー**と呼びます。(令和4年第1回)

☑n形半導体では、**自由電子**を**多数キャリア**、正孔を少数キャリアと呼びます。(令和4年第2回)

■5　p形半導体

☑半導体に不純物として**インジウム**などの**3価**の元素を加えると、**正孔**ができ(電子が不足し)、**p形半導体**となります。(令和4年第1回)

☑半導体に正孔を与える元素を**アクセプタ**と呼びます。(令和元年第2回)

☑p形半導体では、**正孔**を**多数キャリア**、自由電子を少数キャリアと呼びます。(令和4年第2回)

■6　pn接合

n形半導体とp形半導体を合わせたものを**pn接合**と呼び、これを利用したものに**ダイオード**があります。pn接合では、p形半導体とn形半導体との間に、自由電子も正孔もない**空乏層**という領域ができます。

☑自由電子または正孔に濃度差があるとき、自由電子または正孔が濃度の高い方から低い方に移動する現象を**拡散**と呼びます。(令和3年第1回)

7　順方向電圧とドリフト

pn接合のダイオードに**順方向**に電圧を印加すると、自由電子、正孔共に移動を始め、電流が流れます。

☑pn接合に外部から順方向電圧を加えると、空乏層が**狭く**なり、n形領域の多数キャリアである**自由電子**はp形領域へ流れ込む。(平成26年第2回)

☑自由電子と正孔が流れる状態のことを**ドリフト**と呼びます。(平成25年第1回)

8　逆方向電圧と空乏層

☑pn接合部に外部から逆方向電圧を加えると、p形領域の多数キャリアである**正孔**は、電源の**負**極に引かれ空乏層が**広がる**。(平成26年第2回)

2　ダイオードの種類と性質

1　サイリスタ

☑サイリスタは、p形とn形の半導体を交互に2つ重ねたｐｎｐｎの４層構造を基本とした半導体**スイッチング**素子であり、シリコン制御整流素子ともいわれます。(令和3年第2回)

2　LED

☑LEDは、**電気を光**に変換する機能を持ち、ｐｎ接合に**順方向**電圧を加えると光を放出する半導体素子です。(平成30年第2回)

3　フォトダイオード

☑フォトダイオードは、**光を電気**に変換する機能を持ち、**逆方向**電圧を加えたｐｎ接合部に光を当てると光の強さに応じた電流を生ずる半導体素子です。(平成30年第2回)

4　アバランシェフォトダイオード

☑アバランシェフォトダイオードは、フォトダイオードの一種で、**電子なだれ増倍現象**による電流増幅作用を利用した受光素子です。**光検出器**などに用いられます。(令和3年第2回)

■5　PINフォトダイオード

☑PINフォトダイオードは、フォトダイオードの一種で、3層構造の受光素子です。**電流増幅作用**は持たず、アバランシェフォトダイオードと比較して、**低い電圧**で動作します。(平成28年第2回)

■6　定電圧ダイオード、降伏現象

☑定電圧ダイオードは、**逆方向**に加えた電圧が一定値を超えると、急激に電流が増加する**降伏現象**を生じ、広い電流範囲で電圧を一定に保つ特性を有します。(令和4年第1回)

☑pn接合ダイオードに**逆方向**電圧を加え、これを徐々に高くしていくと、ある値を超えたところで急激に大きな電流が流れる**降伏**現象を生じます。(平成31年第1回)

■7　可変容量ダイオード

☑可変容量ダイオードに**逆方向**電圧を加えると、pn接合面付近の空乏層の厚みが変化することにより**静電容量**が変化します。(平成22年第2回)

■8　バリスタ

☑バリスタは、**電圧ー電流**特性が非直線的な変化を示す半導体素子であり、過電圧の抑制、衝撃性雑音の吸収などに用いられます。(令和4年第2回)

■9　トンネルダイオード

☑トンネルダイオードに**順方向**電流を流すと、トンネル効果により、ある電圧領域では電圧をかけるほど流れる電流量が少なくなるという**負性抵抗**が現れます。(平成22年第2回)

■10　スライサ

☑ダイオードを用いた波形整形回路において、入力信号波形から、上の基準電圧以上と下の基準電圧以下を切り取り、中央部(上下の基準電圧の間に入る部分)の信号波形だけを取り出す回路は、**スライサ**といわれます。(令和4年第1回)

Theme

5 トランジスタの重要暗記事項

重要度：★★★

トランジスタの重要暗記事項についてまとめています。

●覚える内容が多く、似た用語も並ぶので混乱しやすいところです。あれこれと手を出さずに、本書掲載の問題に集中して取り組むのが効率的です。

1 トランジスタの特性

■1 バイポーラトランジスタ

トランジスタは、半導体の性質を利用して電気の流れをコントロールする素子のことで、信号の増幅やスイッチングに使われています。

トランジスタには、構造的な違いで「バイポーラトランジスタ」と「電界効果トランジスタ（FET）」があります（一般に「トランジスタ」というと、「バイポーラトランジスタ」のことを指します）。バイポーラトランジスタには、n形半導体とp形半導体の接合形態によりnpn形とpnp形とがあります。

図1-5-1 トランジスタの構造モデル

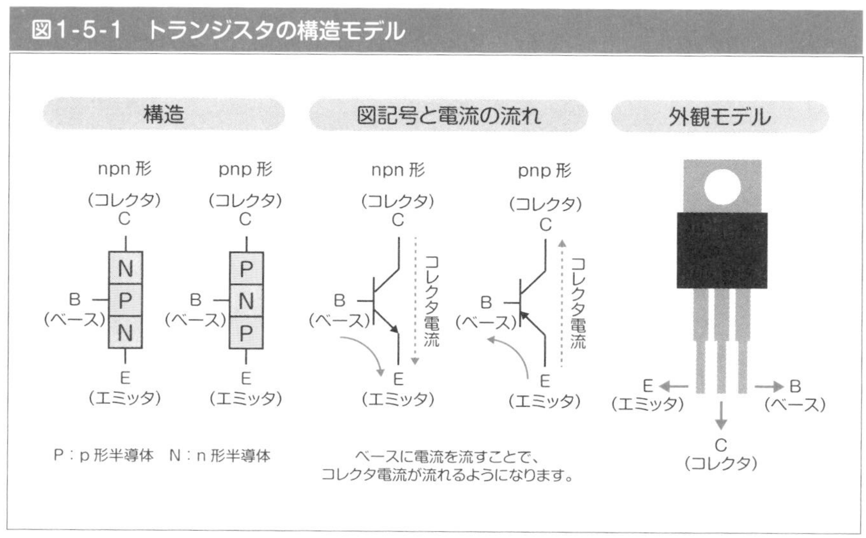

- この単元からは１～２問程度（４～８点分）の出題が見込まれます。
- 苦手とする受験生が多いので、差がつきやすいところです。

■２　トランジスタ増幅回路

トランジスタは、ベース電流の変化によってコレクタ電流を大きく変化させる増幅作用があり、これを利用した回路を**増幅回路**といいます。

①接地方式

トランジスタのどの電極を接地に用いるかで、ベース接地、エミッタ接地、コレクタ接地に分類でき、それぞれに特徴があります。

★過去問チェック！（出典：平成 27 年第２回）

トランジスタ増幅回路を接地方式により分類したとき、出力インピーダンスが最も大きく、入力インピーダンスが最も小さいものは、（**ベース**）接地の増幅回路である。

★過去問チェック！（出典：令和２年第２回）

トランジスタ回路は、接地方式の違いにより特性が異なっており、コレクタ接地方式は、入力インピーダンスが高く、出力インピーダンスが低いため、（**インピーダンス変換**）回路として用いられる。

②バイアス回路

バイアス回路は、トランジスタの動作点を設定するため、直流電流を供給する回路です。

★過去問チェック！（出典：平成 30 年第２回）

トランジスタによる増幅回路を構成する場合のバイアス回路は、トランジスタの（**動作点**）の設定を行うために必要な直流電流を供給するために用いられる。

③静特性

トランジスタの電気的特性を表したものをトランジスタの**静特性**といいます。主としてエミッタ接地方式のものが用いられます。

図1-5-2　トランジスタの静特性

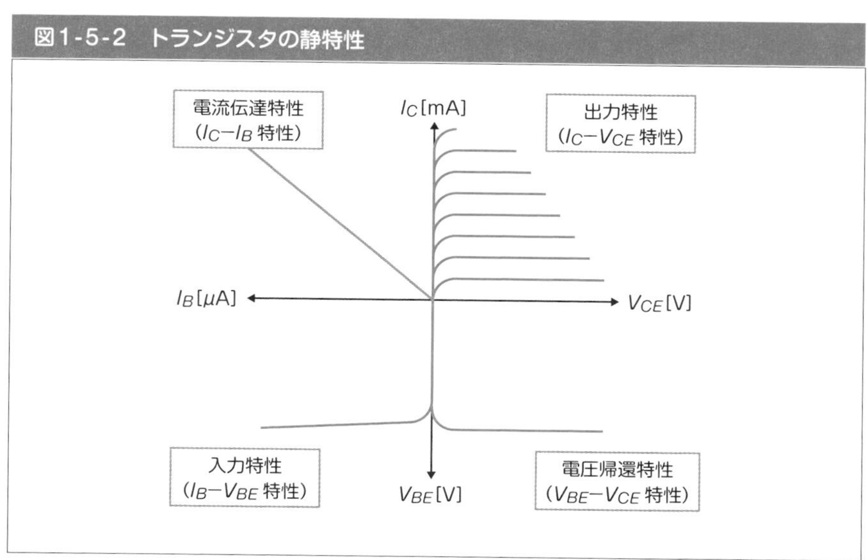

試験頻出ポイント

1 **出力特性**：エミッタ接地方式において、ベース電流I_Bを一定に保ったときのコレクタ電流I_Cと**コレクターエミッタ間の電圧 V_{CE}** との関係を示したものである。

2 **電流伝達特性**：エミッタ接地方式において、コレクターエミッタ間の電圧V_{CE}を一定に保ったときのベース電流I_Bと**コレクタ電流I_C**との関係を示したものである。

★過去問チェック！（出典：令和３年第１回）

トランジスタの静特性の1つである出力特性は、エミッタ接地方式において、ベース電流I_Bを一定に保ったときのコレクタ電流I_Cと（**コレクタ-エミッタ間の電圧 V_{CE}**）との関係を示したものである。

★過去問チェック！（出典：令和４年第２回）

> トランジスタの静特性の1つである電流伝達特性は、エミッタ接地方式において、コレクターエミッタ間の電圧V_{CE}を一定に保ったときのベース電流I_Bと（**コレクタ電流I_C**）との関係を示したものである。

④コンデンサの直流カット

トランジスタ回路にコンデンサを挿入し、**直流成分をカット**する方法があり、カップリング回路と呼ばれます（直流から発生するノイズなどの影響を排除することができます）。

★過去問チェック！（出典：令和３年第１回）

> トランジスタ増幅回路において出力信号を取り出す場合、（**コンデンサ**）を通して直流分をカットし、交流分のみを取り出す方法がある。

★過去問チェック！（出典：令和４年第２回）

> トランジスタ増幅回路で出力信号を取り出す場合には、バイアス回路への影響がないようにコンデンサを通して（**交流分**）のみを取り出す方法がある。

■3　電界効果トランジスタ

①FET（電界効果トランジスタ）

トランジスタには、バイポーラトランジスタの他にFET（電界効果トランジスタ）があります。FETは**ゲート**（G）端子、**ドレイン**（D）端子、**ソース**（S）端子を持ち、スイッチング素子として用いられます。ゲート端子に加える電圧（ゲート電圧）でドレイン－ソース間の電流を制御することから、**電圧制御素子**といわれます。

②接合型FETとMOS型FET

FETには**接合型**と**MOS型**の２種類があります。

MOS型はさらに、**デプレション型**と**エンハンスメント型**とに分かれます。

デプレション型は、ゲートに電圧を加えなくても電流が流れます。

エンハンスメント型は、ゲートに一定以上の電圧を加えたときに電流が流れます。

MOSは**金属**：**M**etal、**酸化膜**：**O**xide film、**半導体**：**S**emiconductorの３層から成ります。

試験に出た各内容を覚えていきましょう（いずれも正しい内容です）。

☑**接合型**電界効果トランジスタは、**ゲート電極**に加える電圧を変化させることにより空乏層の厚さを変化させ、ドレイン－ソース間を流れる電流を制御する半導体素子である。（令和3年第2回）

☑**MOS型**電界効果トランジスタは、ドレイン－ソース間を流れる電流を**ゲート電圧**の変化により制御できるので**電圧制御素子**といわれる。（令和3年第1回）

☑**MOS型**電界効果トランジスタは、**金属**、**酸化膜**および**半導体**の3層から成り、**ゲート電極**に加える電圧を変化させることにより反転層を変化させ、**ドレイン－ソース**間を流れる電流を制御する半導体素子である。（令和3年第2回）

☑**MOS型**電界効果トランジスタには、ゲート電圧を加えなくてもチャネルが形成される**デプレション**型と、ゲート電圧を加えなければチャネルが形成されない**エンハンスメント**型がある。（令和3年第1回）

③DRAM

DRAMは半導体メモリの一種で、記憶素子を構成する基本単位のメモリセルは、MOS型FETが1つ、コンデンサが1つで構成されます。コンデンサに電荷があるときは1、電荷がないときは0として記憶されます。

★過去問チェック！（出典：平成29年第1回）

記憶素子を構成する基本単位であるメモリセルが、MOSトランジスタ1個とコンデンサ1個から構成され、コンデンサに電荷があるときは1、電荷がないときは0として記憶される半導体メモリは、（**DRAM**）といわれる。

Theme

トランジスタの計算

トランジスタの計算についてまとめています。

重要度：★☆☆

●習得に時間がかかる単元なので、試験まであまり時間が取れないときは、思い切って捨て問にするのもアリです。そのため重要度は低くしています。

1 公式あてはめ問題

■1 直流電流増幅率

トランジスタにおける電流増幅率の計算は接地方式により異なります。

①ベース接地

ベース接地では、エミッタが入力、コレクタが出力となり、この回路における直流電流増幅率αは、$\alpha = \frac{I_C}{I_E}$となります。

②エミッタ接地

エミッタ接地では、ベースが入力、コレクタが出力となり、この回路における直流電流増幅率βは、$\beta = \frac{I_C}{I_B}$となります。

★過去問チェック！（出典：令和４年第１回）▶解説動画

ベース接地トランジスタ回路において、コレクタ-ベース間の電圧V_{CB}を一定にして、エミッタ電流を2ミリアンペア変化させたところ、コレクタ電流が1.94ミリアンペア変化した。このトランジスタ回路の**電流増幅率**は、（**0.97**）である。

●ここからは1～2問（4～8点分）の出題が見込まれます。
●計算が苦手な場合は、他の暗記問題に労力を割いた方が効率的です。

$\alpha = \frac{I_C}{I_E}$ より、$\alpha = \frac{1.94}{2} = 0.97$

■2　ベース電流

ベース電流をI_B、コレクタ電流をI_C、エミッタ電流をI_Eとすると、$I_E = I_B + I_C$

★過去問チェック！（出典：平成30年第2回）▶解説動画

> **ベース接地**トランジスタ回路の**電流増幅率が0.97で、エミッタ電流が3ミリアンペア**のとき、**ベース電流**は、(**0.09**) ミリアンペアとなる。

$\alpha = \frac{I_C}{I_E}$　より、$0.97 = \frac{I_C}{3}$　$\therefore I_C = 2.91$

$I_E = I_B + I_C$ より、$3 = I_B + 2.91$　$\therefore I_B = 0.09$

2　回路図からの計算問題

■1　コレクターエミッタ間の電圧

★過去問チェック！（出典：令和３年第２回）▶解説動画

図に示すトランジスタ回路において、V_Bを2ボルト、V_{CC}を12ボルト、R_Bを50キロオーム、R_Cを3キロオーム、ベースとエミッタ間の電圧V_{BE}を1ボルトとするとき、コレクタ-エミッタ間の電圧V_{CE}は、(6) ボルトである。ただし、直流電流増幅率h_{FE}は100とする。

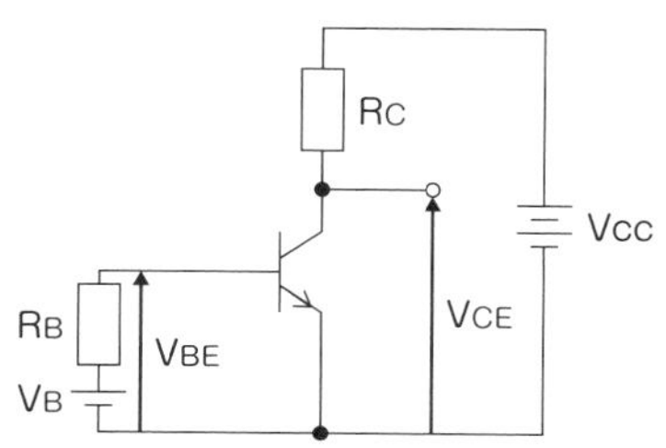

R_Bの両端にかかる電圧をV_{RB}とすると、

$V_{RB} = V_B - V_{BE} = 2\text{-}1 = 1$ [V]

R_Bを流れる電流（ベース電流）をI_Bとすると、

$$I_B = \frac{V_{RB}}{R_B} = \frac{1}{50 \times 10^3} = 2 \times 10^{-5} \text{ [A]}$$

R_Cに流れる電流をI_Cとすると、

$I_C = I_B \times 100 = 2 \times 10^{-5} \times 100 = 2 \times 10^{-3}$

R_Cの両端にかかる電圧をV_{RC}とすると、

$V_{RC} = R_C I_C = 3 \times 10^3 \times 2 \times 10^{-3} = 6$ [V]

$V_{CC} = V_{RC} + V_{CE} = 12$ [V]

$V_{CE} = V_{CC} - V_{RC} = 12 - 6 = 6$ [V]

■2　ベースバイアス抵抗

★過去問チェック！（出典：令和４年第１回）▶ 解説動画

図に示すトランジスタ回路において、V_{CC}を10ボルト、R_Cを3キロオームとするとき、コレクタ電流 I_Cを2ミリアンペアとするには、ベースバイアス抵抗R_Bを(**165**)キロオームにする必要がある。ただし、直流電流増幅率h_{FE}を100、ベース-エミッタ間の電圧V_{BE}を0.64ボルトとする。

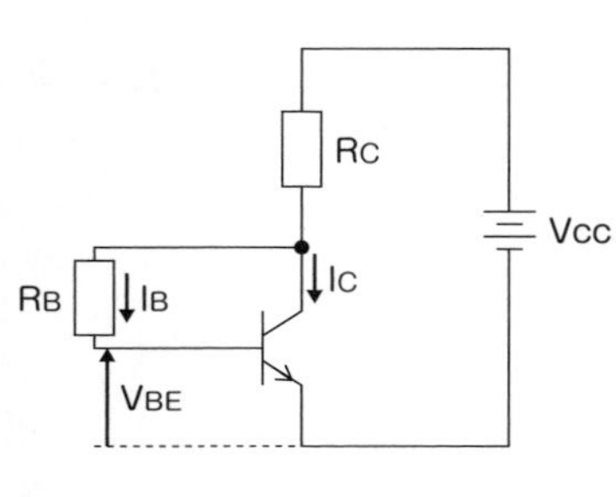

$$I_B = \frac{I_C}{h_{FE}} = \frac{2\times10^{-3}}{100} = 2\times10^{-5}\ [\mathrm{A}]$$

コレクタ-エミッタ間の電圧をV_{CE}とすると、

$$V_{CE} = V_{CC} - (I_C + I_B)R_C$$
$$= 10 - (2\times10^{-3} + 2\times10^{-5})\times3\times10^3$$
$$= 10 - 6.06 = 3.94\ [\mathrm{V}]$$

R_Bの両端にかかる電圧をV_{RB}とすると、

$$V_{RB} = V_{CE} - V_{BE} = 3.94 - 0.64$$
$$= 3.30\ [\mathrm{V}]$$

$$R_B = \frac{V_{RB}}{I_B} = \frac{3.30}{2\times10^{-5}} = 165\times10^3\ [\Omega]$$

■3　その他抵抗

★過去問チェック！（出典：令和３年第１回）▶ 解説動画

図に示すトランジスタ回路において、V_{CC}が10ボルト、R_Bが930キロオーム、R_Cが(**8**)キロオームのとき、コレクタ-エミッタ間の電圧V_{CE}は、6ボルトである。ただし、直流電流増幅率h_{FE}を50、ベース-エミッタ間のバイアス電圧V_{BE}を0.7ボルトとする。

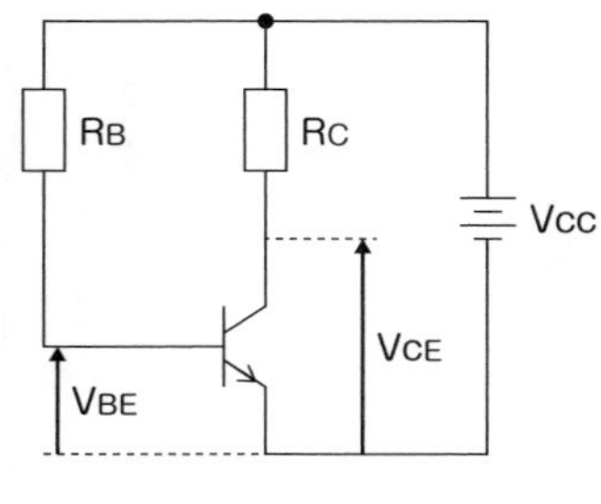

R_Bの両端にかかる電圧をV_Bとすると、

$$V_B = V_{CC} - V_{BE} = 10 - 0.7 = 9.3\ [\mathrm{V}]$$

$$I_B = \frac{V_B}{R_B} = \frac{9.3}{930\times10^3} = 1\times10^{-5}\ [\mathrm{A}]$$

R_C上の電流をI_C、電圧をV_Cとすると、

$$I_C = h_{FE}\times I_B = 50\times1\times10^{-5}$$
$$= 0.5\times10^{-3}$$

$$V_C = V_{CC} - V_{CE} = 10 - 6 = 4\ [\mathrm{V}]$$

$$R_C = \frac{V_C}{I_C} = \frac{4}{0.5\times10^{-3}} = 8\times10^3\ [\Omega]$$

3 グラフを読み解く問題

1 電圧増幅度

★過去問チェック！（出典：令和元年第２回）解説動画

図1に示すトランジスタ増幅回路においてベース-エミッタ間に正弦波の入力信号電圧V_1を加えたとき、コレクタ電流I_Cが図2に示すように変化した。I_Cとコレクタ-エミッタ間の電圧V_{CE}との関係が図3のように表されるとき、V_1の振幅を100ミリボルトとすれば、電圧増幅度は、(20)である。

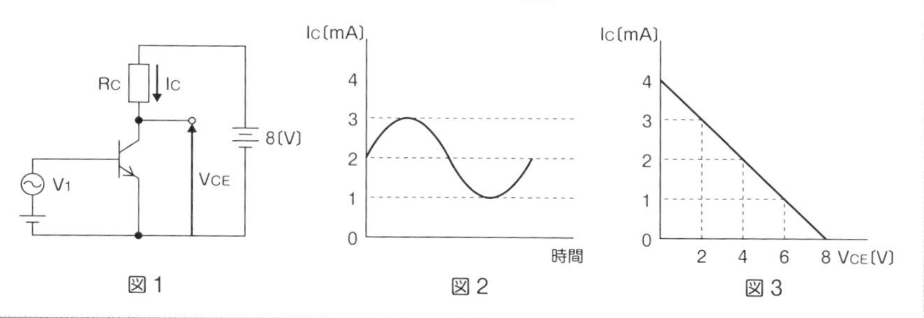

図１　図２　図３

図２より、I_Cは2[mA]を中心として振幅1[mA]で変化していることがわかる(1[mA]≦I_C≦3[mA])。

これに対応するV_{CE}は図３より、4[V]を中心として振幅2[V]で変化している(2[V]≦V_{CE}≦6[V])。

$$電圧増幅度=\frac{V_{CE}の振幅}{V_1の振幅}=\frac{2}{100\times10^{-3}}=20$$

■2　コレクターエミッタ間の電圧

★過去問チェック！（出典：令和２年第２回）▶解説動画

図1に示すトランジスタ増幅回路において、この回路のトランジスタの各特性が図2および図3で示すものであるとき、コレクタ-エミッタ間の電圧V_{CE}は、(<u>**6**</u>)ボルトとなる。ただし、R_1は100オーム、R_2は2.4キロオーム、R_3は3.5キロオームとする。

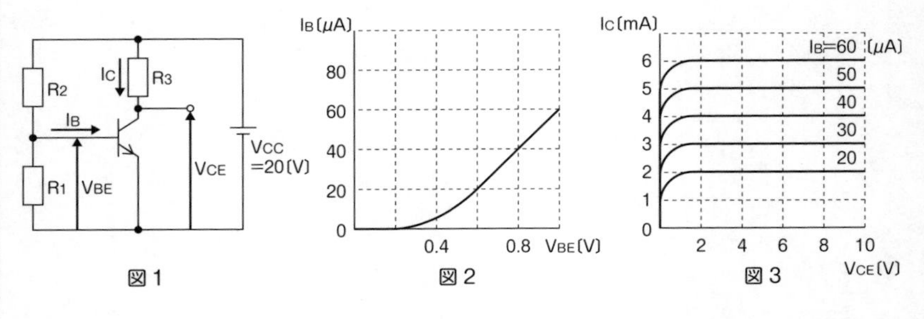

図１　図２　図３

$$V_{BE} = \frac{R_1}{R_1+R_2} \times V_{CC} = \frac{100}{100+2400} \times 20=0.8\ [\mathrm{V}]$$

図2より、$V_{BE}=0.8$ [V]のとき、$I_B=40$ [μA]

図3より、$I_B=40$ [μA]のとき、$I_C=4$ [mA]

R_3の両端にかかる電圧をV_Cとすると

$$V_C=I_C \times R_3=4\times10^{-3}\times3.5\times10^{3}=14\ [\mathrm{V}]$$

$$V_{CE}=V_{CC}-V_C=20-14=6$$

Question

問題を解いてみよう

下線部分の内容が正しいかどうか答えよ。

問 1　抵抗とコンデンサの直列回路において、抵抗の値を 2 倍にし、コンデンサの静電容量の値を 4 倍にすると、回路の時定数は **6 倍**になる。

問 2　面積 S の 2 枚の金属板を間隔 d だけ隔てて平行に置き、その間を誘電率 ε の誘電体で満たして平行板コンデンサとしたとき、このコンデンサの静電容量を C とすると、これらの間には、$\boldsymbol{C = \varepsilon dS}$ の関係がある。

問 3　図に示す回路において、端子 a-b 間の合成インピーダンスは、**15 オーム**である。

a ○―[$R = 15$〔Ω〕]―[$X_L = 10$〔Ω〕]―[$X_C = 2$〔Ω〕]―○ b

問 4　正弦波交流回路において、電圧の実効値を E、電流の実効値を I、電流と電圧の位相差を θ とすると、無効電力は、$\boldsymbol{EI\cos\theta}$ バールである。

問 5　交流波形のひずみの度合いを判断するための目安の 1 つである波高率は、**最大値の平均値に対する比**で表され、正弦波形の場合は約 1.41 である。

Answer 答え合わせ

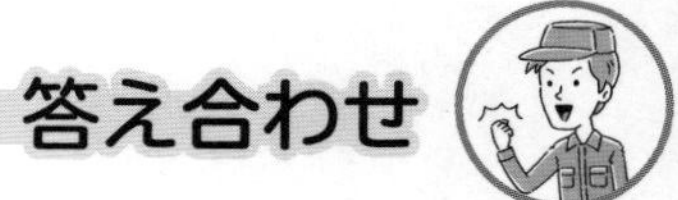

問1　正解：×

解説

時定数 $\tau = C \times R$ より、

R に抵抗の値 2 を代入し、C にコンデンサの静電容量 4 を代入すると、

$\tau = 2 \times 4 = 8$

よって、回路の時定数は 8 倍になります。

問2　正解：×

解説

$$C = \varepsilon \frac{S}{d}$$

問3　正解：×

解説

$Z = \sqrt{R^2 + (X_L - X_C)^2}$　より

$Z = \sqrt{15^2 + (10 - 2)^2} = \sqrt{225 + 64} = \sqrt{289} = 17$　（※$Z > 0$ より）

よって、正しくは 17 オームとなります。

問4　正解：×

解説

無効電力は、**$EI \sin \theta$** で表されます。

$EI \cos \theta$ で表されるのは、有効電力です。

問5　正解：×

解説

波高率は、**最大値の実行値に対する比**で表されます。

［基礎編］ 論理計算（大問3）

Theme 1

論理回路

基礎の第3問に出題される論理回路の基本原理、フリップフロップ回路などについてまとめています。

重要度：★★★

- AND、OR、NOTを基本に覚えましょう。NAND、NOR、EX-ORはそれらを応用したものです。
- 本書では動画解説にも力を入れていますので、そちらもご活用ください。

1 論理演算と真理値表

1 論理演算と真理値表

デジタル回路では、電圧の高低を0（L）または1（H）として演算を行います。演算を行う素子のことを論理素子といいます。工事担任者試験で重要な論理素子は6つあります。

図2-1-1 試験で必要な論理素子6選

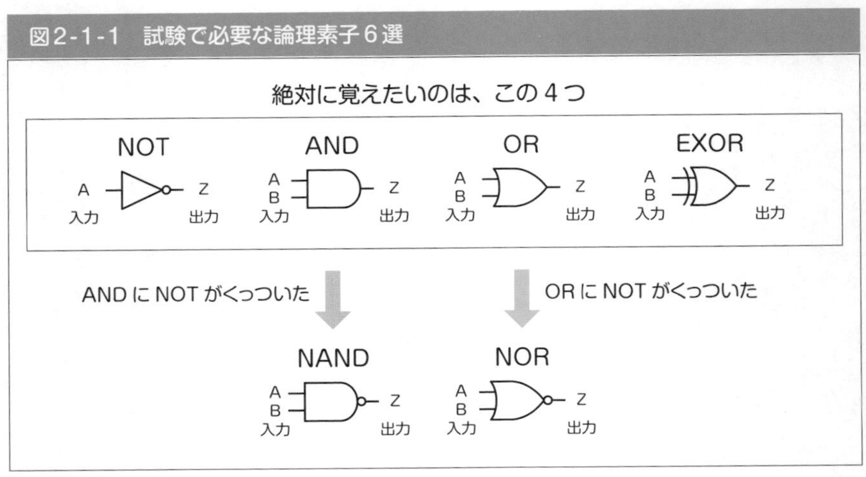

- ここからは1～2問（5～10点分）の出題が見込まれます。
- 解くのに時間を要する問題が多いので、試験本番では先に暗記問題を解いてから取り組むのがよいでしょう。

ANDにNOTをつけたものがNAND、ORにNOTをつけたものがNORということから、NAND、NORは暗記せずとも出力を導けます。それでは、各素子について見ていきましょう。

①NOT（否定論理） 解説動画

NOTは一言でいえば**「入力と出力が逆になる」**素子です。他の論理素子とは違い、2つの入力に対してではなく**1つの入力信号**を逆の信号（0なら1、1なら0）に変えます。

図2-1-2　NOTの真理値表、ベン図など特徴

名称	図記号	真理値表		ベン図・論理式
NOT（否定論理）		入力A	出力Z	
		0	1	
		1	0	
		※NOTは入力が1つだけ		$Z=\bar{A}$

NOTの**図記号の先頭部分にある○印は重要**です。**この○印は、他の論理素子では「否定」、つまり出力結果が逆になる**ことを表します。

②AND（論理積）とNAND（否定論理積） 解説動画

ANDは**「入力が両方1のときに、出力が1になる」**素子です。**入力が1and 1のとき、出力1**と覚えておくとよいでしょう。掛け算の結果と同じことから「論理積」ともいいます。

これにNOTがくっついたものが**NAND**です。**出力結果はANDと逆**になりますので、ANDを理解しておけば、NANDの結果も導くことができます。

図2-1-3　ANDおよびNANDの真理値表、ベン図など特徴

名称	図記号	真理値表			ベン図・論理式
		入力A	入力B	出力Z	
AND（論理積）		0	0	0	
		0	1	0	
		1	0	0	
		1	1	1	Z=A・B
		入力A	入力B	出力Z	
NAND（否定論理積）		0	0	1	
		0	1	1	
		1	0	1	
		1	1	0	$Z=\overline{A \cdot B}$

NOT（否定）をつけて出力結果が逆になる

③OR（論理和）とNOR（否定論理和）　解説動画

ORは「**入力がどちらか1のときに、出力が1になる**」素子です。**入力が1or 1のとき、出力1**と覚えておくとよいでしょう。足し算の結果と似ていることから「論理和」ともいいます（ただし、1+1=1として処理します）。

これにNOTがくっついたものが**NOR**です。**出力結果はORと逆**になりますので、ORを理解しておけば、NORの結果も導くことができます。

図2-1-4　ORおよびNORの真理値表、ベン図など特徴

名称	図記号	真理値表			ベン図・論理式
		入力A	入力B	出力Z	
OR（論理和）		0	0	0	
		0	1	1	
		1	0	1	
		1	1	1	Z=A+B
		入力A	入力B	出力Z	
NOR（否定論理和）		0	0	1	
		0	1	0	
		1	0	0	
		1	1	0	$Z=\overline{A+B}$

NOT（否定）をつけて出力結果が逆になる

④EXOR（排他的論理和）解説動画

EXORは「**入力が異なる組み合わせのときに、出力が1になる**」素子です。受験生が一番混乱しやすいのがこの素子です。真理値表をよく見て覚えておきましょう。

図2-1-5　EXORの真理値表、ベン図など特徴

名称	図記号	真理値表 入力A	入力B	出力Z	ベン図・論理式
排他的論理和 EX-OR		0	0	0	A B
		0	1	1	
		1	0	1	
		1	1	0	$Z=A\cdot\overline{B}+\overline{A}\cdot B$

一見難しそうに見えますが、同じ入力値同士なら0、違う入力値の組み合わせなら1ということに気づけば覚えることは難しくありません。
論理素子の6つを覚えれば、論理回路の問題は半分攻略したも同然です。頑張って覚えていきましょう。

論理素子の概要は以上です。過去問の演習を通じて使い慣れていきましょう。

★過去問チェック！（出典：平成28年第2回）解説動画

図1に示す論理回路において、Mの論理素子が（EXOR記号）であるとき、入力aおよびbと出力cとの関係は、図2で示される。

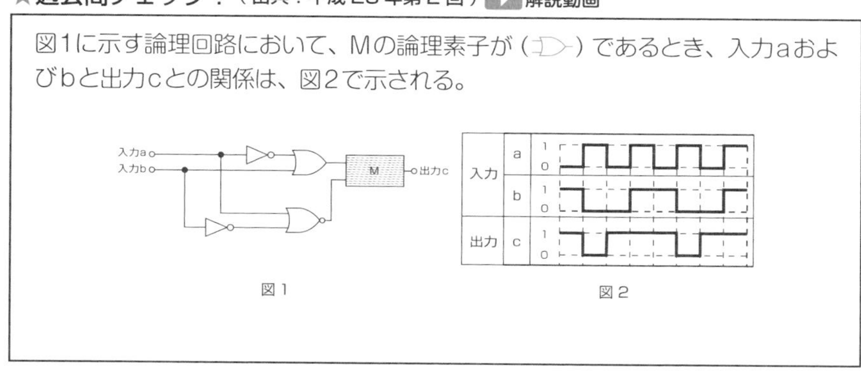

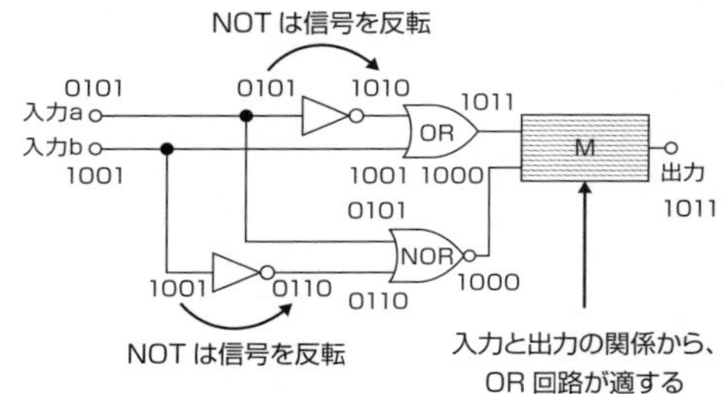

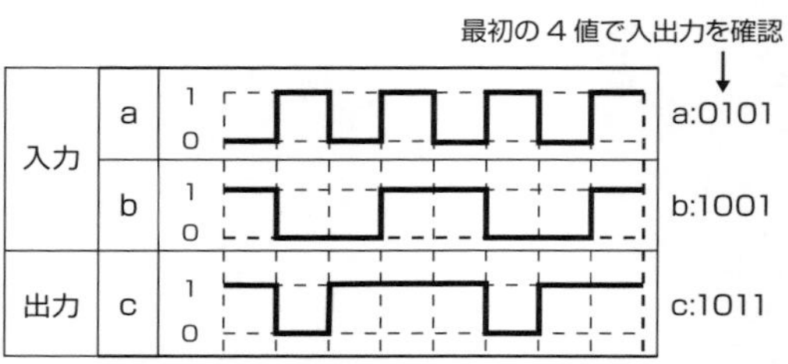

答えが確定できないときは、さらに次の 4 値で確認

★過去問チェック！（出典：令和 2 年第 2 回）解説動画

図に示す論理回路において、Mの論理素子が（ ）であるとき、入力Aおよび Bから出力Cの論理式を求め変形し、簡単にすると、C=**A・B+$\overline{\mathbf{A}}$・$\overline{\mathbf{B}}$**で表される。

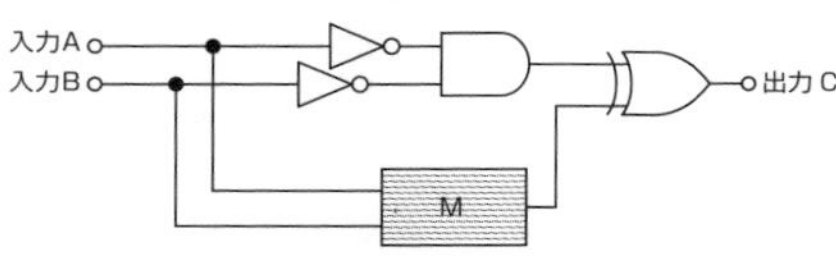

〈解法手順〉

・入力 A、入力 B に任意の数値を代入する。
（ここでは仮に A：0101、B：1001 とする）

・論理式にも数値を代入し、
出力結果を確認する。

A・B＝0101・1001＝0001

$\overline{A}$・$\overline{B}$＝1010・0110＝0010

C=A・B+$\overline{A}$・$\overline{B}$＝0011

・回路図に各数値を書き入れ、
適切な素子を検討する。

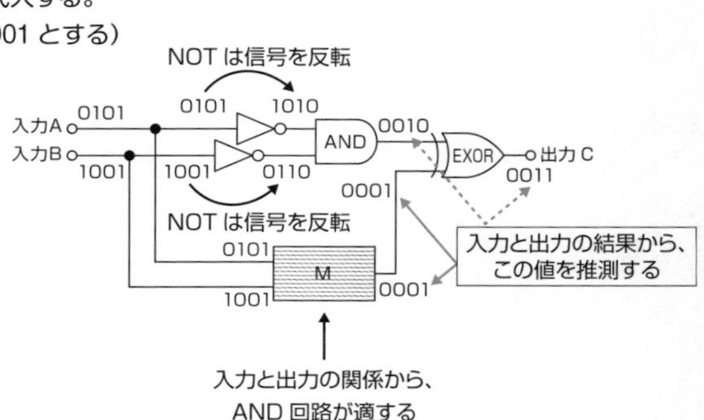

2　フリップフロップ回路

試験では、NANDやNORを用いた「フリップフロップ回路」が出題されています。

フリップフロップ回路では、入力値を仮定して演算を検証していく必要がありますが、ある特徴を掴むと、比較的簡単に値を推察できます。各パターンの特徴を見ていきましょう。

①NAND型フリップフロップ回路 ▶解説動画

NANDは**ANDの逆**なので、**入力のどちらかに0が入ると、出力は必ず1**になります。この性質を使って、回路を読み解くことができます。

図2-1-6　NAND型フリップフロップ回路の特徴

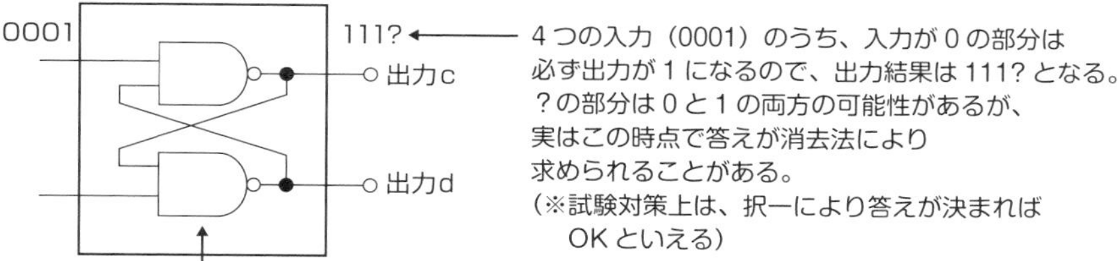

★過去問チェック！（出典：令和３年第２回）▶解説動画

図Aに示す論理回路は、NANDゲートによるフリップフロップ回路である。入力aおよびbに図Bに示す入力がある場合、図Aの出力cは、図Bの出力のうち（c1）である。

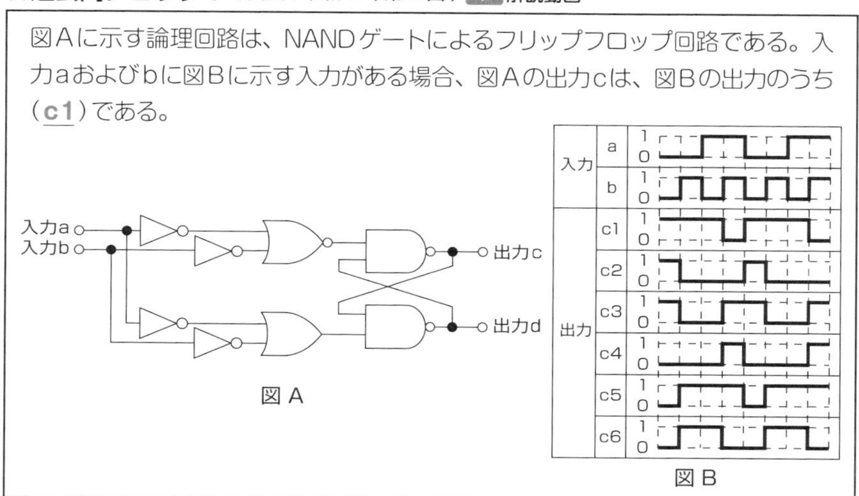

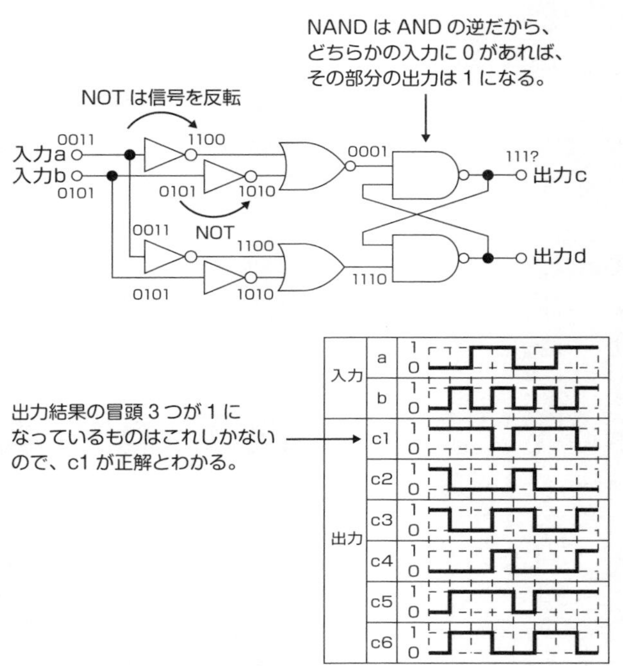

②**NOR型フリップフロップ回路** 解説動画

NORは**ORの逆**なので、**入力のどちらかに1が入ると、出力は必ず0**になります。この性質を使って、回路を読み解くことができます。

図2-1-7　NOR型フリップフロップ回路の特徴

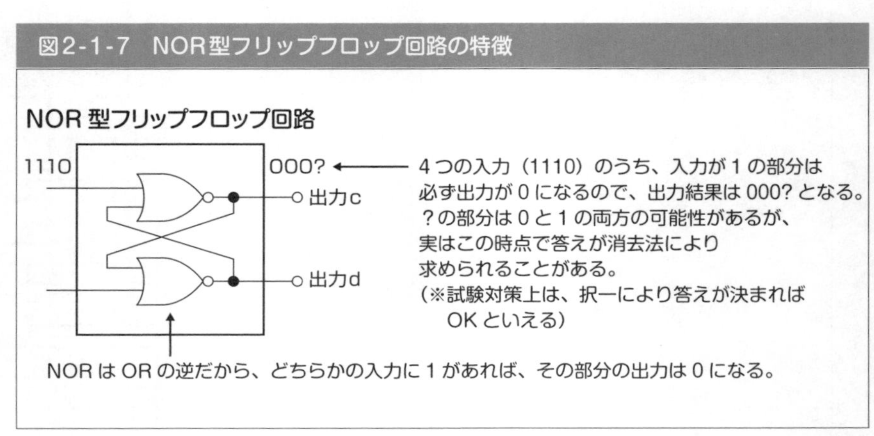

Theme 2

n進数

基礎の第3問に出題される2進数、16進数の問題についてまとめています。

重要度：★★☆

● 16進数に関しては、新たな出題傾向ということもあり、過去問がそれほど多くありません。苦手意識がある場合は、「基本情報技術者試験」などの他資格の過去問で練習をしておくのがよいでしょう。

1 進数と桁上がり

10進数は、**0～9までの10種類の数字**が使えます。9の次は10で1つ**桁上がり**をします。

2進数では、**0と1の2種類の数字**が使え、1の次は10で1つ桁上がりをします。

16進数は、0からFまでの16種類あるわけですが、**0～9までは数字**、そこからは**A、B、C、D、E、F**を使います。Fの次は10で1つ桁上がりをします。

図2-2-1 n進数の桁上がりとその対応表

	10進数	2進数	16進数
	9	1	F
+	1	1	1
	10	10	10
	9の次は桁上がり	1の次は桁上がり	Fの次は桁上がり

10進数	2進数	16進数
0	0	0
1	1	1
2	10	2
3	11	3
4	100	4
5	101	5
6	110	6
7	111	7
8	1000	8
9	1001	9
10	1010	A
11	1011	B
12	1100	C
13	1101	D
14	1110	E
15	1111	F
16	10000	10

※アミ掛けは桁上がりを表します。
※16進数の英字のところに注意してください。

- かつては2回に1回程度の出題でしたが、ここ最近は出題頻度が上がっています。
- 出題されるとすれば、問題数は1問（5点）の見込みです。
- 以前は2進数の出題ばかりでしたが、最近では16進数の出題が目立ちます。
- 解法をマスターすれば確実に解ける問題ですので、ぜひ習得していただきたいと思います。

2　2進数の計算

①2進数の加算

2進数の加算では、**最下位桁の位置を右端に合わせて**、筆算を行います。

図2-2-2　2進数の加算（計算例）

```
   11                            1100  ←右端の位置は
+  10                          +10101    必ずそろえる
  1 ←1+1=10なので、              11
  101  1繰り上がる              100001
```

上の計算例では2つの加算でしたが、試験では3つの式を加算する問題も出題されています。その場合は、2つずつ計算していくことで、計算を進めることができます。

★**過去問チェック！**（出典：令和3年第1回）▶解説動画

表に示す2進数のX_1～X_3を用いて、計算式（加算）$X_0=X_1+X_2+X_3$からX_0を求め、2進数で表示し、X_0の先頭から（左から）2番目と3番目と4番目の数字を順に並べると、（100）である。

2進数		
X_1	=	111101
X_2	=	10111
X_3	=	1100

```
   111101  ←X1
+   10111  ←X2
   111111  ←繰り上がり
  1010100  ←X1+X2
+    1100  ←X3
     111   ←繰り上がり
  1100000  ←X1+X2+X3
```

② 2進数の乗算

2進数の乗算でも、**最下位桁の位置を右端に合わせて**、掛け算の筆算を行います。

図2-2-3　2進数の乗算（計算例）

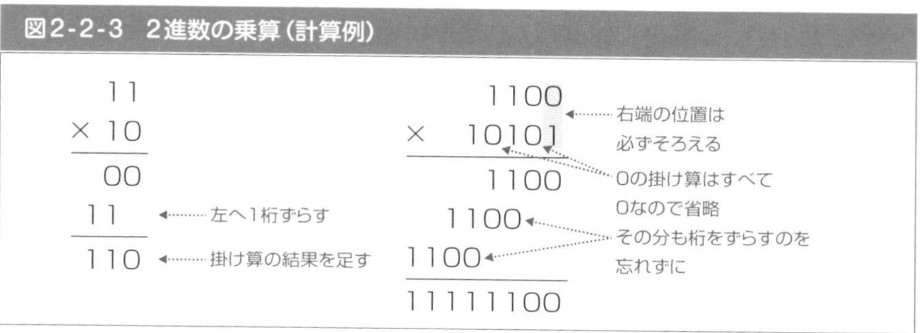

★**過去問チェック！**（出典：平成 31 年第 1 回）解説動画

表に示す2進数のX_1、X_2を用いて、計算式（乗算）$X_0=X_1 \times X_2$からX_0を求め、2進数で表示すると、(**1000010**) である。

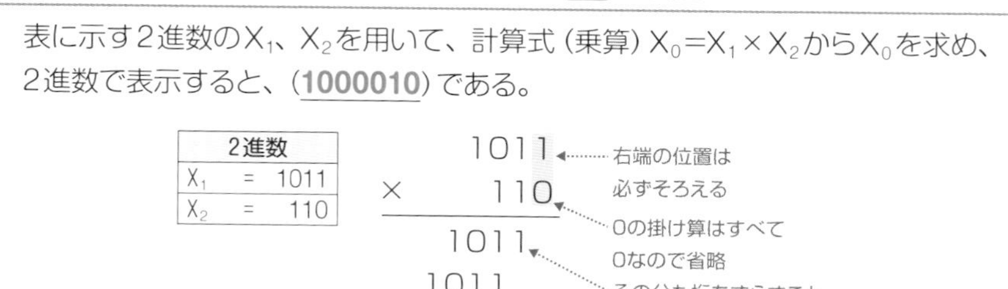

2進数		
X_1	=	1011
X_2	=	110

3　16進数の計算

■1　16進数の加算

16進数の加算では、16進数のF（10進数でいう15）を超えると繰り上がりが生じます。

図2-2-4　16進数の加算（計算例）

8C+7Eを例に計算を考えてみます。筆算の形にし、各桁ごとに計算します。

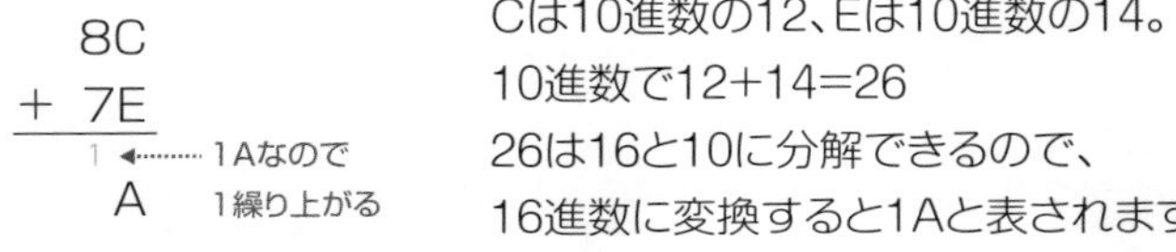

Cは10進数の12、Eは10進数の14。
10進数で12+14=26
26は16と10に分解できるので、
16進数に変換すると1Aと表されます。

8C
+ 7E
1
10A
10なので
1繰り上がる

次に8+7+1を計算します。
10進数の16なので、16進数では10となります。

★過去問チェック！（出典：令和4年第1回）▶解説動画

表に示す16進数のX_1、X_2を用いて、計算式（加算）$X_0=X_1+X_2$からX_0を求め、これを16進数で表すと（**D0C**）になる。

16進数		
X_1	=	19D
X_2	=	B6F

■2　16進数と2進数の融合問題

2進数から16進数へ変換するときは、2進数を下位4桁ごとに区切って変換を行います。

図2-2-5　2進数から16進数への変換3STEP（11111100を例に変換）

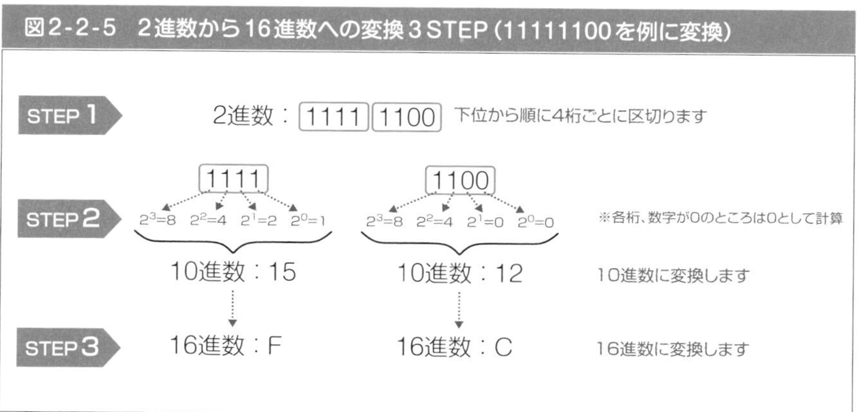

★**過去問チェック！**（出典：令和3年第2回）▶解説動画

表に示す2進数のX_1、X_2を用いて、計算式（加算）$X_0=X_1+X_2$からX_0を求め、これを16進数で表すと、（**6B**）になる。

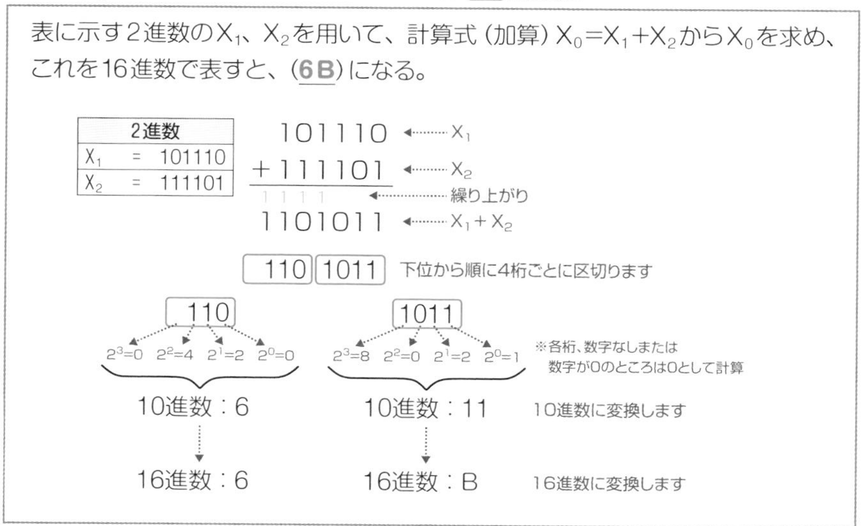

ブール代数

基礎の第3問に出題されるブール代数についてまとめています。

重要度：★★☆

●大切なことは計算過程でいかに0や1を作るかにあります。
●不要な記号を消去し、スリムにしていくことがミスなく解くコツです。

1 ブール代数の基本公式

ブール代数では、論理法則に従って式変形を行います。ブール代数を使う際の基本公式は次のとおりです。

図2-3-1 ブール代数の基本公式

法則名	論理式	解説（ベン図）
交換則	A＋B＝B＋A	足し算と掛け算は書く順番を変えても結果は変わらない。
	A・B＝B・A	
結合則	A＋(B＋C)＝(A＋B)＋C	カッコの位置を変えても結果は変わらない。
	A・(B・C)＝(A・B)・C	
分配則	A・(B＋C)＝A・B＋A・C	カッコを外しても展開できる。
同一則	A＋A＝A	Ⓐ＋Ⓐ＝Ⓐ
	A・A＝A	Ⓐ・Ⓐ＝Ⓐ

●ここからは1問（5点分）の出題が見込まれます。
●試験ではここで時間を使い過ぎると、後半の問題に割く時間がなくなりかねません。知識問題を全て解き終えた後で、残り時間に応じて大問3に臨むのがよいでしょう。

吸収則	$A+(A \cdot B)=A$	Ⓐⓑ＋Ⓐⓑ＝Ⓐⓑ
	$A \cdot (A+B)=A$	Ⓐⓑ・Ⓐⓑ＝Ⓐⓑ
恒等則	$A+0=A$	0を足しても、要素は増えない。
	$A+1=1$	1は全体を表す。
	$A \cdot 0=0$	0は要素なしを表す。
	$A \cdot 1=A$	掛け算は、共通部分を表す。
相補性	$A+\overline{A}=1$	Ⓐ＋□＝Ⓐ
	$A \cdot \overline{A}=0$	Ⓐ・□＝Ⓐ
二重否定	$\overline{\overline{A}}=A$	否定の否定は、否定なし。
ド・モルガン	$\overline{A+B+C}=\overline{A} \cdot \overline{B} \cdot \overline{C}$	「長いバーを分解したら、＋と・が入れ替わる」と理解しておくと、覚えやすい。
	$\overline{A \cdot B \cdot C}=\overline{A}+\overline{B}+\overline{C}$	

公式はたくさんありますが、そのほとんどは通常の論理法則と変わりなく（交換則や分配則など）、ブール代数用に特別に暗記しないといけないものは意外と多くありません。
「ド・モルガンの法則」など、ブール代数特有のものに絞って覚えていけば大丈夫です。いずれにせよ、問題演習が必要です。問題を繰り返し解いていく中で、理解が深まっていきます。

★過去問チェック！（出典：令和４年第１回）解説動画

次の論理関数Xは、ブール代数の公式等を利用して変形し、簡単にすると（$\underline{B \cdot \overline{C}}$）になる。

$$X=(\overline{A}+\overline{A}\cdot B+\overline{A}\cdot\overline{C}+B\cdot\overline{C})\cdot(A+A\cdot B+A\cdot\overline{C}+B\cdot\overline{C})$$

$$X=(\overline{A}+\overline{A}\cdot B+\overline{A}\cdot\overline{C}+B\cdot\overline{C})\cdot(A+A\cdot B+A\cdot\overline{C}+B\cdot\overline{C})$$

$\overline{A}$が共通しているのでまとめる　Aが共通しているのでまとめる

$$X=\{\overline{A}(1+B)+\overline{A}\cdot\overline{C}+B\cdot\overline{C}\}\cdot\{A(1+B)+A\cdot\overline{C}+B\cdot\overline{C}\}$$

恒等則　恒等則

$$X=(\overline{A}\cdot 1+\overline{A}\cdot\overline{C}+B\cdot\overline{C})\cdot(A\cdot 1+A\cdot\overline{C}+B\cdot\overline{C})$$

恒等則　恒等則

$$X=(\overline{A}+\overline{A}\cdot\overline{C}+B\cdot\overline{C})\cdot(A+A\cdot\overline{C}+B\cdot\overline{C})$$

$\overline{A}$が共通　Aが共通

$$X=\{\overline{A}(1+\overline{C})+B\cdot\overline{C}\}\cdot\{A(1+\overline{C})+B\cdot\overline{C}\}$$

恒等則　恒等則

$$X=(\overline{A}\cdot 1+B\cdot\overline{C})\cdot(A\cdot 1+B\cdot\overline{C})$$

恒等則　恒等則

$$X=(\overline{A}+B\cdot\overline{C})\cdot(A+B\cdot\overline{C})$$

分配則により、( )を外して展開

$$X=\overline{A}\cdot A+\overline{A}\cdot B\cdot\overline{C}+B\cdot\overline{C}\cdot A+B\cdot\overline{C}\cdot B\cdot\overline{C}$$

相補性　同一則

$$X=0+\overline{A}\cdot B\cdot\overline{C}+A\cdot B\cdot\overline{C}+B\cdot\overline{C}$$

$B\cdot\overline{C}$が共通しているのでまとめる

$$X=(B\cdot\overline{C})(\overline{A}+A+1)$$

相補性

$$X=(B\cdot\overline{C})\cdot 1$$

$$X=B\cdot\overline{C}$$

ベン図

基礎の第3問に出題されるベン図についてまとめています。

重要度：★★★

●ミスを防ぐための手法として、本書では「各要素に名前をつける」方法を推奨しております。詳しくは本文で。

1 ベン図　各要素に名前をつける

ベン図を攻略するにあたって、各集合の要素に名前をつける方法をお勧めします。

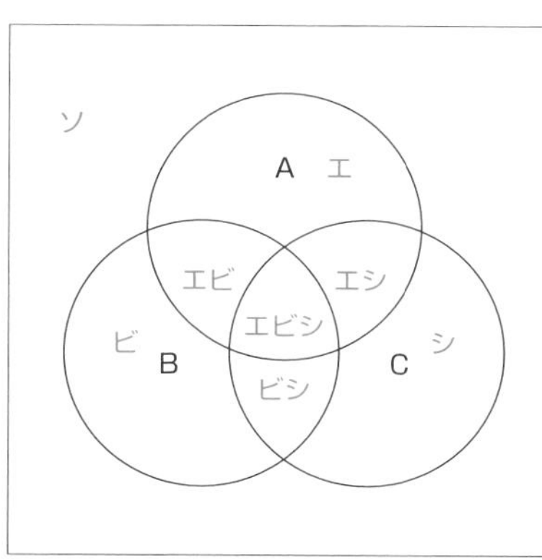

試験でよく出る3つの集合について、集合の各要素に名前をつけました。全部で8個あります。各要素の対応関係は次のとおりです。

「ソ」：3円の外側
「エ」：Aのみ　「ビ」：Bのみ　「シ」：Cのみ
「エビ」：AとBの共通部分
「エシ」：AとCの共通部分
「ビシ」：BとCの共通部分
「エビシ」：A、B、Cの共通部分

●ここからは1問（5点）の出題が見込まれます。
●時間をかければ取れる単元（逆にいうと解くのに時間がかかる単元）なので、試験本番では先に暗記問題などを解き終えてから、取り組むようにしましょう。

また、各要素は次のように置けます。

A＝エ、エビ、エシ、エビシ

$\overline{\text{A}}$＝ビ、シ、ビシ、ソ

B＝ビ、エビ、ビシ、エビシ

$\overline{\text{B}}$＝エ、シ、エシ、ソ

C＝シ、エシ、ビシ、エビシ

$\overline{\text{C}}$＝エ、ビ、エビ、ソ

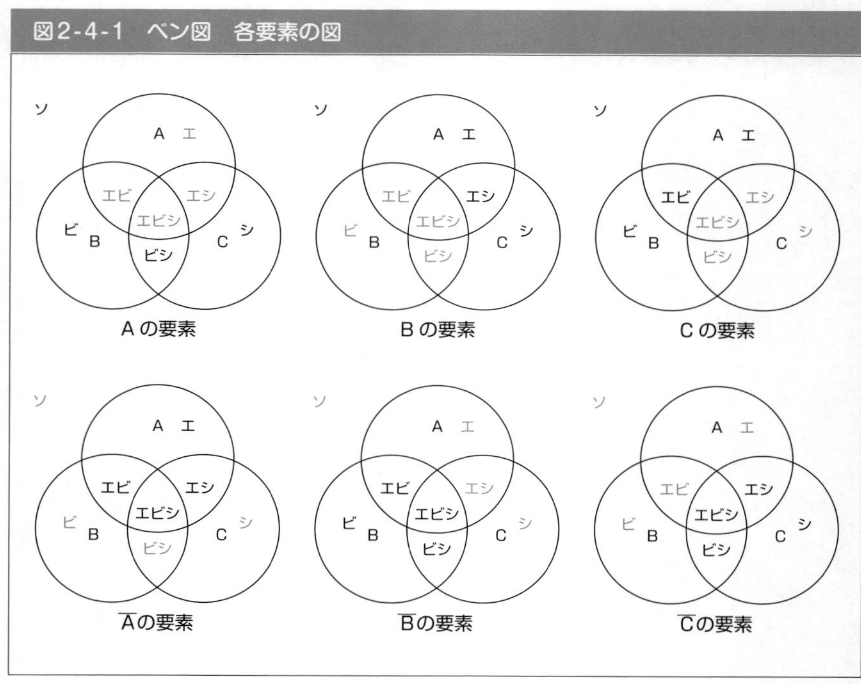

図2-4-1　ベン図　各要素の図

★過去問チェック！（出典：令和４年第１回）解説動画

図1、図2および図3に示すベン図において、A、BおよびCが、それぞれの円の内部を表すとき、図1、図2および図3の斜線部分を示すそれぞれの論理式の**論理和**は、$(A+B+C)\cdot\overline{A\cdot B}$ と表すことができる。

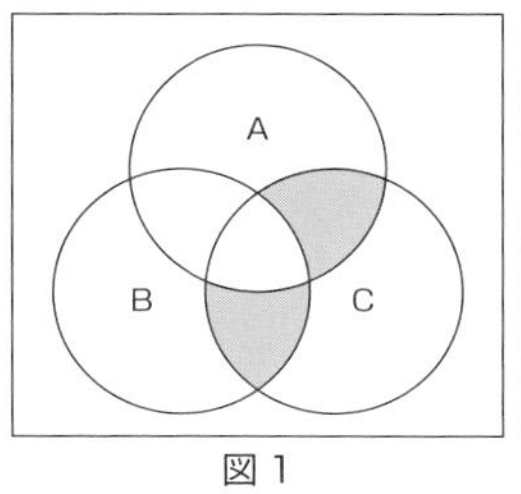

図１

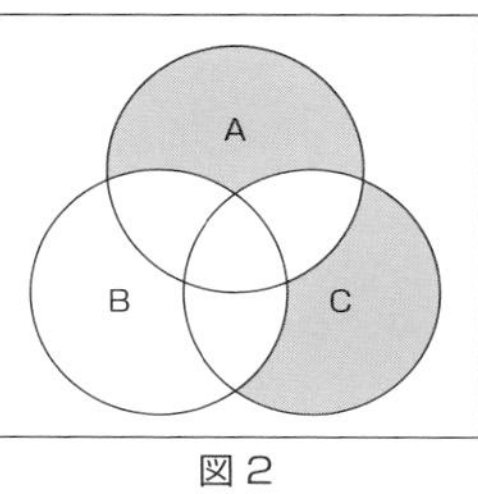

図２

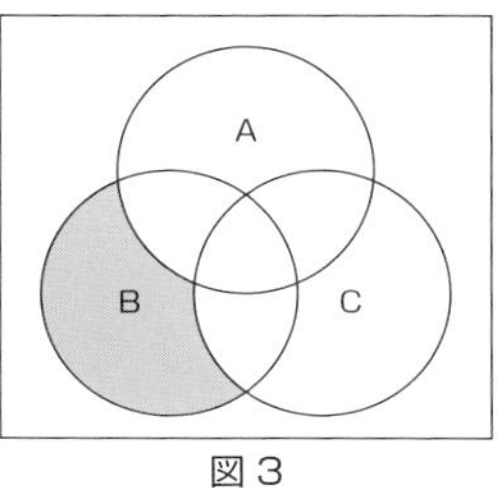

図３

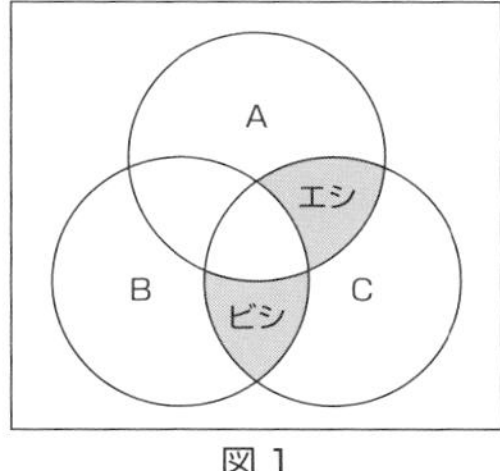

図１

図１の斜線部分に名前をつけると、エシ、ビシとなる。

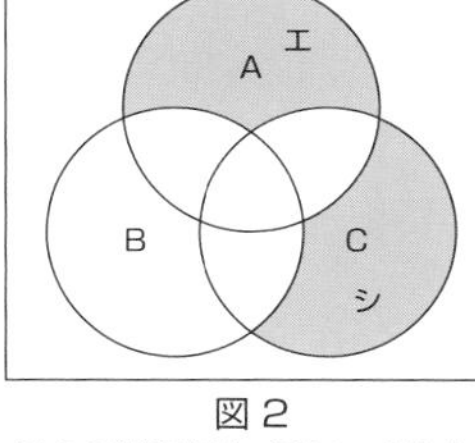

図２

図２の斜線部分に名前をつけると、エ、シとなる。

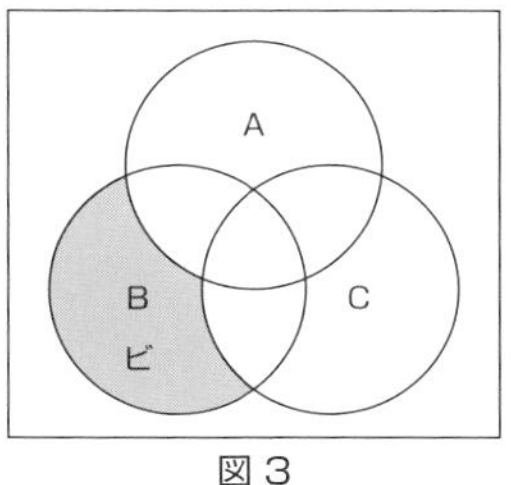

図３

図３の斜線部分に名前をつけると、ビとなる。

図1、図2、図3の**論理和**ということは、各要素の**和集合**になるので、
エ、**ビ**、**シ**、**エシ**、**ビシ**　が該当するものとなる。

$(A+B+C)\cdot\overline{A\cdot B}$ を名前づけで書き換えると、次のようになる。
(エ、ビ、シ、エビ、エシ、ビシ、エビシ)・(エ、ビ、シ、エシ、ビシ、ソ)
掛け算は共通部分を表すので、
エ、**ビ**、**シ**、**エシ**、**ビシ**　となり、題意を満たす。

Question

問題を解いてみよう

下の空欄にあてはまる文言を答えよ。

問1　表に示す2進数のX_1～X_3を用いて、計算式(加算)$X_0=X_1+X_2+X_3$からX_0を求め、2進数で表示し、X_0の先頭から(左から)3番目と4番目と5番目の数字を順に並べると、(　　　　　)である。

2進数
X_1=10110101
X_2=1011011
X_3=110110

① 000
② 001
③ 010
④ 011
⑤ 100

問2　図1、図2および図3に示すベン図において、A、BおよびCが、それぞれの円の内部を表すとき、図1、図2および図3の塗りつぶした部分を示すそれぞれの論理式の論理積は、(　　　　　)と表すことができる。

① $A \cdot \overline{B} \cdot \overline{C} + A \cdot B \cdot C$　② $A \cdot \overline{B} + A \cdot C + B$　③ $A \cdot \overline{C}$
④ $A \cdot \overline{B} \cdot \overline{C}$　⑤ $A \cdot \overline{B} \cdot \overline{C} + \overline{A} \cdot \overline{B} \cdot C$

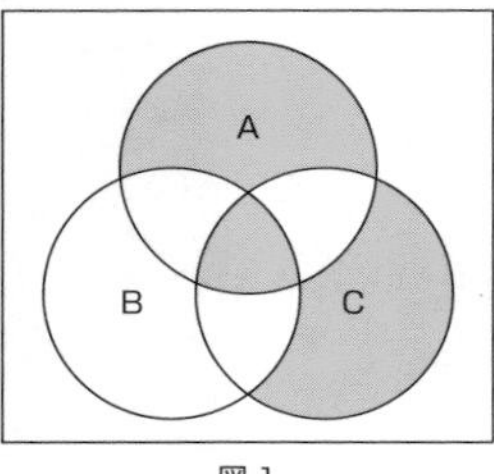

図1

A
B
C
図2

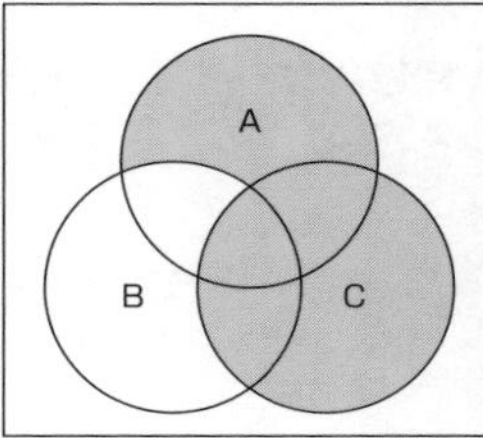

図3

Answer

答え合わせ

問1　正解：⑤

解説

$$
\begin{array}{rl}
10110101 & \leftarrow X_1 \\
+\ 1011011 & \leftarrow X_2 \\
\hline
1111111 & \leftarrow \text{繰り上がり} \\
100010000 & \leftarrow X_1+X_2 \\
+\ 110110 & \leftarrow X_3 \\
\hline
11 & \leftarrow \text{繰り上がり} \\
101000110 & \leftarrow X_1+X_2+X_3
\end{array}
$$

左から3番目、4番目、5番目の数字は**100**

問2　正解：⑤

解説

3円にナンバリングをすると、

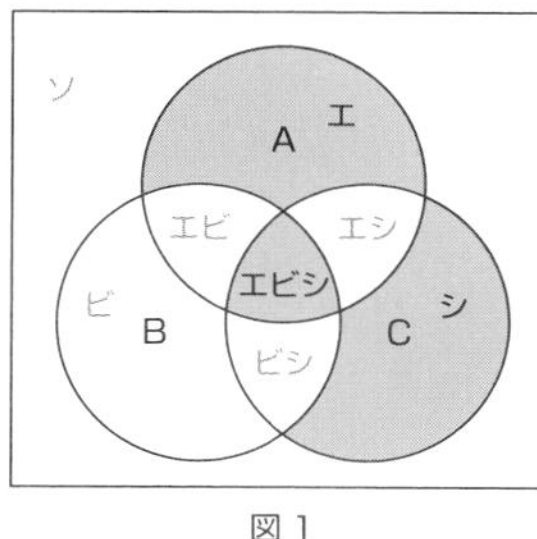

図1

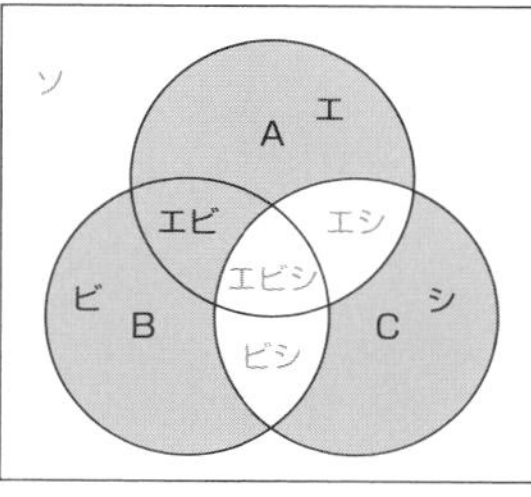

図2

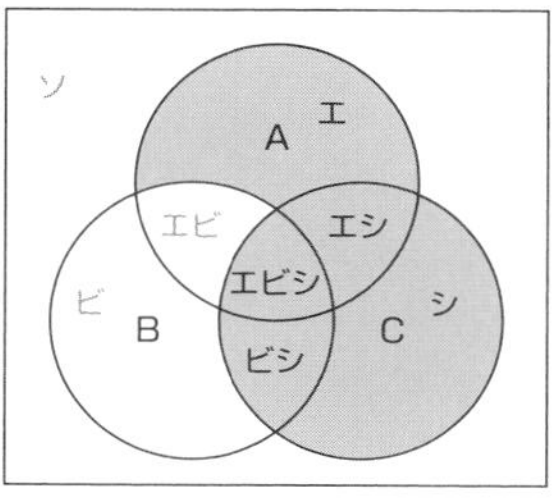

図3

図1：エ、シ、エビシ
図2：エ、シ、ビ、エビ
図3：エ、エシ、シ、ビシ、エビシ
が該当する集合要素です。
3円の論理積（共通部分）は、エ、シ

次に選択肢の中からエ、シの要素に該当するものを探します。

スピードアップのコツは消去法です。図１～３で検討した要素を利用できるものから検討します。

選択肢の①はＡ・Ｂ・Ｃ(この要素は図１～３で既に検討済み)が含まれています。

これはエビシに該当しますが、この時点で余分な要素が含まれているので①を消去。

次に選択肢②は＋Ｂとあり、Ｂの要素(ビシ、ビ、エビ、エビシ)が含まれています。

和集合では要素が増えていく一方なので、この時点で余分な要素を含む②を消去。

選択肢④は$A \cdot \overline{B} \cdot \overline{C}$と３つの要素の論理積になっています。

３つの要素の論理積は集合要素が１つになります(このことはテクニックとして知っておくと便利です)ので、エ、シのように２つの要素を含みません。

よって、選択肢④は検討するまでもなく消去。

残りは③と⑤ですが、③は$\overline{C}$との論理積になっています。

求めたいエ、シのシはＣの要素が含まれています。$\cdot\overline{C}$はＣの要素を排斥するので、これも条件を満たさないので消去。

結果⑤だけが残り、これが正解とわかります。

このように消去法のテクニックを使えば試験本番でもスピードアップを図ることができます。ただし、うっかりミスの可能性もありますので、見当をつけた選択肢が本当に正しいか検証をしておく必要があります。

⑤$A \cdot \overline{B} \cdot \overline{C} + \overline{A} \cdot \overline{B} \cdot C$　これをナンバリングすると、

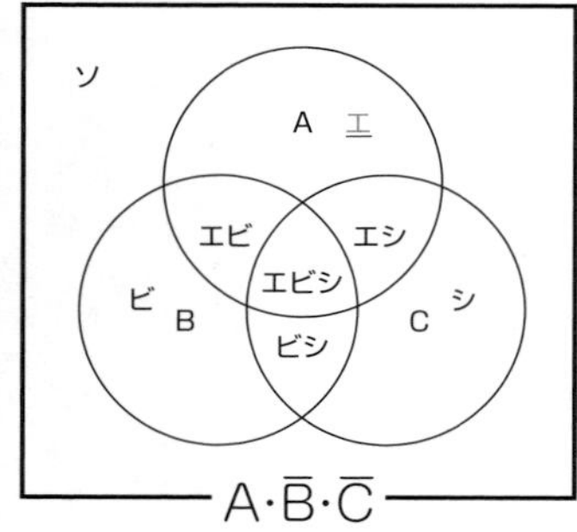

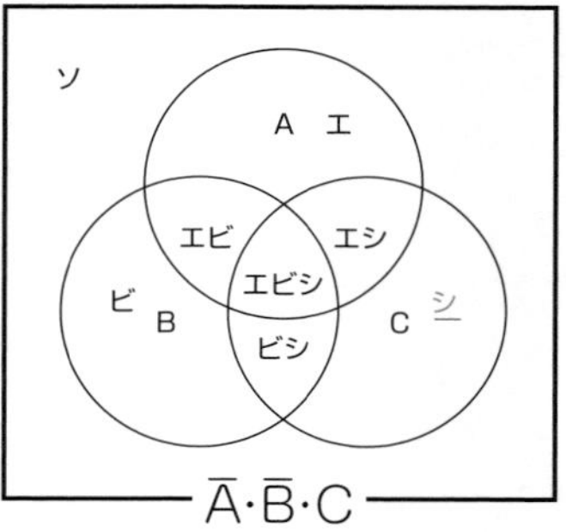

$A \cdot \overline{B} \cdot \overline{C} + \overline{A} \cdot \overline{B} \cdot C$はエ、シとなり、答えに合致します。

［基礎編］
伝送理論と伝送技術
（大問４＆５）

Theme 1

伝送理論の重要暗記事項

重要度：★★★

基礎の第４問に出題される伝送理論の暗記事項についてまとめています。

●「電圧反射係数」と「電流反射係数」の公式が似ていて、ひっかけ問題として多用されています。意識して覚えておく必要があります。

1 漏話の大きさ

漏話について、試験に出た各内容を覚えていきましょう。

☑平衡対ケーブルが誘導回線から受ける電磁的結合による**漏話の大きさ**は、一般に、**誘導回線のインピーダンス**に**反比例する**。（令和３年第１回）

☑平衡対ケーブルにおける漏話減衰量Xデシベルは、誘導回線の信号電力をP_Sワット、被誘導回線の漏話による電力をP_Xワットとすると、次式で表される。（令和4年第2回）

$$X = 10\log_{10}\frac{Ps}{Px}$$

☑誘導回線の信号が被誘導回線に現れる漏話のうち、誘導回線の信号の**伝送方向を正の方向**とし、その反対方向を負の方向とすると、**正の方向**に現れるものは**遠端漏話**といわれる。（令和4年第2回）

負の方向に現れるものは近端漏話です。

●この範囲から1～2問（5～10点分）の出題が見込まれます。
●得点が安定しやすい単元ですので、繰り返し解いてマスターしておきましょう。

2　電磁誘導電圧

誘導電圧のうち、電磁誘導電圧の出題が目立ちます。

☑電力線からの誘導作用によって通信線に誘起される誘導電圧には、電磁誘導電圧と静電誘導電圧がある。このうち、**電磁誘導電圧**は、一般に、電力線の**電流**に比例する。（令和2年第2回）

3　減衰定数

減衰定数は、周波数との関係で出題されています。

☑一様なメタリック線路の**減衰定数**は線路の一次定数により定まり、**信号の周波数**によりその値が変化する。（平成31年第1回）

4　非直線ひずみ

信号のひずみに関しては、非直線ひずみが頻出です。

☑伝送回路の入力と出力の信号電圧が**比例関係にない**ために生ずる信号のひずみは、**非直線**ひずみといわれる。（平成30年第2回）

5　伝送損失

平衡対ケーブルと同軸ケーブルの伝送損失について問われています。

☑平衡対ケーブルにおいては、**心線導体間の間隔を大きく**すると**伝送損失**が**減少**する。（令和元年第2回）

☑平衡対ケーブルにおいては、単位長さ当たりの**心線導体抵抗を大きく**すると**伝送損失**が**増加**する。（平成30年第2回）

☑**同軸ケーブル**は、一般的に使用される周波数帯において信号の**周波数が4倍**になると、その伝送損失は、約**2**倍になる。（令和4年第1回）

6 相対レベル、無限長

その他、最近の出題傾向からは外れますが、次の内容も覚えておくとよいでしょう。

☑伝送系の**ある箇所における信号電力と基準点における信号電力との比**をデシベル表示した値を、その箇所の**相対レベル**といい、一般に、[dBr]で表す。(平成23年第1回)

☑**無限長の一様線路**における入力インピーダンスは、その線路の特性インピーダンスと**等しい**。(平成21年第2回)

7 反射係数

通信線路の接続点には、インピーダンスの違いにより反射が生じます。反射係数を表す公式として、「電圧反射係数」と「電流反射係数」があります。

■1 電圧反射係数

☑図において、一方の通信線路の特性インピーダンスをZ_{01}、もう一方の通信線路の特性インピーダンスをZ_{02}とすると、その接続点における電圧反射係数は、

$\dfrac{Z_{02}-Z_{01}}{Z_{01}+Z_{02}}$ で求められる。(令和3年第1回)

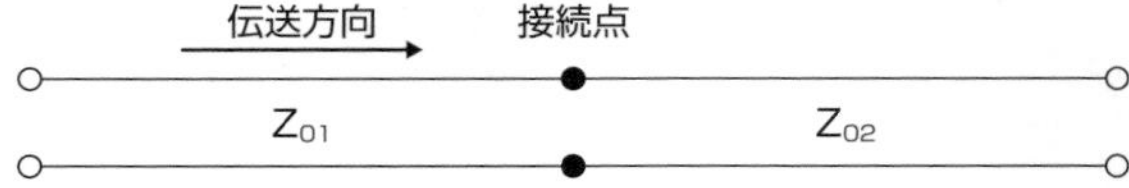

■2 電流反射係数

☑図に示すように、異なる特性インピーダンスZ_{01}、Z_{02}の通信線路を接続して信号を伝送したとき、その接続点における電圧反射係数をmとすると、電流反射係数は**−m**で表される。(令和4年第2回)

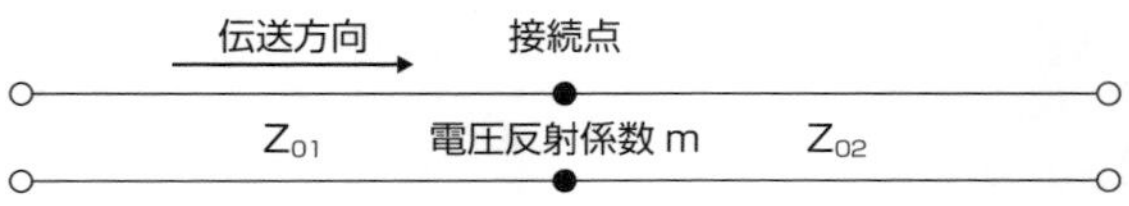

電流反射を公式で書くと $\dfrac{Z_{01}-Z_{02}}{Z_{01}+Z_{02}}$ となります。
電圧反射係数と似ていますが、分子の引き算の順序が異なっていますので注意しましょう。（電圧反射係数では $Z_{02}-Z_{01}$ になっている）
試験では「電圧反射係数をmとすると、電流反射係数は－m」という聞かれ方をされることが多いですが、公式で問われても答えられるようにしておきましょう。

総合通信合格後のおすすめ資格

総合通信合格後、さらなるキャリアアップを目指される人は、「**電気通信主任技術者**」と「**第一級陸上無線技術士**」資格の取得がおすすめです。
どちらも超難関の国家資格であり、通信業界で重宝される資格です。
難関ではありますが、免除科目制度を活用すれば最短ルートで合格を目指せます。科目免除を活かすためには取得の順番も重要です。
総合通信➡電気通信主任技術者（伝送交換）➡第一級陸上無線技術士の順に取得いただくのが効率的です。
以下、免除科目の具体的な内容について紹介します。

「総合通信」合格により、「電気通信主任技術者（伝送交換）」の受験3科目「システム」「設備」「法規」のうち、「システム」科目が免除になります。
「設備」と「法規」は暗記要素が強い上に、工事担任者の内容と重なるところも多いため、総合通信合格の知識があれば、学習が進めやすいです。
「電気通信主任技術者」には「伝送交換主任」と「線路主任」の2種類ありますが、特にこだわりがなければ「伝送交換主任」の受験がおすすめです。
「電気通信主任技術者（伝送交換）」の資格があれば、「第一級陸上無線技術士」の受験4科目のうち「無線工学の基礎」と「無線工学A」の2科目が免除になります。なお、線路主任では、「無線工学A」は免除にならないので注意してください。
「無線工学の基礎」と「無線工学A」はどちらも難易度が高く対策が難しいため、これらが免除になるのは大きなアドバンテージとなります。
残る受験科目の「無線工学B」と「法規」はどちらも暗記要素が強いので、計画的な学習で対策を立てやすいところです。

これらの資格取得により有線・無線の通信を幅広く取り扱うことができるようになりますので、ぜひ免除科目制度をご活用いただき更なる高みを目指していただければと思います。

伝送理論の計算問題

基礎の第4問に出題される伝送理論の計算問題についてまとめています。

重要度：★★★

●電気通信回線の問題は、マイナス処理をするもの（損失）と、プラス処理をするもの（利得）を見分けること自体は難しくありませんが、デシベル計算が必要になります。

1 反射係数

電圧反射係数と電流反射係数については、前テーマでも取り上げました。ここでは、公式を使って実際に数値を計算する問題に取り組んでいきます。

★過去問チェック！（出典：令和４年第１回）

図に示すように、特性インピーダンスがそれぞれ**280オーム**と**420オーム**の通信線路を接続して信号を伝送すると、その接続点における**電圧反射係数**は、(**0.2**) である。

伝送方向→　接続点

280[Ω]　420[Ω]

$$電圧反射係数 \frac{Z_{02}-Z_{01}}{Z_{01}+Z_{02}}=\frac{420-280}{280+420}=\frac{140}{700}=0.2$$

●この範囲から２問程度（10点分）の出題が見込まれます。
●合格のためには積極的に取りたい単元といえます。

2　電気通信回線

■1　電気通信回線　計算問題の考え方

図3-2-1　電気通信回線のモデル図

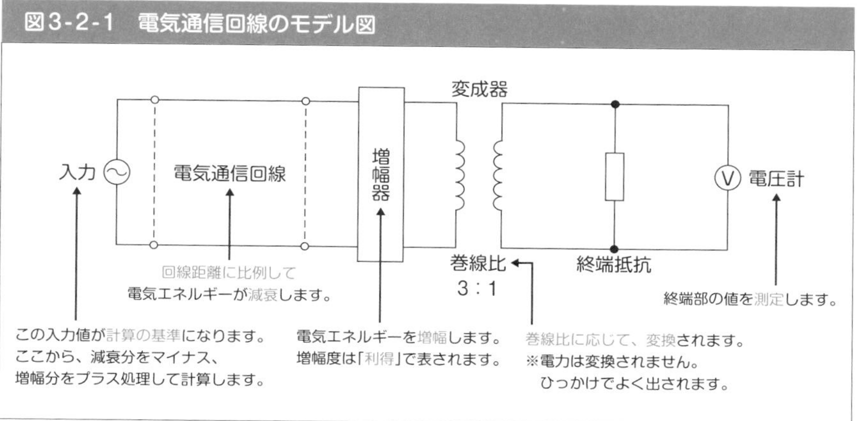

図3-2-1は電気通信回線の接続図例です。左が入力側、右が出力側になっています。入力側をスタート、出力側をゴールに見立てると計算を進めるイメージが持ちやすくなります。

図3-2-2　計算イメージ

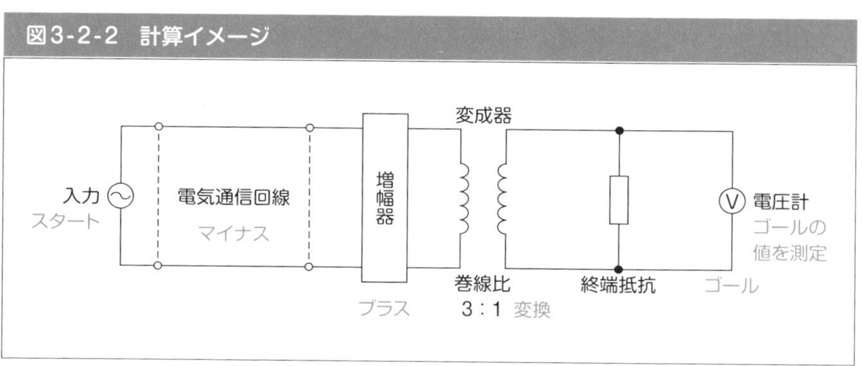

スタートの値から、減衰箇所（回線距離）でマイナス処理、増幅箇所（増幅器）でプラス処理、巻線比（変成器）で変換処理をしてゴールを迎えます。

電気通信回線は、回線距離に比例してエネルギーが減衰します。

図3-2-3　電気通信回線の距離と伝送損失

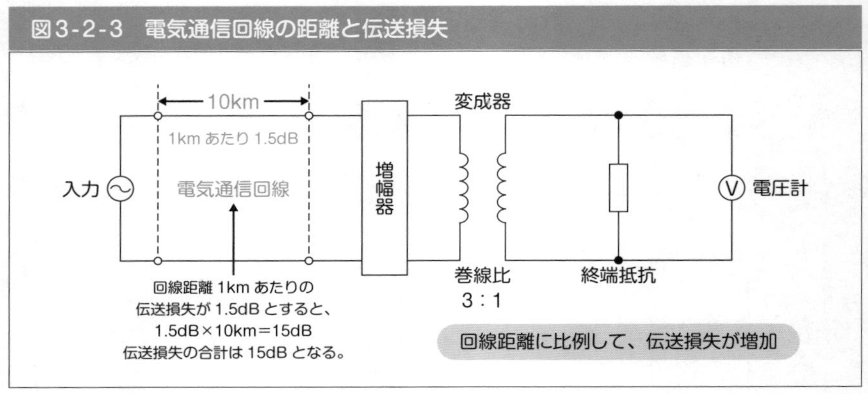

増幅器では、減衰した信号のエネルギーを増幅します。

図3-2-4　増幅器の役割

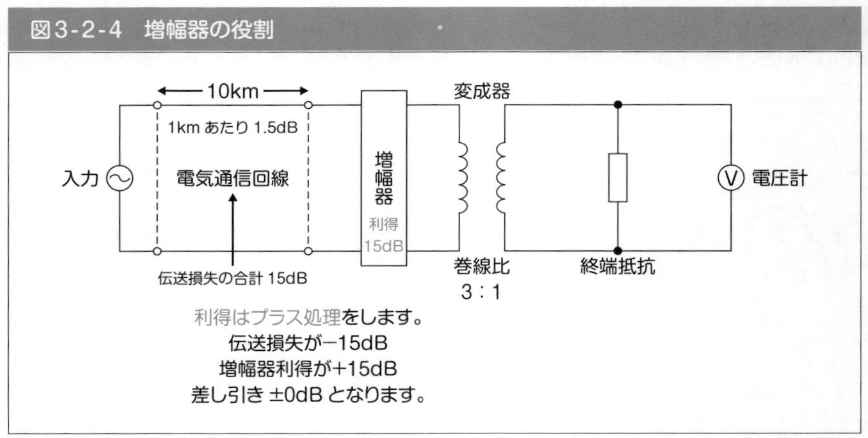

■2　増幅度、減衰度とデシベル表記

増幅、減衰の計算では対数計算を行い、単位はデシベル(dB)を用います。

電圧、電流の増幅(または減衰)度 V を V_{dB} で表すと、次式で表されます。

$$V_{dB} = \underline{20\log_{10} V \ [\mathrm{dB}]}$$

例えば、電圧の大きさが10倍になったとき、

$20\log_{10}10^1 = 20\times1 = 20\ [\mathrm{dB}]$　20デシベルと計算されます。

一方、電力の増幅（または減衰）度WをW_{dB}で表すと、次式で表されます。

$W_{dB} = 10\log_{10} W$ [dB]

例えば、電圧の大きさが10倍になったとき、
$10\log_{10}10^1 = 10 \times 1 = 10$ [dB] 10デシベルと計算されます。

電圧、電流と電力とでは用いる数値が異なるので、注意が必要です。
対数計算には慣れが必要です。過去問演習を通じて慣れていきましょう。

■ 3　変成器の巻線比と変換

変成器では、巻線比に応じて電圧を変換することができます。

図3-2-5　巻線比による変換

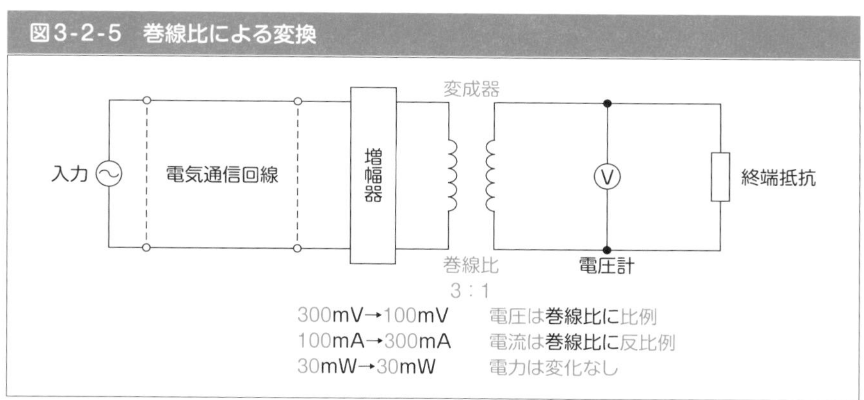

①電圧

電圧は**巻線比に比例**して変化します。巻線比が大きい方が、電圧が高くなります。
例えば、巻線比が3：1の変成器の場合、電圧の大きさも3：1となります。

②電流

電流は**巻線比に反比例**します。
例えば、巻線比が3：1の変成器の場合、電流の大きさは1：3となります。

③電力

電力は、**巻線比に関わらず一定**です（電力P＝VIで計算されるため、電圧と電流の積である電力は一定になります）。引っ掛け問題でよく出るため、注意が必要です。

④抵抗

通信線路の接続点において、**コイルの巻線比の2乗**に比例する抵抗値の変成器（理想変成器）を用いれば、反射損失はゼロに抑えられます。

図3-2-6　変成器の巻線比と反射損失の関係

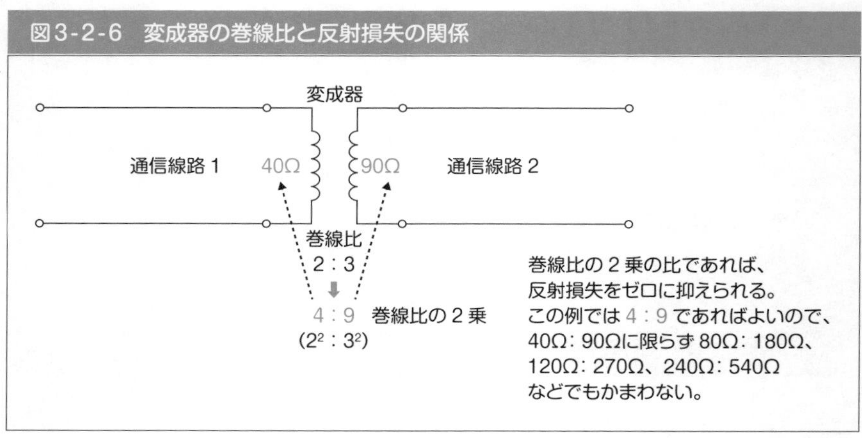

これらのことを総合的に踏まえて、出題されます。

■4　例題演習（入力電圧を求める問題）

★過去問チェック！（出典：令和４年第１回）▶解説動画

図において、電気通信回線への**入力電圧が**（27）ミリボルト、その**伝送損失が1キロメートル当たり0.9デシベル、増幅器の利得が38デシベル**のとき、**電圧計の読みは、450ミリボルト**である。ただし、変成器は理想的なものとし、電気通信回線および増幅器の入出力インピーダンスは全て同一値で、各部は整合しているものとする。

20km
変成器
発振器
電気通信回線
増幅器
電圧計
巻線比
3：5
終端抵抗

問題文の条件を、図にまとめます。

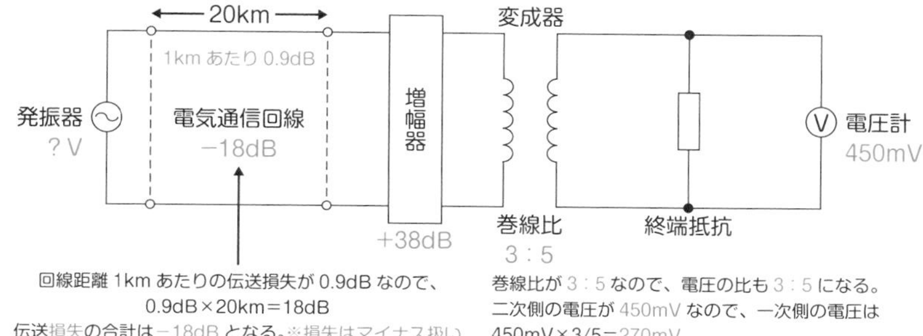

電気的なエネルギーは発振器から電圧計に向かって進んでいきますが、問題文では電圧計の値が与えられ、発振器の値は未知であることから、エネルギーの進行方向とは逆に流れを辿っていきます。

電圧計の値が450mVであることから、変成器の二次側電圧も450mV、よって変成器の一次側電圧は270mVとわかります。

次に、変成器の一次側から発振器までの条件を図にまとめます。

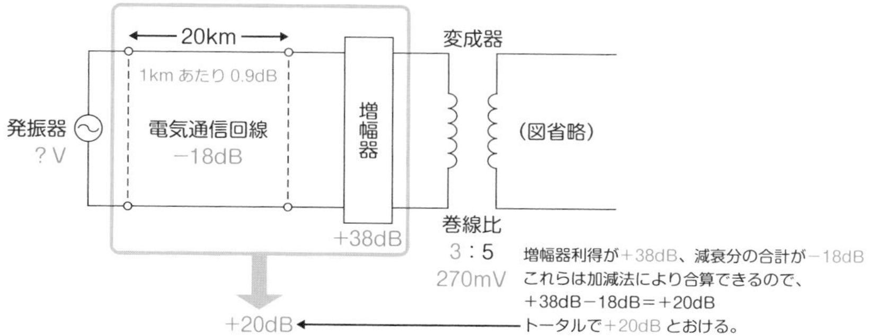

20dBは対数表現なので、これを真数表現（何倍）に直します。

電圧の増幅度（真数）をVとすると、

$$20\,\text{dB} = 20\log_{10} V = 20\log_{10} 10^1 \quad \therefore V = 10^1 = 10$$

20dB＝10倍　と変換できます。

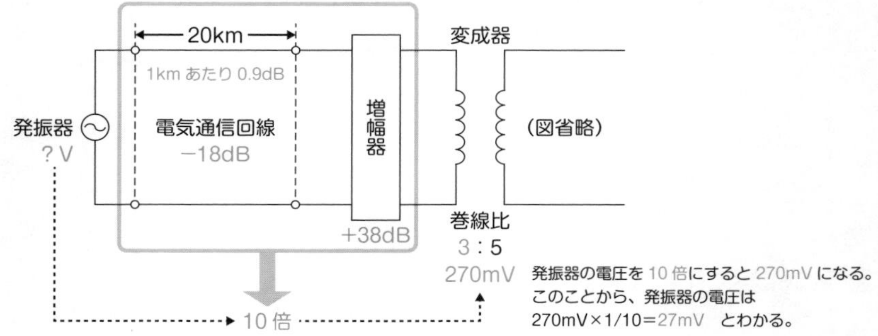

■5　例題演習（入力電力を求める問題）

★過去問チェック！（出典：令和２年第２回）解説動画

図において、電気通信回線への入力電力が（8）ミリワット、その伝送損失が1キロメートル当たり0.8デシベル、増幅器の利得が26デシベルのとき、負荷抵抗Rで消費する電力は、80ミリワットである。ただし、変成器は理想的なものとし、入出力各部のインピーダンスは整合しているものとする。

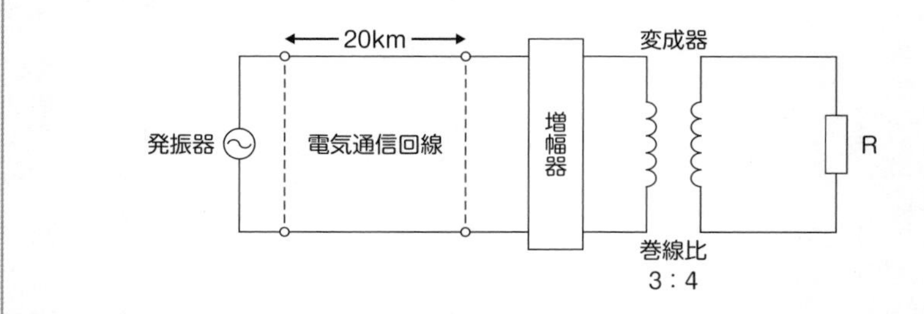

抵抗Rの電力値が**80mW**であることから、変成器の電力値も**80mW**

電力は変成器の巻線比による影響を受けないので、一次側、二次側共に**80mW**

電気通信回線と増幅器の合計で**＋10dB**

10dBを真数に直すと10倍

発振器の電力値を10倍すると**80mW**であるから、発振器の電力値は**8mW**

6　例題演習（消費電力を求める問題）

★過去問チェック！（出典：令和３年第１回）▶解説動画

図において電気通信回線への**入力電力が24ミリワット**、その**伝送損失が1キロメートル当たり0.8デシベル**、**増幅器の利得が30デシベル**のとき、負荷抵抗 R_1 **で消費する電力**は、（**120**）ミリワットである。ただし、変成器は理想的なものとし、入出力各部のインピーダンスは整合しているものとする。

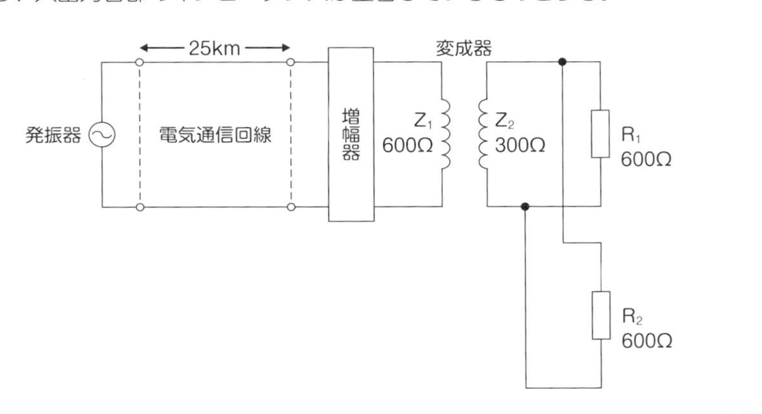

これまでと図の形は異なりますが、基本的な考え方は同じです。

変成器の一次側、二次側で電力値は変化を受けないことに注意が必要です。

R_1 と **R_2** の抵抗値の大きさが同じですので電力を等しく分配することになります。

240mW を1/2ずつ分配するので **120mW** ずつとなります。

7　変成器の巻線比と反射損失

★過去問チェック！（出典：令和３年第１回）▶解説動画

図において、通信線路1の特性インピーダンスが240オーム、通信線路2の特性インピーダンスが540オームのとき、巻線比（n_1:n_2）が（**2:3**）の変成器を使うと、線路の接続点における**反射損失はゼロ**となる。ただし、変成器は理想的なものとする。

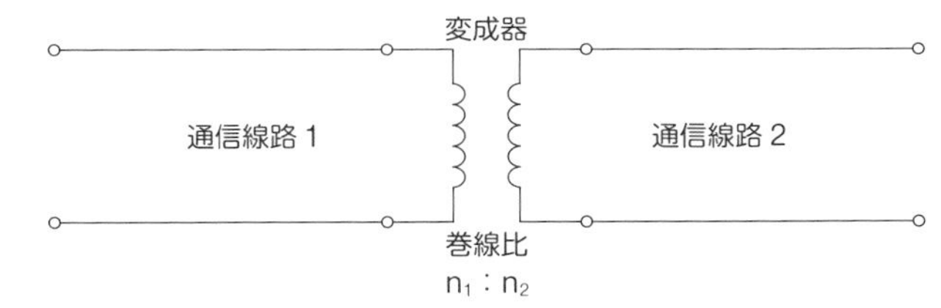

抵抗値の比＝コイルの巻線比の2乗比となれば、反射損失をゼロに抑えられます。

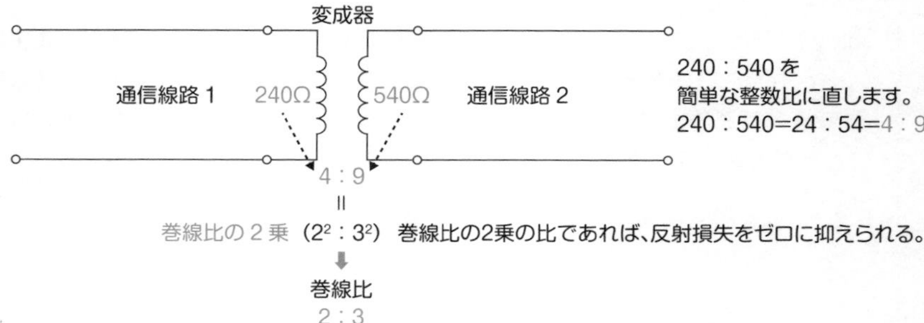

■8　伝送損失

伝送路において、送信端の信号電力÷受信端の信号電力をデシベル計算することにより、伝送路の伝送損失を表すことができます。

★過去問チェック！（出典：平成30年第1回）

> ある伝送路の送信端における信号電力をP_Sワット、受信端における信号電力をP_Rワットとするとき、この伝送路の伝送損失は、（$10\log_{10}\frac{P_S}{P_R}$）デシベルで表される。

電力なので、10logを用います。20logを選ばないように。

■9　SN比

SN比は信号対雑音比（signal-to-noise ratio）の略で、必要な信号（Signal）と不要な雑音（Noise）との比率を表します。

SN比が高いほど、雑音の影響が少ないことを意味します。

信号電力と雑音電力のSN比は次式で表すことができます。

$$SN比 = 10\log_{10}\frac{信号電力}{雑音電力}\ [dB]$$

★過去問チェック！（出典：令和３年第２回）解説動画

図に示すアナログ方式の伝送路において、受端のインピーダンスZに加わる信号電力が25ミリワットで、同じ伝送路の無信号時の雑音電力が0.025ミリワットであるとき、この伝送路の受端におけるSN比は、(**30**) デシベルである。

信号時：信号源、Z_0、送端、受端、Z　信号電力 25mW

無信号時：Z_0、送端、受端、Z　雑音電力 0.025mW

SN比は $10\log_{10}\frac{信号電力}{雑音電力}$ で求められますので、問題文の数値を代入して、

$$SN比 = 10\log_{10}\frac{25}{0.025} = 10\log_{10}\frac{25}{25\times10^{-3}} = 10\log_{10}10^3 = 10\times3 = 30[dB]$$

Theme 3

伝送技術…変調方式、多重伝送方式他

重要度：★★★

基礎の第5問に出題される伝送技術の中から、主に変調方式、伝送方式についてまとめています。

●似た用語がたくさん出てきますが、過去問で問われるパターンは決まっています。「こういう聞かれ方をしたらこれが答え」と、頭の中を整理しながら学習を進めていきましょう。

1 変調方式

信号を伝送に適した形に変換することを**変調**といい、変調された信号を元の信号に戻すことを**復調**といいます。

変調の方式には、振幅変調、周波数変調、位相変調、パルス変調などがあります。

■1 振幅変調

振幅変調方式は、入力信号に応じて搬送波の振幅を変化させる変調方式です。

変調度、**変調率**、**過変調**について確認しておきましょう。

①変調度

振幅変調における振幅の度合いを表したものを**変調度**といいます。

●この範囲から2～3問程度（8～12点分）の出題が見込まれます。
●まれに新問（過去問未出の問題）が出されます（1問程度）。

図3-3-1　変調度のモデル図

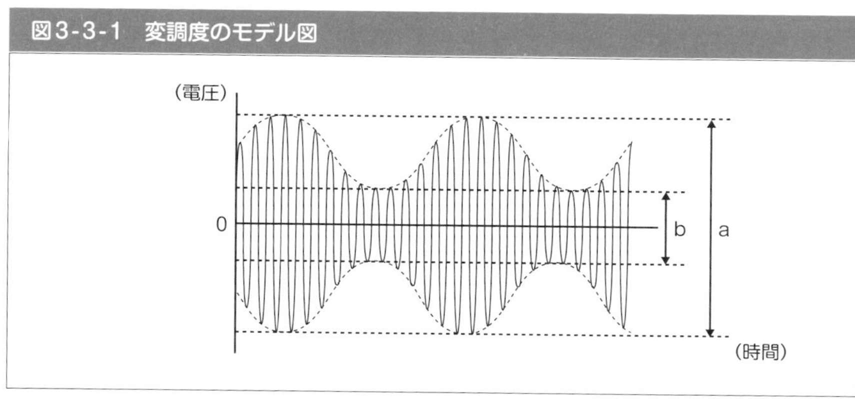

次の内容が出題されています。※(　)内は出題回を表す。以後同じ。

☑図3-3-1は正弦搬送波を正弦信号波で振幅変調したときの変調波形（図中の破線は変調波の包絡線を示す。）を示したものです。図に示す変調波形の振幅の最大値をaボルト、最小値をbボルトとすると、変調度は $\frac{a-b}{a+b}$ です。(令和3年第1回)

②変調率

変調度を百分率で表したものを**変調率**といいます。

図3-3-2　変調率のモデル図

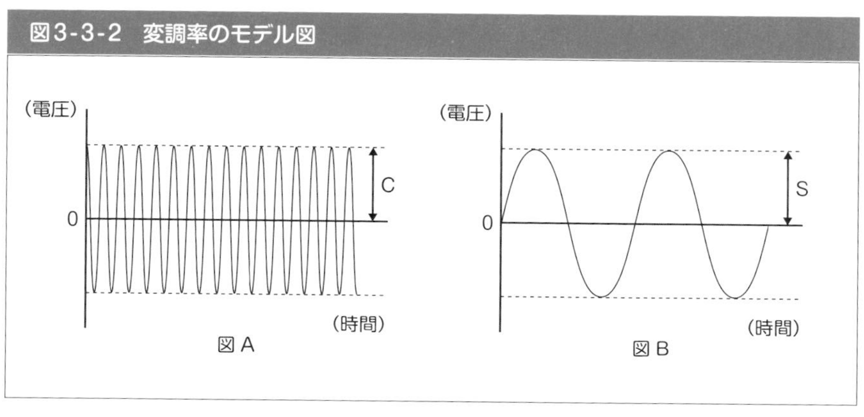

☑図3-3-2内において、図Aは振幅がCボルトの正弦搬送波、図Bは振幅がSボルトの信号波を示しています。図Aの正弦搬送波を図Bの信号波で振幅変調したときの変調率は、$\frac{S}{C}$×100パーセントで表されます。(平成30年第2回)

③過変調

☑アナログ振幅変調方式において、搬送波の振幅の最大値に対する信号波の振幅の最大値の比で示される**変調度が1より大きい**場合は、**過変調**といわれ、一般に、復調波にひずみが生じます。(令和3年第2回)

④ASK(振幅偏移変調)

☑ASKにおいてデジタル信号の1と0に応じて搬送波の振幅の有無で変調する2値ASKは、**オンオフキーイング**といわれます。(平成30年第1回)

■2　周波数変調方式

①FSK(周波数偏移変調)

☑FSKは送信するデジタル信号に応じて、周波数が一定の搬送波の**周波数**を変化させて変調する方式です。(令和元年第2回)

■3　位相変調方式

搬送波の位相を変化させる変調方式を位相変調方式といいます。

デジタル信号の伝送の場合はPSKと呼び、符号ビットの「1」と「0」を位相差に対応させます。また、PSKの中でも、2相の位相状態で表す**2相位相変調方式(BPSK)**と、4相以上の位相状態で表す**多値変調方式(QPSK、8PSK)**があります。

①PSK(位相偏移変調)

☑PSKは送信するデジタル信号に応じて、周波数が一定の搬送波の**位相**を変化させて変調する方式です。(平成30年第1回)

②BPSK（2相位相変調方式）

☑デジタル変調方式の1つであるBPSKは、1シンボル当たり**1ビット**の情報を伝送できます。（令和4年第1回）

$2=2^1$だから1ビットです。「2ビット」とひっかけて来るので注意！

③QPSK（4相位相変調方式）

☑QPSKは、1シンボル当たり**2ビット**の情報を伝送できる多値変調方式です。（平成30年第1回）

$4=2^2$だから2ビットです。「4ビット」とひっかけて来るので注意！

☑QPSKの信号点は、信号点配置図上でそれぞれ異なる位相を持つ4つの点で表されます。（平成28年第2回）

④8PSK（8相位相変調方式）

☑8PSKは、1シンボル当たり**3ビット**の情報を伝送できる多値変調方式です。（令和元年第2回）

$8=2^3$だから3ビットです。ひっかけに注意！

⑤QAM（直交振幅変調）

さらに伝送容量を向上させる方式として、QAMなどがあります。

☑QAMは、**位相**が直交する2つの搬送波がそれぞれ**ASK**変調された多値変調方式です。（平成30年第1回）

■ 4　その他変調方式に関する重要問題

①OFDM

☑異なる中心周波数を持つ複数の搬送波（サブキャリア）を直交させることによって、サブキャリア間の周波数間隔を密にして周波数の利用効率を高めたマルチキャリア変調方式は、**OFDM**変調といわれます。（令和2年第2回）

②周波数帯域幅

☑同一の変調方式を用いてデジタル信号を伝送する場合、送信されるデジタル信号の速度が速くなるに伴い、伝送に必要な周波数帯域幅は**広く**なります。（平成28年第2回）

■ 5　PCM（パルス符号変調）

アナログ信号を、パルスの列に置き換えてデジタル信号に変換する方式をPCM（パルス符号変調）といいます。

PCMでは、アナログ信号をデジタル信号に変換する過程において、**標本化**（サンプリング）→**量子化**→**符号化**という順で行われます。

PCMを用いた伝送方式は優れたSN比特性を持ち、再生中継ごとに**雑音は累積しない**ため、長距離伝送に優れています。しかし、アナログ伝送方式に比べて**広い周波数帯域幅が必要**となります。

2　ひずみ、雑音など

入力信号が出力側へ正しく現れない現象を**ひずみ**といいます。

ひずみには、「減衰ひずみ」、「位相ひずみ」、「非直線ひずみ」などありますが、試験対策上は「減衰ひずみ」が特に重要です。

■ 1　アナログ信号の伝送における減衰ひずみ

☑減衰ひずみは、伝送路における信号の減衰量が周波数に対して**比例関係にない**ために生ずるひずみです。（令和3年第2回）

☑音声回線における**減衰ひずみ**が大きいと、鳴音が発生したり反響が大きくなるなど、通話品質の低下の要因となる場合があります。（平成29年第2回）

■2　雑音

通信における雑音（ノイズ）にはいくつかの種類があります。試験で問われた雑音について、まとめていきます。

①アナログ伝送における雑音

☑アナログ伝送における回線雑音には、ケーブル心線間の電磁結合や静電結合あるいはフィルタの特性によって生ずる**漏話雑音**、信号電力の大きさとは無関係に生ずる**熱雑音**などがあります。（令和2年第2回）

②デジタル伝送における雑音

☑**アナログ信号をデジタル化**して伝送する方式では、アナログ信号の連続量を**離散的な値**に変換するときの誤差により生ずる雑音は避けられません。（令和3年第1回）

☑PCM伝送方式特有の雑音に、**量子化雑音**、折返し雑音、補間雑音などがあります。（平成28年第1回）

☑音声信号のＰＣＭ符号化において、信号レベルの高い領域は粗く量子化し、信号レベルの低い領域は細かく量子化することにより、量子化ビット数を変えずに信号レベルの低い領域における**量子化雑音を低減する方法**は、一般に、**非直線量子化**といわれます。（令和4年第1回）

☑伝送するパルス列の時間軸上の周期の**短い位相変動**は、**ジッタ**といわれ、光中継システムなどに用いられる再生中継器におけるタイミングパルスの間隔のふらつきや共振回路の同調周波数のずれが一定でないことなどに起因しています。（平成31年第1回）

☑光伝送システムに用いられる光受信器における雑音のうち、受光時に電子が不規則に放出されるために生ずる**信号電流の揺らぎ**によるものは**ショット雑音**といわれます。（令和4年第1回）

☑光ファイバ増幅器を用いた光中継システムにおいて、光信号の増幅に伴い発生する自然放出光に起因する**ASE雑音**は、受信端におけるＳＮ比の低下など、伝送特性劣化の要因となる。（平成28年第1回）

3　多重伝送方式

1つの伝送路で複数の伝送信号を伝送する方式を多重伝送方式といいます。

アナログ伝送路を多重化する方式の例としてFDM（周波数分割多重方式）、デジタル伝送路を多重化する方式の例としてTDM（時分割多重方式）などがあります。

■1 TDM(時分割多重方式)

☑PCM信号の多重化に用いられる**TDM**方式は、各チャネル別に送出されるパルス信号を**時間的にずらして**伝送することにより、伝送路を多重利用するものです。(平成29年第2回)

☑**パルスの繰り返し周期**が等しいN個のPCM信号を時分割多重方式により伝送するためには、多重化後のパルスの繰り返し周期を元の周期の$\frac{1}{N}$倍以下となるように設定する必要があります。(令和元年第2回)

■2 CDMA

☑デジタル移動通信などにおける多元接続方式の1つであり、各ユーザに**異なる符号**を割り当て、スペクトル拡散技術を用いることにより1つの伝送路を複数のユーザで共用する方式は、**CDMA**といわれます。(平成31年第1回)

4 フィルタ

特定の範囲の信号を通過、あるいは阻止する回路素子をフィルタといいます。

☑コイル、コンデンサなどの**受動素子**のみで構成されるフィルタは、一般に、**パッシブ**(受動)フィルタといわれます。(平成29年第1回)

抵抗、コンデンサ、演算増幅器で構成されるアクティブ(能動)フィルタもあり、能動フィルタではコイルを用いないため小型化が図れます。

☑**デジタルフィルタ**は、信号をデジタル処理する遅延器、加算器、乗算器などで構成することができ、一般に、アナログフィルタと比較して、**高精度な周波数選択性**を有しています。(平成29年第1回)

☑PCM伝送の受信側では、伝送されてきたパルス列から、サンプリング間隔で各パルス符号に対応するレベルの信号を生成し、サンプリング周波数の$\frac{1}{2}$を遮断周波数とする**低域通過**フィルタを通して元のアナログ信号を再生しています。(平成28年第2回)

Theme 4

伝送技術…光ファイバ伝送、品質評価他

重要度：★★★

基礎の第５問に出題される伝送技術の中から、主に光ファイバ伝送、品質評価についてまとめています。

●学習範囲の手を広げ過ぎないように、「過去問に出たとこだけ」に集中して、取り組んでいきましょう。

1 光ファイバ伝送

伝送路に光ファイバを用いるもので、メタルケーブルに比べ、配線が軽量化する上、高速、大容量の情報通信に適しています。

1 変調方式（直接変調方式と外部変調方式）

☑光ファイバ通信に用いられる光変調方式には、LEDやLDなどの光源の駆動電流を変化させて変調する**直接**変調方式と、光源からの出力光を**外部**変調器を用いて変調する外部変調方式があります。（平成29年第1回）

2 波長チャーピング（直接変調方式）

☑光ファイバ通信において、半導体レーザの駆動電流を変化させて直接変調する場合、一般に、数ギガヘルツ以上の高速で変調を行うと光の波長が変動する**波長チャーピング**といわれる現象が生じます。（令和4年第1回）

●この範囲から２～３問程度（8～12点分）の出題が見込まれます。
●こちらの単元も「ひっかけ問題」のような出題が多くなっています。

■3　光変調器（外部変調方式）

☑**電気光学効果**を利用した光変調器では、物質に加える**電界強度を変化**させることにより、物質の屈折率を変えることで、光の属性である位相などを変化させる方法を用いています。（平成30年第1回）

☑光ファイバ通信に用いられる光の変調方法の1つに、物質に電界を加え、その強度を変化させると、物質の屈折率が変化する**ポッケルス**効果を利用したものがある。（令和4年第2回）

☑**音響光学効果**を利用した光変調器では、物質中を伝搬する**超音波**によって生ずる屈折率の粗密で光が回折される性質を利用して、光の属性である強度などを変化させる方法を用います。（平成27年第1回）

■4　中継装置

光ファイバ伝送路では光再生中継器や線形中継器などの中継装置を置くことができます。

①光再生中継器

☑光中継伝送システムに用いられる再生中継器には、中継区間における信号の減衰、伝送途中で発生する雑音、ひずみなどにより劣化した信号波形を再生中継するための機能として、**等化増幅**（Reshaping）、**タイミング抽出**（Retiming）および**識別再生**（Regenerating）の3つの機能が必要であり、これは3R機能といわれます。（令和3年第1回）

②線形中継器（光ファイバ増幅器）

光再生中継器とは異なり、線形中継器では**増幅機能のみ**を持ちます。

☑光ファイバ伝送路に用いられる線形中継器は、信号を中継する過程において光信号を電気信号に変換する必要がないことから伝送速度に制約されず、かつ、波長が異なる複数の信号光の**一括増幅**が可能です。（令和3年第2回）

☑光ファイバ増幅器は、波長が異なる信号光の一括増幅が可能であり、一般に、**波長分割多重伝送方式**を用いた光中継システムなどに使用されています。（令和元年第2回）

☑光ファイバ増幅器には、増幅媒体として光ファイバのコア部分にエルビウムイオンを添加した光ファイバを利用する**EDFA**といわれるものがあります。(平成29年第2回)

■5　光損失

光ファイバを伝搬する光の強度が減衰したものを**光損失**といいます。光損失には、レイリー散乱損失、吸収損失、構造不均一による散乱損失などがあります。

①レイリー散乱損失

☑光ファイバ中の屈折率の微小な変化（揺らぎ）によって光が散乱する現象は**レイリー散乱**といわれ、光損失の要因の1つとなり、これによる損失は**光波長**の**4乗**に反比例します。(令和4年第2回)

■6　分散

光ファイバ内の光パルスが、伝搬につれて時間と共に波形が広がっていく現象を**分散**といいます。分散は要因別にモード分散、材料分散、構造分散の3つに分類できます。

図3-4-1　分散現象の3類型

	種類	内容
	モード分散	伝搬モードにより伝送経路が異なるため生じる。 マルチモードでのみ起こり、シングルモードでは発生しない。
波長分散	材料分散	波長による屈折率の違いにより生じる。
波長分散	構造分散	波長により光のクラッドへのしみ出しの割合が異なることで生じる。

☑**マルチモード**光ファイバにおいて、光パルスが光ファイバ中を伝搬する間にその波形に時間的な広がりが生ずる。この事象は主に**モード分散**に起因して発生し、信号波形を劣化させる支配的要因となる。(平成31年第1回)

☑シングルモード光ファイバの伝送帯域を制限する主な要因として、光ファイバの構造分散と材料分散との和で表される**波長分散**がある。(令和2年第2回)

2　光アクセス網の多重伝送方式

光アクセス網の多重伝送方式として、TCM（時間軸圧縮多重）方式、WDM（波長分割多重方式）などが用いられています。

1　TCM方式

☑双方向多重伝送に用いられる**TCM**は、送信パルス列を時間的に圧縮し、空いた時間に反対方向からのパルス列を受信することにより双方向伝送を実現しており、**ピンポン伝送**ともいわれます。（令和4年第2回）

2　WDM方式

☑**波長**の異なる複数の光信号を多重化する方式は、**WDM**方式といわれます。（令和4年第2回）

①DWDM

WDM方式のうち、高密度の多重化を行うものにDWDMがあります。DWDMは波長感覚を密にしており、長距離・大容量の伝送に用いられています。コストは高くなります。

②CWDM

WDM方式のうち、低密度の多重化を行うものにCWDMがあります。精度要件が緩和されているため、低コスト化が図れます。

☑**DWDM**は、CWDMと比較して、波長間隔を密にした多重化方式であり、一般に、長距離および大容量の伝送に用いられている。（令和4年第1回）

DWDMとCWDMを逆にしたひっかけが多発しています。ご注意ください！

3　伝送品質評価

伝送品質を評価する基準には次のものがあります。

①BER

ビットエラーレートと呼ばれ、次式で表されます。

$$\text{BER}=\frac{\text{誤って受信された符号の個数}}{\text{伝送された符号の総数}}$$

②%ES

1秒ごとに符号誤りの有無を測定し、1個でも符号誤りがあればカウントし、測定時間全体に占める誤り発生の秒数を百分率で表したもの。高品質通信の判定に用います。

★過去問チェック！（出典：平成28年第2回）

> 伝送速度が64キロビット/秒の回線において、100秒間のビットエラーを測定したところ、特定の2秒間に集中して発生し、その2秒間の合計のビットエラーは640個となった。このときの%ESの値は、(2) パーセントとなる。

測定時間全体は100秒、そのうちビットエラーが発生したのは2秒。

$$\frac{2\text{秒}}{100\text{秒}}\times100\%=2\%$$

問題文中のエラー個数640個は% ESには関係ありません。秒数でカウントします。

③%EFS

% ESとは逆に、測定時間内でエラーが発生していない時間をカウントしたもの。%EFS＝100％－%ES（例:%ESが2％なら、%EFS＝100％－2％＝98％）

④%SES

% ESと似ていますが、平均符号誤り率が1×10^{-3}個を超えるときのみカウントします。エラーがバースト的に発生している伝送系の評価に適しています。

★**過去問チェック！**（出典：令和３年第１回）

デジタル回線の伝送品質を評価する尺度のうち、1秒ごとに平均符号誤り率を測定し、平均符号誤り率が1×10^{-3}を超える符号誤りの発生した秒の延べ時間（秒）が、稼働時間（秒）に占める割合を表したものは、(**%SES**)といわれる。

⑤%DM

1分ごとに平均符号誤り率を測定し、平均符号誤り率が1×10^{-6}を超える符号誤りの発生したぶんの延べ時間（分）が、稼働時間（分）に占める割合を表したもの。電話サービスなど、符号誤りをある程度許容できる伝送系の評価に適しています。

Question 問題を解いてみよう

以下の質問に○か×で解答してください。

問1 一様なメタリック線路の減衰定数は線路の一次定数により定まる。また、減衰定数は**信号の位相**によりその値が変化する。

問2 同軸ケーブルは、使用される周波数帯において信号の周波数が４倍になると、その伝送損失は、約**２倍**になる。

問3 図において、一方の通信線路の特性インピーダンスをZ_1、もう一方の通信線路の特性インピーダンスをZ_2とすると、その接続点における電圧反射係数は、

$\dfrac{Z_1 - Z_2}{Z_1 + Z_2}$ で表される。

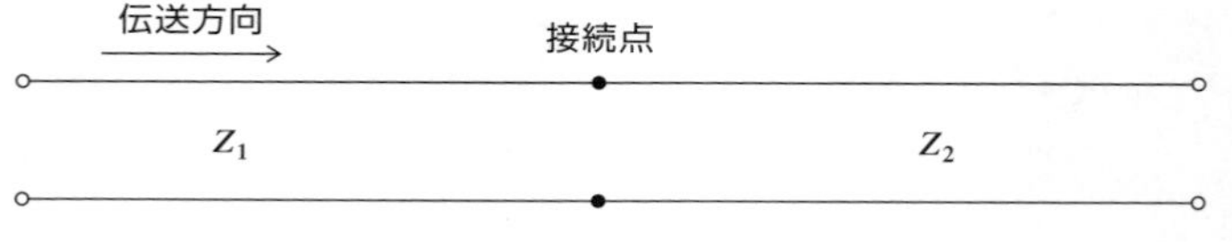

答え合わせ

問1　正解：×

解説

メタリック線の減衰定数は**信号の周波数**により変化します。

問2　正解：○

問3　正解：×

解説

電圧反射係数は、$\dfrac{Z_2 - Z_1}{Z_1 + Z_2}$ で表されます。

MEMO

第4章

［技術・理論編］ 端末設備（大問1＆2）

Theme 1 電話機、FAXなど

技術・理論の第1問に出題される電話機、デジタルコードレス電話、FAXなどについてまとめています。

重要度：★★☆

- FAXではトーンの数字（1,100ヘルツ、2,100ヘルツ）と信号名（CNG信号とCED信号）の組み合わせが頻出事項です。
ひっかけ問題が多いので注意が必要です。

1 デジタルコードレス電話

1 使用周波数帯域

デジタルコードレス電話の使用周波数帯域は、**1.9ギガヘルツ帯**です。

電子レンジや無線LANの機器とは周波数帯域が離れているため、電波干渉は発生しにくくなっております。

☑デジタルコードレス電話において、親機と子機との間の無線通信には、**1.9ギガヘルツ帯**の周波数が使用される。（平成27年第2回）

☑親機と子機との通話時には、一般に、**電子レンジや無線LANの機器**との**電波干渉によるノイズが発生しにくい**。（平成27年第2回）

2 通信方式（TDMA/TDD）

通信方式としては、**TDMA/TDD**を採用しています。

☑DECT方式を参考にしたARIB STD-T101に準拠する**デジタルコードレス電話機**では、子機から親機へ送信を行う場合における**無線伝送区間の通信方式**として、**TDMA/TDD**が用いられている。（平成30年第1回）

- この範囲から1問程度（2点分）の出題が見込まれます。
- 過去問から同じ問題が繰り返し出題されています。

■3　混信防止機能（キャリアセンス、識別符号）

他のコードレス電話機や無線設備などとの混信を防止するため、チャネルが空きかどうかを検出する**キャリアセンス**といわれる機能や、**識別符号**を送受信する機能を有しています。

☑DECT方式を参考にしたARIB STD-T101に準拠するデジタルコードレス電話システムは、複数の通話チャネルの中から使用するチャネルを選択する場合に、他のコードレス電話機や無線設備などとの混信を防止するため、**チャネルが空きかどうかを検出するキャリアセンス**といわれる機能を有している。(令和4年第1回)

☑DECT方式を参考にしたARIB STD-T101に準拠したデジタルコードレス電話の標準システムは、親機、子機および中継機から構成されており、同一構内における**混信防止**のため、**識別符号**を自動的に送信または受信する機能を有している。(令和2年第2回)

■4　終話時の動作

通話を終える（オンフックする）ことを終話といいます。

☑通話中の着信側デジタルコードレス電話機では、電話機（子機）の送受器を**オンフック**し、子機から通信チャネルを介して接続装置（親機）に**通信が終了**したことが伝わると、一般に、親機は電気通信回線へ**終話**信号を送出する。(平成26年第1回)

■5　多機能電話機の機能

多機能電話機の機能では、**プリセットダイヤル**と**ワンタッチダイヤル（オートダイヤル）**を覚えておきましょう。

☑外線に発信するとき、ダイヤルボタンを押して相手の電話番号を電話機の**ディスプレイに表示**させ、**確認**、**訂正**などの後、選択信号として送出できる機能は、**プリセットダイヤル**といわれる。(令和元年第2回)

☑電話機の内蔵メモリに、回線ボタンなどに対応してあらかじめ**ダイヤル番号を記憶**させておき、当該ボタンを押下するだけで記憶させたダイヤル番号を選択信号として送出できる機能は、**ワンタッチダイヤル**、**オートダイヤル**などといわれる。(令和元年第2回)

■6　側音と音響エコー

アナログ電話機での通話について、音声通話を妨害する要因として、**側音**と**音響エコー**があります。

☑送話者自身の音声や室内騒音などが**送話器から入り**、電話機内部の通話回路および受話回路を経て自分の耳に聞こえる音は、一般に、**側音**といわれる。(令和4年第2回)

☑送話者自身の音声が、受話者側の受話器から送話器に**音響的に回り込んで**通話回線を経由して戻ってくることにより、送話者の受話器から**遅れて聞こえる**現象は、一般に、**音響エコー**といわれる。(令和4年第2回)

2　FAX

FAXで覚えておきたいポイントは、主に3つ。**CNG(1,100ヘルツ**のトーン信号)、**CED(2,100ヘルツ**のトーン信号)、そして**JPEG**です。

1) 呼設定におけるCNG信号とCED信号

☑文書ファクシミリ伝送手順はITU-T勧告T.30で規定されており、グループ3ファクシミリ端末どうしが公衆交換電話網(PSTN)を経由して接続されると、送信側のファクシミリ端末では、T.30で規定するフェーズAの呼設定において、一般に、**CNG**信号として断続する**1,100**ヘルツのトーンを**受信側のファクシミリ端末に向けて送出**する。(平成31年第1回)

☑CNG信号を受信した受信側端末は、**CED**信号として**2,100**ヘルツのトーンを**送信側に向けて送出**する。(令和3年第1回)

2) 静止画像データの圧縮方法(JPEG)

☑ファクシミリ機能を有するカラーコピー複合機におけるカラーファクシミリの画信号の冗長度抑圧符号化としては、一般に、**静止画像データ**の圧縮方法の国際標準規格である**JPEG**方式が用いられている。(平成27年第1回)

Theme

2 PBX、IP電話の音声品質、SIP

重要度：★★★

技術・理論の第1問、第2問などに出題されるPBX、IP電話の音声品質、SIPなどについてまとめています。

- 内線回路はブロック図が重要です。後の単元の理解にも繋がります。
- SIPサーバはひっかけ問題が多発しているところです。繰り返し練習してうっかりミスをなくすようにしましょう。

1 PBXの方式、機能

1 PBXの外線応答方式

①PBダイヤルイン

交換機にあらかじめ登録した内線指定番号を、PB（プッシュボタン）信号により受信する方式は、**PBダイヤルイン方式**といわれます。

PBダイヤルインを用いた場合、**発信電話番号通知サービス**を利用できません。

☑外線から特定の内線に着信させる方式のうち、電気通信事業者の交換機にあらかじめ登録した内線指定番号をPB信号によりPBXで受信する方式は、一般に、**PBダイヤルイン**といわれる。（令和3年第2回）

☑外線応答方式の1つである**PBダイヤルイン**を用いた場合は、一般に、電気通信事業者が提供する**発信者番号通知**の機能を使ったサービスを利用**できない**。（令和3年第2回）

- この範囲から2～4問程度（4～8点分）の出題が見込まれます。
- 合格のためには落とせない単元です。十分に対策をしておきましょう。

■2　PBXのサービス機能

PBXのサービス機能は多岐に渡ります。ここでは試験によく出る6つの機能（①内線リセットコール、②シリーズコール、③コールパーク、④ダイレクトインダイヤル、⑤可変不在転送、⑥コールウェイティング）に絞って取り上げます。

☑ダイヤルした内線番号が話中のとき、その内線番号の**末尾1桁の数字とは異なる数字**1つを続けてダイヤルすると、先にダイヤルした内線番号の末尾1桁を後にダイヤルした数字に変えた内線番号に接続する機能は、一般に、**内線リセットコール**といわれる。（令和4年第1回）

☑外線からの着信を**複数の内線に順次接続**したい場合、中継台の操作により、通話の終了した内線が送受話器を掛けても、外線を復旧させずに中継台に戻す機能は**シリーズコール**といわれる。（令和4年第1回）

☑通話中の内線電話機でフッキング操作の後に特定番号のダイヤルなどの所定の操作をして**通話中の呼を保留し、他の内線電話機から**特定番号のダイヤルなど所定の操作をすることにより、**保留した呼に応答できる**機能は、一般に、**コールパーク**といわれる。（平成30年第1回）

☑**可変不在転送機能**を使うと、内線番号Aを持つ者が自席を不在にするとき、自席の内線電話機で、可変不在転送用の**アクセスコード**をダイヤルし、行先の内線番号Bを登録しておくと、以降、この内線番号Aへの着信呼が、登録された行先の内線番号Bへ**転送**される。（平成27年第2回）

☑デジタル式PBXが有する機能のうち、外線からPBXに収容されている**内線に直接着信**させるため、外線からPBXへの着信時にトーキーなどで一次応答をした後、引き続きPB信号で内線番号をダイヤルさせるものは、**ダイレクトインダイヤル**方式といわれる。（平成22年第2回）

☑IP-PBXの**コールウェイティング**といわれる機能を用いると、二者通話中に外線着信があると着信通知音が聞こえるので、フッキング操作などにより通話呼を保留状態にして着信呼に応答することができ、以降、フッキング操作などをするたびに**通話呼と保留呼を入れ替えて**通話することができる。（平成28年第1回）

■3　夜間閉塞機能

夜間、休日などに、制御用回線の指示により夜間受付用回線以外を閉塞するサービスを夜間閉塞機能といいます。

☑PB信号方式のダイヤルインサービスを利用するPBXには、夜間になったときの対応の手段として、**夜間閉塞機能**がある。このときの接続シーケンスは**ダイヤルインの接続シーケンスとは異なり**、電気通信事業者の交換機からは、**内線指定信号**が送出されずに、PBXを経由しない電話機に着信する場合と同様の接続シーケンスにより、夜間受付用電話機に着信する。(令和4年第2回)

☑夜間閉塞を開始すると、電気通信事業者の交換機からの呼は、**一般の電話に着信する場合と同様の接続シーケンス**により、夜間受付用電話機に着信する。(平成28年第2回)

☑夜間閉塞機能を利用するためには、夜間閉塞制御用として着信専用回線を各代表群別に設置し、電気通信事業者の交換機に対して**L2線**に**地気**を送出する必要がある。(令和3年第1回)

■4　空間スイッチ

空間スイッチは、回線同士をつなぎ替える際に利用されます。

他に時間スイッチというものもあり、一般的には併用しながら複数回線の共有処理を行っています。

☑デジタル式PBXの空間スイッチにおいて、音声情報ビット列は、時分割ゲートスイッチの開閉に従い、多重化されたまま**タイムスロット**の時間位置を変えないで、**タイムスロット**単位に入ハイウェイから出ハイウェイへ乗り換える。(令和元年第2回)

☑デジタル式PBXの空間スイッチにおいて、音声情報ビット列は、**時分割ゲートスイッチ**の開閉に従い、多重化されたままタイムスロットの時間位置を変えないで、タイムスロット単位に入ハイウェイから出ハイウェイへ乗り換える。(平成30年第2回)

☑デジタル式PBXの空間スイッチは、一般に、複数本の**入・出ハイウェイ**、**時分割ゲートスイッチ**および**制御メモリ**から構成されている。(平成27年第1回)

■5　時間スイッチ

時分割多重化された信号を、時間的位置を入れ替えることで交換操作を行うスイッチを**時間スイッチ**といいます。

☑時間スイッチは、入ハイウェイ上の**タイムスロット**を、出ハイウェイ上の任意の**タイムスロット**に入れ替えるスイッチである。(平成31年第1回)

☑時間スイッチにおける**通話メモリ**には、入ハイウェイ上の各タイムスロットにある音声データなどが記憶される。(令和4年第1回)

■6　内線回路のブロック図

図4-2-1　内線回路のブロック図

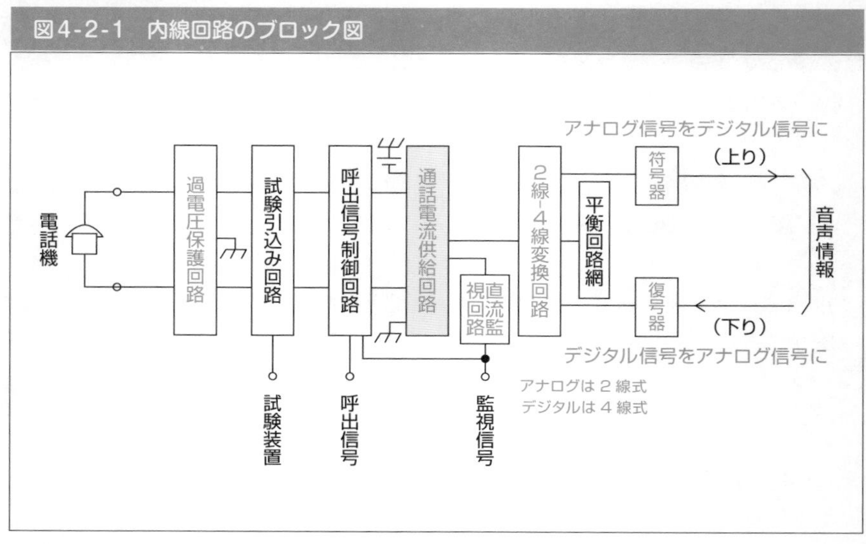

図4-2-1はデジタル式PBXの内線回路のブロック図を示したものです。試験では、図中の赤字箇所が空白になって問われます。

赤字箇所の覚え方について、それぞれ確認していきます。

電話機に一番近い側で、アースに接続されているものが**過電圧保護回路**です（電話機本体を過電圧から保護する目的で設置されます）。

次に、監視信号に接続されているものが**直流監視回路**。直流監視回路に接続されているものが**通話電流供給回路**です。

平衡回路網に接続されているのが**2線-4線変換回路**。**2線はアナログ、4線はデジタル**で用いられます。

電話機からの音声データを網に送り出す際に**アナログ信号をデジタル信号に**符号化します。この役割を持つのが**符号器**です（上り）。

逆に網から来た**デジタル信号をアナログ信号に**復号するのが**復号器**です（下り）。

★過去問チェック！（出典：平成29年第2回）

図は、デジタル式PBXの内線回路のブロック図を示したものである。図中のXは**2線-4線変換回路**であり、Zは**復号器**を表す。

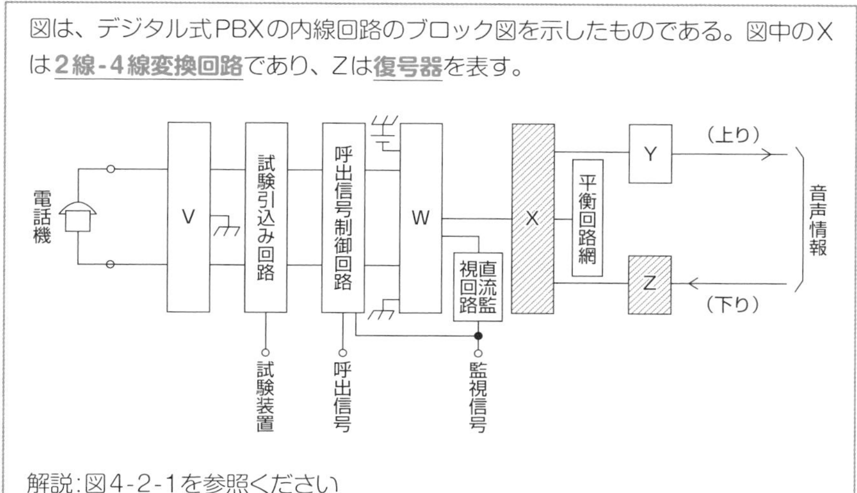

解説：図4-2-1を参照ください

■7　内線回路の機能

次の内容を覚えておきましょう。

- ☑内線回路は、発呼、着信応答、通話中などの内線の状態を検出するために、内線側のA線とB線とが**ループ状態**にあるかどうかを監視する機能を有する。(令和2年第2回)
- ☑内線回路は、内線側に接続されたアナログ電話機からのアナログ音声信号を時分割通話路に送出するための**コーダ**の機能を有する。(令和2年第2回)
- ☑呼出信号は、デジタル式PBXの時分割通話路を通過することができないため、内線回路には、**呼出信号送出機能**が設けられている。(平成30年第2回)
- ☑デジタル式PBXの時分割通話路は上りと下りで分離されているため、2線式の内線と4線式の通話路の変換点となる内線回路には、**ハイブリッド**といわれる2線-4線の相互変換機能が設けられている。(平成25年第2回)
- ☑内線回路は、内線に接続されたアナログ電話機からのアナログ音声信号を**2線-4線**変換した後、**A/D**変換して時分割通話路に送出する機能を有する。(平成30年第2回)

「A/D変換した後、2線-4線変換」という、順番が逆のひっかけが出題されています。

■8　ライン回路

通話路の接続、切断を監視する回路のことをライン回路といいます。

☑デジタル式PBXは、内線相互接続通話中のとき、**ライン回路**において送受器のオンフックを監視し、これを検出することにより通話路の切断を行っている。(令和3年第2回)

■9　その他重要事項

①ビハインドPBX

☑親のPBXの内線側に子の関係となるPBXやボタン電話装置の外線側を接続することにより、利用できる内線端末の機器の種類や台数を増加させて、親のPBXに収容される内線端末数を増やす方法は、一般に、**ビハインドPBX**といわれる。(平成30年第1回)

②VoIPゲートウェイ

☑外線インタフェースとしてIPインタフェースを持たないデジタル式PBXをIPネットワークに接続する場合、一般に、デジタル式PBXへの付加装置として**VoIPゲートウェイ**といわれる変換装置が用いられる。(令和2年第2回)

③IPセントレックス

☑**IPセントレックス**サービスでは、一般に、ユーザ側のIP電話機は、電気通信事業者側の拠点に設置されたPBX機能を提供するサーバなどにIPネットワークを介して接続される。(令和元年第2回)

④ハードウェアタイプとソフトウェアタイプ

☑IP-PBXにはIP-PBX用に構成されたハードウェアを使用するハードウェアタイプと、汎用サーバにIP-PBX用の専用ソフトウェアをインストールするソフトウェアタイプがあり、**ソフトウェアタイプ**は、一般に、ハードウェアタイプと比較して新たな機能の実現や外部システムとの**連携が容易**とされている。(令和元年第2回)

2　IP電話の音声品質

1　転送遅延（キューイング）

☑IP電話の**音声品質に影響**を与えるIPパケットの転送遅延は、端末間の伝送路の物理的な距離による伝送遅延と、ルータなどにおける**キューイング**による遅延が主な要因となる。（令和元年第2回）

2　音声品質の劣化対策

☑IP電話において、送信側からの音声パケットがIP網を経由して受信側に到着するときの音声パケットの到着間隔がばらつくことによる**音声品質の劣化を低減**するため、一般に、受信側の**VoIPゲートウェイ**などでは**揺らぎ吸収**機能が用いられる。

（令和3年第1回）

3　SIP

SIPはIP電話システムの通信手順を規定しているプロトコルです。

1　SIPの特徴

☑SIPは、単数または複数の相手とのセッションを生成、変更および切断するための**アプリケーション層**制御プロトコルであり、**IPv4**および**IPv6**の**両方**で動作する。

（平成27年第1回）

2　SIPサーバの構成

SIPサーバは、その役割から複数のサーバにより構成されています。

代表的なサーバは、次の4つです。

①ユーザエージェントクライアント（UAC）の**登録要求を受け付ける****レジストラ**サーバ

②受け付けたUACの**位置を管理**する**ロケーション**サーバ

③UACからの発呼要求などの**メッセージを転送**する**プロキシ**サーバ

④UACからのメッセージを再転送する際、その**転送先を通知**する**リダイレクト**サーバ

ひっかけ問題の出題頻度が非常に高いところです。

○○の役割は➡△△サーバと反射的に答えられるように練習しておきましょう。

以下、実際の過去問の記述を使いながら、特訓していきます。赤字のところを赤シートなどで隠して、反射的に答えられるまで練習しましょう。

☑登録を受け付けたユーザエージェントクライアント（UAC）の**位置情報を管理**する機能を持つものは➡**ロケーション**サーバ（令和3年第1回）

☑ユーザエージェントクライアント（UAC）からの発呼要求などの**メッセージを転送**する機能を持つもの➡**プロキシ**サーバ（令和3年第2回）

☑UACの**登録要求を受け付ける**➡**レジストラ**サーバ（令和4年第2回）

☑UACからのメッセージを再転送する必要がある場合に、その**転送先を通知**する➡**リダイレクト**サーバ（令和4年第1回）

それでは、特訓レベルを上げます。次の記述の下線部は誤った内容になっています。正しい内容を答えてください。

☑リダイレクトサーバは、受け付けたUACの位置を管理する➡**ロケーション**サーバ（令和元年第2回）

☑レジストラは、UACからの発呼要求などのメッセージを転送する➡**プロキシ**（令和元年第2回）

☑ロケーションサーバは、UACからのメッセージを再転送する必要がある場合に、その転送先を通知する➡**リダイレクト**サーバ（令和元年第2回）

☑SIPサーバは、ユーザエージェントクライアント（UAC）の登録を受け付ける①プロキシサーバ、受け付けたUACの位置を管理する②リダイレクトサーバ、UACからの発呼要求などのメッセージを転送する③レジストラ、UACからのメッセージを再転送する必要がある場合に、その転送先を通知する④ロケーションサーバから構成される。

➡①**レジストラ**②**ロケーション**③**プロキシ**④**リダイレクト**（平成27年第1回）

ISDN端末

技術・理論の第1問に出題されるISDN端末についてまとめています。

重要度：★★★

●終わりゆくサービスであることから、基本的には新問は出されにくいところです。逆にいうと、過去問の重要性が高いということも意味しています。

1 ISDNの概要

■1 基本ユーザ・網インタフェースと一次群速度ユーザ・網インタフェース

ISDNには、伝送容量や回線構成などの違いにより、基本ユーザ・網インタフェースと、一次群速度ユーザ・網インタフェースとがあります。

基本ユーザ・網インタフェースではメタル回線、一次群速度ユーザ・網インタフェースでは光ファイバ回線が使用されており、一次群速度ユーザ・網インタフェースの方が高速通信に適しています。

■2 端末アダプタとデジタル回線終端装置

ISDNに接続する装置がISDN対応端末（デジタル電話機など）か、非ISDN対応端末（アナログ電話機など）かにより、必要な機器構成は変わってきます。

- この範囲から1問程度（2点分）の出題が見込まれます。
- 数字関係のひっかけがよく出ています。本書掲載の過去問で内容はカバーされています。

図4-3-1　ISDN接続構成例

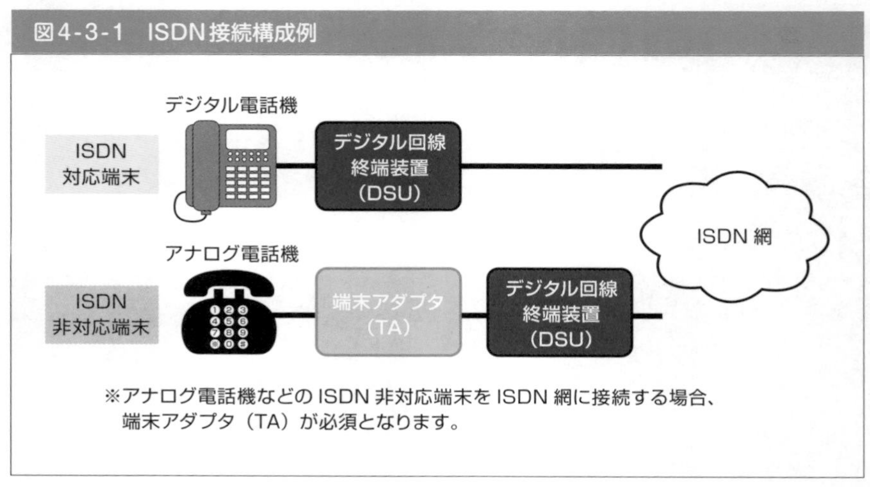

2　各種端末設備について

ISDNに電話機などの端末を接続して使用するには、デジタル回線終端装置（DSU）が必要になります。

1) デジタル回線終端装置（DSU）の諸機能

①等化器

☑デジタル回線終端装置は、メタリック加入者線の線路損失、ブリッジタップに起因して生ずる不要波形による信号ひずみなどを自動補償する**等化器**の機能を有する。（令和2年第2回）

②ピンポン伝送

☑デジタル回線終端装置は、メタリック加入者線を介して受信するバースト信号を、**電気通信事業者の交換機**へ**ピンポン伝送**といわれる伝送方式で断続的に送信するためのバッファメモリを有する。（平成29年第1回）

2) 遠隔給電

基本ユーザ・網インタフェースを利用しているISDN接続端末は、停電時にも基本電話サービスを維持できるように、電気通信事業者側から**遠隔給電**を受けることができます。

①電気通信事業者（交換局）からデジタル回線終端装置（DSU）への給電

デジタル回線終端装置（DSU）は、図4-3-2のように電気通信事業者（交換局）から加入者線路を通じて遠隔給電を受けることができます。

図4-3-2　基本ユーザ・網インタフェースにおける遠隔給電例

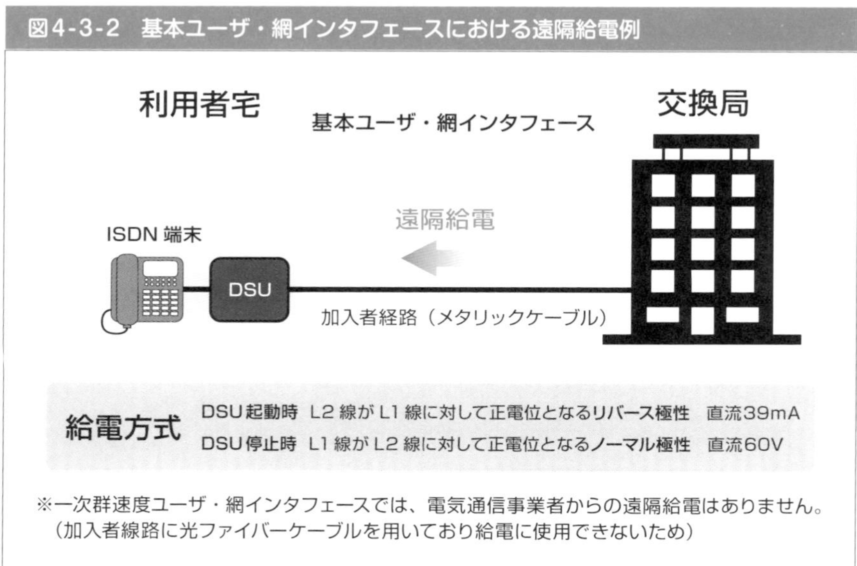

☑ISDN基本ユーザ・網インタフェースで用いられるデジタル回線終端装置において、網からの遠隔給電による起動および停止の手順が適用される場合、デジタル回線終端装置は、**L2線**が**L1線**に対して**正電位**となる**リバース**極性のときに起動する。（令和4年第1回）

☑デジタル回線終端装置（DSU）は、ユーザ宅内の**停電時にも基本電話サービスを維持できる39mA**の**遠隔給電**を、電気通信事業者側から受けることができる。（平成25年第1回）

②デジタル回線終端装置（DSU）からISDN端末への給電

停電時にも基本電話サービスを維持できるようにするため、デジタル回線終端装置（DSU）からISDN端末へも給電が行われています。給電に関する規定は次のとおりです。

☑デジタル回線終端装置（DSU）からISDN端末側への制限給電状態における**最大給電出力は、420ミリワット**と規定されている。（平成25年第1回）

③一次群速度と給電

一次群速度ユーザ・網インタフェースでは、一般に、加入者線路に光ファイバケーブルが使用されるため、電気通信事業者からの遠隔給電はありません。

☑ISDN一次群速度ユーザ・網インタフェースにおけるデジタル回線終端装置は、一般に、電気通信事業者側から**遠隔給電されない**ため、ユーザ宅内の商用電源などからの**ローカル給電**により動作する。(令和4年第2回)

また、デジタル回線終端装置(DSU)からISDN端末側への給電も行われません。

☑ISDN端末側からデジタル回線終端装置へ、およびデジタル回線終端装置からISDN端末側へは給電**されない**。(令和4年第2回)

---

3) 端末アダプタ

アナログ電話機などの**非ISDN対応端末**を、ISDNに接続して使用するために、**端末アダプタ**(TA)といわれる装置が必要となります。

端末アダプタは、主に次の3つの機能を有しています。

①プロトコル変換機能

パケットモード端末側の**LAPB**と、Dチャネル側の**LAPD**の変換を行います。

②速度変換機

非ISDN端末のユーザデータ速度を64キロビット/秒または16キロビット/秒に速度変換します。

③電気・物理インタフェース変換機能

☑パケットモード端末側のLAPBと、Dチャネル側のLAPDとの間で、**プロトコルの変換**を行う。(令和3年第1回)

☑非ISDN端末からのユーザデータ速度を64キロビット/秒または16キロビット/秒に**速度変換**する。(令和3年第1回)

---

4) デジタル電話機のコーデック回路

デジタル電話機では、電話機本体に**コーデック回路**があるため、端末アダプタ(TA)を必要とせずにISDN網に接続することができます。

☑デジタル電話機がISDN基本ユーザ・網インタフェースを経由して網に接続され、通話状態が確立しているとき、デジタル電話機の送話器からのアナログ音声信号は、**電話機本体**のコーデック回路でデジタル信号に変換される。(令和3年第2回)

Theme 4

電磁ノイズ、雷対策

技術・理論の第1問に出題される電磁ノイズ、雷対策についてまとめています。

重要度：★★★

●過去問からの出題が大半を占めています。本書では過去10年分の過去問出題論点をまとめていますので、掲載した問題（チェックボックスが目印）をマスターしましょう。

1 雷害の種類と対策

■1 誘導雷

☑電気通信設備の**雷害**には、落雷時の雷電流によって生ずる強い電磁界により、その付近にある通信ケーブルや電力ケーブルを通して通信装置などに影響を与える**誘導雷**によるものなどがある。（平成26年第2回）

■2 SPD

☑雷などによる過渡的な**過電圧を制限**し、**サージ電流を分流**することを目的とする**避雷器**、**保安器**などのデバイスは、**SPD**と定義されている。（平成25年第1回）

■3 非線形素子

☑SPDは、サージ電圧を制限し、サージ電流を分流することを目的とした、1個以上の**非線形素子**を内蔵しているデバイスとされている。（平成29年第1回）

■4 バリスタ

☑低圧サージ防護デバイスとして低圧の電源回路および機器で使用される電圧制限形SPD内には、**非直線性の電圧－電流特性**を持つ**バリスタ**、アバランシブレークダウンダイオードなどの素子が用いられている。（令和3年第2回）

●この範囲から1問程度（2点分）の出題が見込まれます。
●「エミッション」と「イミュニティ」を間違えやすいので気をつけましょう。

■5　等電位ボンディング

☑建築物などの**雷保護**における用語の定義では、内部雷保護システムのうち、雷電流によって離れた導電性部分間に発生する**電位差を低減**させるため、その部分間を直接導体によってまたはサージ保護装置によって行う接続は、**等電位ボンディング**と規定されている。(令和4年第2回)

2　電磁ノイズと対策

■1　コモンモードノイズ

☑通信線から通信機器に侵入する誘導雑音のうち、**コモンモード**ノイズは、動力機器などからの雑音が**大地と通信線との間**に励起されて発生する。(令和3年第1回)

■2　電磁エミッション

☑通信機器は、自ら発生する電磁ノイズにより周辺の他の装置に影響を与えることがあり、IEV用語では、ある発生源から**電磁エネルギーが放出**する現象を、**電磁エミッション**と規定している。(令和元年第2回)

■3　電磁シールド

☑既設端末設備における外部からの**誘導ノイズ対策**としては、接地されていない高導電率の金属で電子機器を完全に覆う**電磁シールド**などが用いられる。(令和4年第1回)

■4　縦電圧

☑放送波などの電波が通信端末機器内部へ混入する経路において、屋内線などの通信線がワイヤ形の受信アンテナとなることで誘導される**縦電圧**を減衰させるためには、一般に、**コモンモードチョークコイル**が用いられている。(平成31年第1回)

■5　イミュニティ

☑通信機器は、周辺装置から発生する電磁ノイズの影響を受けることがある。IEV用語において、**電磁妨害が存在する環境**で、機器、装置またはシステムが**性能低下せずに動作**することができる能力は、**イミュニティ**と規定されている。(平成30年第2回)

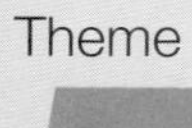

LAN端末設備

技術・理論の第2問に出題されるLAN端末設備についてまとめています。

重要度：★★★

●PoEは、主に給電規格に関する内容。10GBASEは、LAN、WAN用ケーブルの種類とその規格について問われます。

1 PoE

PoEとは、**LANケーブル**を使用して接続機器に**電源供給**を行う方式のことです。LANケーブルだけで電力供給を受けることができるため、電源を確保しにくい場所にも設置しやすく、省線化が図れるなど多くの利点があります。

■1 構成機器と対応機器、非対応機器の混在

PoEで電力を供給する機器を**PSE**、電力を受ける機器を**PD**と呼びます。

☑給電側機器であるPSEは、一般に、受電側機器がPDといわれるPoE対応機器か、非対応機器かを検知して、**PoE対応機器にのみ給電**する。そのため、同一PSEに接続される機器の中に**PoE対応機器と非対応機器の混在が可能**となっている。

（平成29年第2回）

■2 PoEの規格

PoEの給電規格にはType1とType2の2種類があります。

①Type1

直流**44～57V**の範囲で、最大**350mA**の電流、最大15.4Wの電力をPDに給電。

●この範囲から1～2問程度（2～4点分）の出題が見込まれます。
●数字がからむ問題が多く、結果的にひっかけ問題のような出題になりがちです。

☑IEEE802.3at Type1として標準化されたPoEの規格では、電力クラス0の場合、PSEの1ポート当たり直流44～57ボルトの範囲で最大**350ミリアンペア**の電流を、PSEからPDに給電することができる。（平成31年第1回）

☑IEEE802.3atには、IEEE802.3afの規格が**Type1**として含まれている。（令和3年第1回）

PoEに関する古い規格がIEEE802.3afで、新しい規格がIEEE802.3atです。規格は変わりましたが、旧規格は新規格の一部に取り込まれて残った形になります。

②Type2（PoE Plus）

直流**50～57V**の範囲で、最大**600mA**の電流、**30W**以上（34.2Wまで許容）をPDに給電。

PoE Plusとも呼ばれます。UTPケーブルはカテゴリ**5e以上**が必要です。

☑**Type2**の規格では、PSEの、1ポート当たり直流電圧50～57ボルトの範囲で、**30.0ワット以上**の電力をPSEからPDに給電することができる。（平成28年第2回）

☑Type2の規格で使用できる**UTPケーブル**には、カテゴリ**5e以上**の性能が求められる。（令和2年第2回）

■3　給電方式

PoEの給電は、LANケーブル4対（8心）のうち、**2対（4心）**を用いて行われます。給電方式には、**オルタナティブA方式**と**オルタナティブB方式**の2種類があります。

①オルタナティブA方式の給電

信号の伝送で使用している1,2,3,6番線に電力を重畳して、電源供給を行う方式。

②オルタナティブB方式の給電

信号の伝送で使用されず予備対として空きになっている4,5,7,8番線に電力をのせて、電源供給を行う方式。

③1000BASE-T以上のケーブル

1000BASE-T以上のケーブルでは、4対(8心)全てを信号線として使用している(予備対がない)ため、どちらの方式を採用するにせよ、信号に電力を重畳して送ることになります。

☑PoEの規格において、10BASE-Tや100BASE-TXのLAN配線のうちの**予備対(空き対)を使用**して給電する方式は**オルタナティブB**といわれ、**信号対を使用**して給電する方式は**オルタナティブA**といわれる。(令和4年第1回)

☑**1000BASE-T**では、**4対全てを信号対として使用**しており、信号対のうちピン番号が**1番、2番**のペアと**3番、6番**のペアを給電に使用する方式は**オルタナティブA**といわれる。(令和3年第1回)

☑10BASE-Tや100BASE-TXにおいて空き対であるピン番号が**4番、5番**のペアと**7番、8番**のペアを給電に使用する方式は、**オルタナティブB**といわれる。(令和3年第1回)

☑Type1の規格には、UTPケーブルの**2対**を使用して給電する方法がある。(令和2年第2回)

「UTPケーブルの4対全てを使用して給電する方法がある」と来たら間違いです。ひっかけ問題として出題されています。Type1,Type2共に給電に使用するのは2対です。

2 10ギガビットイーサネット

10ギガビットイーサネットは、一般に、光ファイバを使用して10Gbit/sの伝送速度を実現しています。一部メタリックケーブルを使用するものもあり、同軸ケーブルを使用する10GBASE-CX、ツイストペアケーブルを使用する10GBASE-Tなどがあります。

光ファイバを使用するものでは、伝送路規格について出題されています。伝送路規格に関する内容を表4-5-1にまとめています。

表4-5-1 光ファイバ伝送路規格（10ギガビットイーサネット）

LAN仕様			
伝送路規格	伝送モード	波長帯域	最大伝送距離
10GBASE-SR	マルチモード	850nm	300m
10GBASE-LR	シングルモード	1310nm	10km
10GBASE-ER	シングルモード	1550nm	40km
10GBASE-LX4	マルチモード	1310nm	300m
	シングルモード		10km

WAN 仕様			
伝送路規格	伝送モード	波長帯域	最大伝送距離
10GBASE-SW	マルチモード	850nm	300m
10GBASE-LW	シングルモード	1310nm	10km
10GBASE-EW	シングルモード	1550nm	40km

伝送路規格の10GBASE以下の部分(SR,LR,ERなど)に関して、これらに含まれるS、L、Eの意味を理解しておくと覚えやすくなります。
SはShort（**短距離**）の意味を表しています。このことから、10GBASE-SRと10GBASE-SWは、ともに最大伝送距離が300mと短距離であることと結びつけて覚えられます。
次に、**L**はLong（**長距離**）を意味しており、10GBASE-LRと10GBASE-LWは最大伝送距離が10Km。
EはExtended（**超長距離**）を意味しており、10GBASE-ERと10GBASE-EWは最大伝送距離が40Kmあります。
英語の略字の意味を押さえておくと、覚えやすくなります。

表を漫然と暗記するのは困難なので、過去問の内容に触れながら覚えていきましょう。まずは、LAN用の規格から出題内容を見ていきます。

☑IEEE802.3aeにおいて標準化された10ギガビットイーサネット規格の**LAN用**として、10GBASE-**SR**では、**マルチモード**光ファイバが使われる。(平成20年第1回)

☑IEEE802.3aeとして標準化された**LAN用**の**10GBASE-ER**の仕様では、信号光の波長として**1,550**ナノメートルの超長波長帯が用いられ、伝送媒体として**シングルモード**光ファイバが使用される。(令和2年第2回)

☑IEEE802.3aeにおいて標準化された**10GBASE-LX4**は、波長分割多重伝送技術であるWWDMを使い、**LAN用**として、**シングルモード光ファイバまたはマルチモード光ファイバ**が使用される。(平成22年第2回)

次に、WAN用の規格に関する出題を見ていきます。WANの仕様では、SDH/SONETという国際規格も出てきます。

☑IEEE802.3aeとして標準化された**WAN用**の**10GBASE-SW**の仕様では、信号光の波長として**850**ナノメートルの短波長帯が用いられ、伝送媒体として**マルチモード**光ファイバが使用される。(令和3年第2回)

☑IEEE802.3aeとして標準化された**WAN用**の**10GBASE-LW**の仕様では、信号光の波長として**1,310**ナノメートルの長波長帯が用いられ、伝送媒体として**シングルモード**光ファイバが使用される。(平成30年第1回)

WAN用の伝送路規格では、規格名の末尾に「W」がついています。「WAN用」が聞かれたら、規格名の末尾に「W」。これを覚えているだけでも、選択肢の絞り込みに役立ちます。

☑10GBASE-LWの物理層では、上位MAC副層からの送信データを符号化後、WANインタフェース副層において**SDH/SONETフレーム化**が行われ、WANとのシームレスな接続を実現している。(令和3年第1回)

無線LAN

技術・理論の第2問に出題される無線LANについてまとめています。

重要度：★★☆

●「インフラストラクチャーモード」と「アドホックモード」、「RTS」信号と「CTS」信号は、混同しやすいので注意しておきましょう。

■1　構成機器と対応デバイス

構成機器には、無線LANアダプタや無線LANアクセスポイントなどがあります。

無線LANでは主に2.4GHz帯と5GHz帯の周波数が使用されており、使用する周波数帯に対応したデバイスを用意する必要がありますが、両方の周波数帯域で使用できるデュアルバンド対応のデバイスもあります。

☑無線LANの機器には、2.4GHz帯と5GHz帯の両方の周波数帯域で使用できる**デュアルバンド**対応のデバイスが組み込まれたものがある。（平成30年第2回）

■2　ネットワーク構成（インフラストラクチャーモードとアドホックモード）

☑無線LANのネットワーク構成には、無線端末どうしがアクセスポイントを介して通信する**インフラストラクチャモード**と、アクセスポイントを介さずに無線端末どうしで直接通信を行う**アドホックモード**がある。（令和2年第2回）

●この範囲から１問程度（２点分）の出題が見込まれます。
●出題頻度が上がってきていますので十分に対策をしておきましょう。

■3　変調方式

☑無線LANで用いられている変調方式には、**スペクトル拡散変調方式**や**OFDM**（直交周波数分割多重）方式がある。（平成30年第2回）

☑無線LANで用いられている**スペクトル拡散変調方式**は、耐干渉性の向上を図るため、1次変調（ASK、FSK、PSK）された搬送波に対して、さらにスペクトル拡散といわれる方法により2次変調を行うもので、その方式には直接拡散方式、周波数ホッピング方式などがある。（平成27年第2回）

☑無線LANで用いられている**OFDM**（直交周波数分割多重）は、マルチパス伝搬環境における伝送速度の高速化を可能とする伝送方式である。（平成27年第2回）

■4　ISMバンドとスループットの低下

2.4GHz帯は特にISMバンドと呼ばれます。ISMバンドは免許不要の周波数帯域であるため、他の機器や混信や干渉が発生しやすく、スループットの低下要因となります。

☑5GHz帯の無線LANでは、ISMバンドとの干渉による**スループットの低下がない**。（平成28年第1回）

2.4GHz帯ではスループット低下の要因となりますが、5GHz帯では周波数が十分に離れているため、ISMバンドとの干渉は起こりません。

■5　アクセス制御方式

無線LANでは、電波の衝突を防ぐため、他の無線端末が電波を送出していないかどうかを事前に検知するCSMA/CA方式を使用しています。

☑**CSMA/CA方式**では、送信端末からの送信データが他の無線端末からの送信データと衝突しても、送信端末では衝突を検知することが困難であるため、送信端末は、アクセスポイント（AP）からの**ACK信号**を受信することにより、送信データが正常にAPに送信できたことを確認している。（平成28年第1回）

■6　隠れ端末問題

同じアクセスポイントを利用する複数の無線端末が、障害物などで互いに通信できないような場所に配置されている場合、CSMA/CA方式を利用してもデータの衝突が生じることがあり、**隠れ端末問題**と呼ばれています。

図4-6-1　無線LANにおける隠れ端末問題

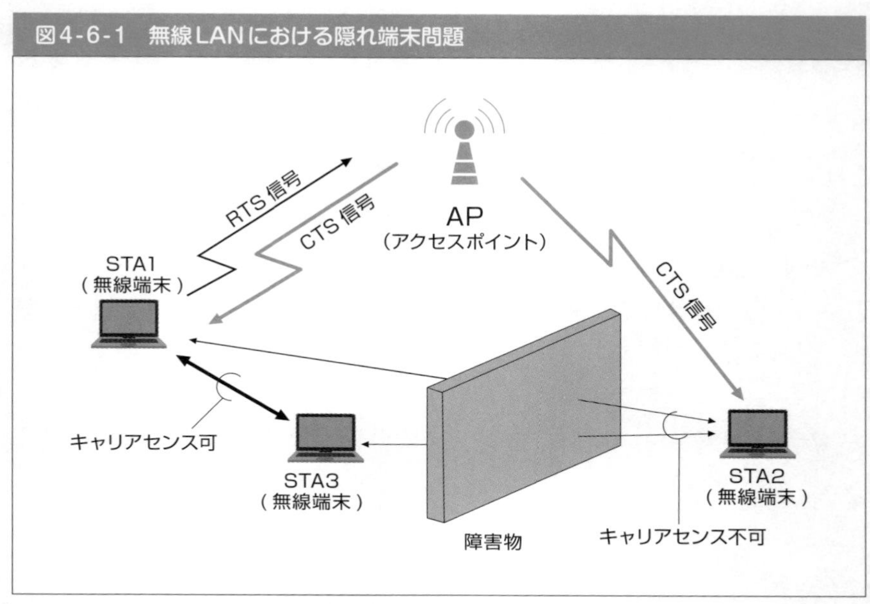

☑IEEE802.11標準の無線LANの環境において、同一アクセスポイント（AP）配下に無線端末（STA）1とSTA2があり、障害物によってSTA1とSTA2との間でキャリアセンスが有効に機能しない**隠れ端末問題**の解決策として、APは、送信をしようとしているSTA1からの**RTS**信号を受けると**CTS**信号をSTA1に送信するが、このCTS信号は、STA2も受信できるので、STA2はNAV期間だけ送信を待つことにより衝突を防止する対策が採られている。（令和4年第1回）

☑IEEE802.11標準の無線LANにおける隠れ端末問題の解決策として、アクセスポイントは、送信をしようとしている無線端末からの**RTS**信号を受信すると**CTS**信号をその無線端末に送信するといった手順を採っている。（令和2年第2回）

RTS信号とCTS信号を逆に書くひっかけが出題されています。「送信をしようとしている無線端末からのCTS信号を受信するとRTS信号をその無線端末に送信する」とあれば、信号が逆なので間違いです。

■7　MIMO

☑IEEE802.11標準の無線LANには、複数の送受信アンテナを用いて信号を空間多重伝送することにより、使用する周波数帯域幅を増やさずに**伝送速度の高速化**を図ることができる技術である**MIMO**（Multiple Input Multiple Output）を用いる規格がある。（令和元年第2回）

☑IEEE802.11acとして標準化された無線LANの規格では、IEEE802.11nと比較してMIMOのストリーム数の増、周波数帯域幅の拡大、変調符号の多値数の拡大などにより理論値としての最大伝送速度は**6.9**ギガビット／秒とされている。（令和3年第2回）

Question

問題を解いてみよう

下線部分の内容が正しいかどうか答えよ。

問1　デジタル式PBXの**時間スイッチ**は、入ハイウェイ上のタイムスロットを、出ハイウェイ上の任意のタイムスロットに入れ替えるスイッチである。

問2　PB信号方式のダイヤルインサービスを利用するPBXには、夜間になったときの対応の手段として、夜間閉塞機能がある。電気通信事業者の交換機からは、**呼出信号**が送出されずに、一般の電話機に着信する場合と同様の接続シーケンスにより、夜間受付用電話機に着信する。

問3　ISDN一次群速度ユーザ・網インタフェースにおけるデジタル回線終端装置から、ISDN端末側への給電出力は、**420ミリワット**以上と規定されている。

問4　放送波などの電波が通信端末機器内部へ混入する経路において、屋内線などの通信線がワイヤ形の受信アンテナとなることで誘導される**線間**電圧を減衰させるためには、一般に、ノイズフィルタの一種であるコモンモードチョークコイルが用いられている。

問5　通信機器は、周辺装置から発生する電磁ノイズの影響を受けることがある。電磁妨害が存在する環境で、機器、装置またはシステムが性能低下せずに動作することができる能力は、**エミッション**と規定されている。

答え合わせ

問1　正解：○

解説

この文言のまま、覚えておきましょう。

問2　正解：×

解説

正しくは、**内線指定信号**です。

問3　正解：×

解説

ISDN一次群速度ユーザ・網インタフェースでは、デジタル回線終端装置からISDN端末側への給電は行われていません。

問4　正解：×

解説

屋内線などの通信線がワイヤ形の受信アンテナとなることで誘導される**縦**電圧を減衰させるために、コモンモードチョークコイルが用いられています。

問5　正解：×

解説

正しくは、**イミュニティ**です。
エミッションは、電磁エネルギーが放出する現象のことをいいます。

MEMO

［技術・理論編］ネットワーク技術（大問3＆4）

ISDNインタフェース

技術・理論の第3問などに出題されるISDNインタフェースについてまとめています。

重要度：★★★

●「基本ユーザ・網インタフェース」と「一次群速度ユーザ・網インタフェース」とで異なる事項があります。混乱しないように気をつけましょう。

ISDNインタフェースの学習には、「機能群」と「参照点」の理解が必要不可欠です。

ISDNインタフェースにおける機能群と参照点の関係を図5-1-1にまとめましたので、「■1機能群」「■2参照点」の記述内容と照らし合わせながらご確認ください。

図5-1-1　ISDNインタフェースの機能群と参照点

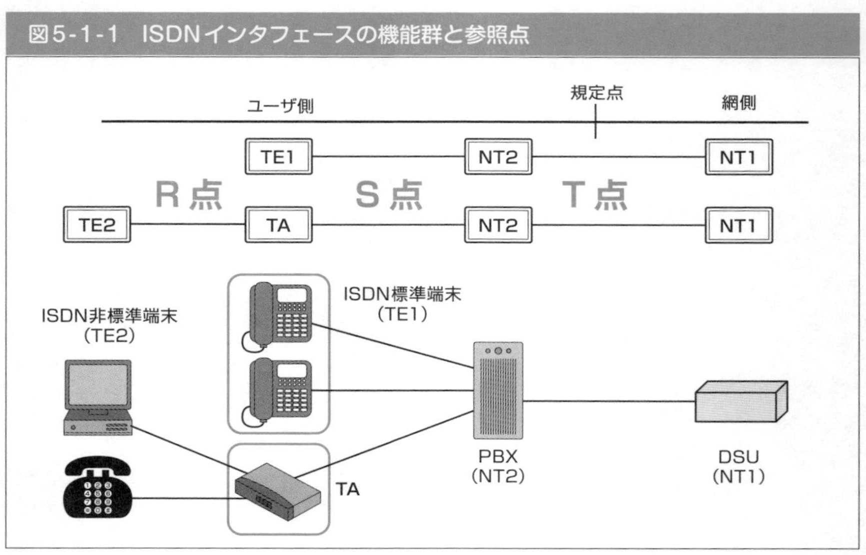

●この範囲から1～2問程度（2～4点分）の出題が見込まれます。
●ISDNはサービス終了が予定されています。新問は出にくいところです。

■1　機能群

ISDNで使用される装置は、NT1，NT2，TE1、TE2、TAの機能群に分類することができます。ISDNの問題では具体的な装置名の代わりに機能群で記述されることも多いので、十分に注意が必要です。図5-1-1と合わせてご確認ください。

①NT 1

装置例としては**デジタル回線終端装置（DSU）**があります。ユーザ宅内装置と加入者線との間に位置し、伝送路の終端、フレーム同期などレイヤ1としての機能を持ちます。

②NT 2

装置例としては**PBX**などが該当します。TEとNT1の間に位置し、交換や集線などの機能のほか、レイヤ2およびレイヤ3のプロトコル処理機能などを行います。

③TE 1

装置例としては**デジタル電話機**などです。ISDN標準端末のことを指します。

④TE 2

装置例としては**アナログ電話機**などです。ISDN**非標準端末**のことを指します。そのままではISDN網に接続できないため、TAとセットで使用します。

⑤TA

装置例としては**端末アダプタ**です。ISDN非標準端末をISDN網に接続します。

■2　参照点

参照点は、端末構成を区分する基準点です。

ユーザ側から網側に至るまで、R点・S点・T点に分けることができます。図5-1-1と合わせてご確認ください。

①R点

TE2（ISDN非標準端末）と**TA**（端末アダプタ）の間の参照点が**R点**です。

②S点

TE1（ISDN標準端末）と**NT2**（PBX）の間の参照点が**S点**です。

③T点

NT1(DSU)と**NT2**(PBX)の間の参照点が**T点**です。

機能群と参照点の出題内容を以下にまとめました。全て正しい内容に修正しています。ひっかけ問題が出てくるところですので、注意して覚えていきましょう。

☑NT1は、**フレーム同期**の機能を有している。(令和3年第2回)

☑NT2の具体的な装置として**PBX**などが相当する。(令和3年第2回)

☑NT2は、**交換、集線**の機能がある。(平成30年第2回)

☑NT2は、**レイヤ2**および**レイヤ3**の**プロトコル処理機能**を有している。(令和3年第2回)

☑NT2は**網終端装置2**といわれ、一般に、TEとNT1の間に位置する。(平成30年第2回)

☑**NT2**は、一般に、TEとNT1の間に位置し、NT2には、交換や集線などの機能のほか、レイヤ2およびレイヤ3のプロトコル処理機能を有しているものがある。(令和元年第2回)

☑**TA**はインタフェース変換の機能を有しており、Xシリーズ端末を接続できる(平成30年第1回)

☑**R点**は、アナログ端末などの**非ISDN端末を接続**するために規定されており、TAを介して網に接続される。(令和3年第1回)

☑TEには、ISDN基本ユーザ・網インタフェースに準拠しているTE1があり、TE1がNT2に接続されるときの**TE1とNT2の間**の参照点は**S点**である。(令和3年第1回)

☑**T点**は、NT1とNT2の間に位置し、主に**電気的・物理的**な網機能について規定されている。(令和3年第1回)

■3 チャネルタイプ

チャネルタイプは、伝送する信号の種類や速度に応じて、Bチャネル、Hチャネル、Dチャネルに分けられます。

①Bチャネル(情報チャネル)

ユーザ情報を伝送するチャネル。

☑Bチャネルでは、回線交換、パケット交換などの通信モードにより、**ユーザ情報**を転送することができる。(平成21年第2回)

---

②Hチャネル（高速情報チャネル）

高速でユーザ情報を伝送するチャネル。一次群速度インタフェースのみで使用されます。

③Dチャネル（信号チャネル）

信号を伝送するチャネル。いずれのチャネル構成を取るにしても必ず含まれます。

☑1.5メガビット/秒方式のISDN一次群速度ユーザ・網インタフェースを用いた通信の**Dチャネルのチャネル速度**は、**64キロビット/秒**である。（平成30年第1回）

■4　ユーザ・網インタフェースのチャネル構成

①基本ユーザ・網インタフェースのチャネル構成

Bチャネル（64kbit/s）2本と、Dチャネル（16kbit/s）1本からなる**2B+D**の構造を有しています。

②一次群速度ユーザ・網インタフェースのチャネル構成

23本のBチャネルと、1本のDチャネルから構成される**23B＋D**と、24本のBチャネルと、別の回線上にDチャネルを設置する**24B/D**の2種類があります。

■5　情報転送モード

ISDNの情報転送モードには、回線交換モードとパケット交換モードがあります。

①回線交換モード

情報伝送の際に回線を占有する方式。呼制御などの信号伝送はDチャネルを使用し、ユーザー情報の伝送にはBチャネルを使用します。

☑回線交換モードにより通信を行う場合、**呼設定情報**など呼制御用のシグナリング情報は、**Dチャネル**で伝送できる。（令和2年第2回）

☑呼設定終了後、ユーザ情報の転送に使用できるレイヤ2プロトコルに関して、プロトコルの制限はありません。（平成27年第1回）

「呼設定終了後、ユーザ情報の転送に使用できるレイヤ2プロトコルは、X.25のレイヤ2プロトコルと同じLAPBに限定されている。」というひっかけが出題されています。

回線交換モードでは、通信中の端末を別のジャックに差し込んで通信を再開する場合などに**呼中断／呼再開手順**が用いられます。この手順について次の内容を押さえておきましょう。

☑回線交換モードで呼を中断状態とした後に端末を別のジャックに差し込んで通信を再開する場合、呼の再設定において、呼の中断前に使っていた**呼番号**はそのまま利用**されない**。(令和3年第1回)

☑呼が中断されると、中断呼がそれまで使っていた**呼番号**は**開放される**。(平成19年第1回)

☑中断呼に割り当てられた**呼識別**は、呼の中断状態の間に同一インタフェース上の他の中断呼に適用**されない**。(平成30年第2回)

☑**呼の再開が一定時間内に行われない**と、その呼は網により**強制開放**される。(平成19年第1回)

---

②パケット交換モード

情報を細かく切り分け、宛先ラベルを付与したデータの固まり（パケット）を、複数の相手に同時に送信できる方式です。情報伝送の際に回線の占有を伴いません。

☑パケット交換モードにより通信を行う場合、**ユーザ情報**は、**Bチャネル**および**Dチャネル**で伝送できる。(令和2年第2回)

☑ISDN基本ユーザ・網インタフェースにおいて、パケット交換モードによりBチャネル上でパケット通信を行うときは、始めに発信端末と網間で**Dチャネル**を用いてパケット通信に使用する**Bチャネルの設定**を行う。続いて、**X.25**プロトコルを用いて**Bチャネル上にデータリンクを設定**する。(令和元年第2回)

ISDNレイヤ1～3

技術・理論の第3問などに出題されるISDNレイヤ1～3の各種事項についてまとめています。

重要度：★★★

●ひっかけ問題が多いところでもありますが、ひっかけ問題も過去問でパターン化されています。つまり、過去問をマスターすることでこの単元を得点源にすることができます。

1 ISDNレイヤ1

1 基本ユーザ・網インタフェース

1 フレーム構成

レイヤ1では、NTとTE間の信号が**フレーム**という伝送単位でやり取りされます。1フレームの大きさは**48ビット**となり、これを**250マイクロ**秒の周期で転送します。

☑ISDN基本ユーザ・網インタフェースのレイヤ1におけるフレームは、1フレームが各チャネルの情報ビットとフレーム制御用ビットなどを合わせた48ビットで構成され、250マイクロ秒の周期で繰り返し送受信される。（令和3年第1回）

☑ISDN基本ユーザ・網インタフェースにおいて、NTからTEおよびTEからNTへ伝送される48ビット長のフレームは、250マイクロ秒の周期で繰り返し伝送される。（平成28年第2回）

●この範囲から3～4問程度（6～8点分）の出題が見込まれます。
●試験対策上、非常に重要な単元です。本書掲載の問題は確実に正解できるようにしておきましょう。ISDNの学習に関しては、ここが1つの山場といえます。

■2　Dチャネルアクセス競合制御とエコーチェック

Dチャネルへのアクセスが競合しないよう、**エコーチェック**という方式でDチャネルアクセス競合制御が行われます。

☑ISDN基本ユーザ・網インタフェースのレイヤ1では、複数の端末が1つのDチャネルを共用するため、アクセスの競合が発生することがある。Dチャネルへの正常なアクセスを確保するための制御手順として、一般に、**エコーチェック**といわれる方式が用いられている。（令和4年第1回）

■3　起動・停止手順

通信の必要が生じた場合にインタフェースを活性化（起動）し、必要のない場合には不活性化（停止）する手順は、**起動・停止の手順**といわれます。

☑ISDN基本ユーザ・網インタフェースのレイヤ1において、TEとNT間でINFOといわれる特定ビットパターンの信号を用いて行われる手順であり、通信の必要が生じた場合にのみインタフェースを活性化し、必要のない場合には不活性化する手順は、**起動・停止**の手順といわれる。（令和2年第2回）

■4　試験ループバック

☑ISDN基本ユーザ・網インタフェースにおいて、TTC標準JT-1430で**必須項目**として規定されている保守のための試験ループバックは、**NT1**で2B+Dチャネルを折り返しており、**ループバック2**といわれる。（令和4年第1回）

「NT1」のところを「NT2」とするひっかけがあります。なお、NT1=デジタル回線終端装置（DSU）、NT2=PBXのことです。機能群の名称から具体的な装置が思い浮かぶようにしておきましょう。

2　一次群速度ユーザ・網インタフェース

■1　フレーム構成

①1フレームの構成

1フレームは、同期・保守用のFビット1つと、8ビットのタイムスロット24個で構成されます。ビット長は、合計193ビット（1＋8×24＝193）です。

☑一次群速度ユーザ・網インタフェースを用いた通信では、1フレームは、**Fビット**と24個の**タイムスロット**で構成されている。（令和2年第2回）

②マルチフレーム

☑一次群速度ユーザ・網インタフェースを用いた通信では、1マルチフレームは193ビットのフレームを24個集めた**24**フレームで構成される。（令和3年第2回）

③Fビット

Fビットは、同期や誤り検出のために用いられています。

☑1.5メガビット／秒方式のISDN一次群速度ユーザ・網インタフェースでは、1フレームを24個集めて1マルチフレームを構成していることから、24個のFビットを活用することができる。これらのFビットは、**フレーム同期**、**CRCビット誤り検出**および**リモートアラーム表示**として使用されている。（令和3年第1回）

☑一次群速度ユーザ・網インタフェースを用いた通信では、ビット誤り検出は、**CRC**を用いている。（令和4年第1回）

「ビット誤り検出は、FECを用いて行っている。」とするひっかけが出題されています。

④マルチフレーム同期信号

マルチフレームを同期させるための信号です。4フレームごとの**Fチャネルビット**で形成されています。

☑一次群速度ユーザ・網インタフェースを用いた通信では、4フレームごとの**Fチャネルビット**で形成される特定の2進パターンがマルチフレーム同期信号パターンとして定義されている。(令和3年第2回)

「Fチャネルビット」のところを「Dチャネルビット」とするひっかけが出題されています。

■2　通信の特徴

①常時起動状態

☑一次群速度ユーザ・網インタフェースを用いた通信では、DSUは常時起動状態にあるため、**起動・停止手順**を**有していない**。(平成31年第1回)

基本ユーザ・網インタフェースではDSUの起動・停止手順があります。一方、一次群速度ユーザ・網インタフェースにはありません。

②伝送路符号(B8ZS)

☑一次群速度ユーザ・網インタフェースを用いた通信では、伝送路符号として、B8ZS符号を用いている。(平成28年第2回)

③伝送速度(1.544Mbit/s)

伝送速度は、1,544kbit/sです。なお「1.544メガビット/秒」や「1.5メガビット/秒」とも表現されます。

☑一次群速度ユーザ・網インタフェースを用いた通信では、1回線の伝送速度は、**1.544メガビット/秒**である。(令和4年第1回)

■ 3　ポイント・ツー・ポイント配線構成

☑一次群速度ユーザ・網インタフェースでは、DSUとTEの間は、**ポイント・ツー・ポイント**の配線構成を採る。（令和4年第1回）

☑一次群速度ユーザ・網インタフェースを用いた通信では、**NT1**とTEの間は、ポイント・ツー・ポイントの配線構成をとる。（令和2年第2回）

「最大8台までの端末を接続できる。」というひっかけが出題されています。これは「基本ユーザ・網インタフェース」に関する内容なので間違いです。ポイント・ツー・ポイントは一対一です。

ポイント・ツー・ポイント（一対一）構成につき、Dチャネルのアクセス競合は発生しません。そのため、Dチャネル競合制御手順は不要です。

☑一次群速度ユーザ・網インタフェースを用いた通信では、Dチャネル競合制御手順を**有していない**。（平成28年第2回）

■ 4　回線数

23B+D、または24B/Dの2種類のチャネル構造を持つため、最大23回線または24回線の電話回線をとることができます。

「最大12回線の電話回線として利用できる」というひっかけが出題されています。

■ 5　その他特徴

次の内容が試験で問われています。確認しておきましょう。

☑一次群速度ユーザ・網インタフェースを用いた通信では、DSUに接続される端末（ルータなど）は、PRIを備えている。（令和4年第1回）

PRIとは一次群インタフェースのことです。一次群速度ユーザ・網インタフェースに接続するわけですから、対応できるインタフェースを備えているのは当然のことです。

「DSUに接続される端末（ルータなど）には、BRIカードを必要とする。」というひっかけが出題されています。BRIは基本ユーザ・網インタフェースのことです。

2 ISDNレイヤ2

■1 データリンク

☑ISDN基本ユーザ・網インタフェースの特徴の1つは、1つの物理インタフェース上に同時に複数の**データリンク**を設定し、それぞれが独立に情報を転送することができることである。（平成29年第2回）

■2 DLCI（SAPIとTEI）

☑ISDN基本ユーザ・網インタフェースにおいて、1つの物理コネクション上に複数のデータリンクコネクションが設定されている場合、個々のデータリンクコネクションの識別を行うために用いられる**識別子**は、**DLCI**といわれ、**SAPI**と**TEI**から構成される。（令和4年第1回）

☑ISDN基本ユーザ・網インタフェースにおけるレイヤ2では、バス配線に接続されている1つまたは複数の端末を識別するために、**TEI**が用いられる。（平成29年第2回）

サービスアクセスポイントを識別するものが「SAPI」、端末を識別するものが「TEI」です。

☑ISDN基本ユーザ・網インタフェースにおいて、TEIが自動割当てのTEは、TEIを取得するために、データリンクコネクション識別子（DLCI）の**SAPI値**を**63**、**TEI値**を**127**に設定した放送モードの非番号制情報（UI）フレームにより、網に対してTEI割当て要求メッセージを送出する。（平成27年第1回）

「SAPI値を0、TEI値を0」「SAPI値を0、TEI値を63」「SAPI値を63、TEI値を0」「SAPI値を127、TEI値を63」全てひっかけの選択肢です。

☑同一バス配線上の複数端末が同時に発呼するとき、その複数端末に対応するTEIは、**異なる値**が設定される。（令和2年第2回）

■3　情報転送手順

情報転送手順には、**確認形**情報転送手順と、**非確認形**情報転送手順があります。両者の違いは、**フレームの送達確認**を行うか、否かにあります。

①確認形情報転送手順

転送された情報が、正しく相手に到達したかを確認する手順です。
ポイント・ツー・ポイントリンクでのみ使用できます。

☑確認形情報転送手順は、**ポイント・ツー・ポイントデータリンク**のみに適用される。（平成27年第2回）

②非確認形情報転送手順

転送された情報が、正しく相手に到達したかを確認しない手順です。

☑非確認形情報転送モードは、ポイント・ツー・ポイントデータリンクおよびポイント・ツー・マルチポイントデータリンクの**どちらにも適用可能**である。（令和3年第2回）
☑ポイント・ツー・マルチポイントデータリンクによる情報転送手順では、送出した情報フレームの送達確認を**行っていない**。（令和2年第2回）
☑ISDN基本ユーザ・網インタフェースのレイヤ2において、ポイント・ツー・マルチポイントデータリンクでは、上位レイヤからの情報は**非確認形情報転送手順**により**UIフレーム**を用いて転送される。（令和3年第1回）

UIフレームは**「情報フレーム」**と表されることもあります。同じ意味で使っています。

「ポイント・ツー・マルチポイントデータリンクでは、上位レイヤからの情報は**TEI管理手順**によりUIフレームを用いて転送される」というひっかけが出されています。

☑**非確認形情報転送手順**では、情報フレームの転送時に、**誤り制御**および**フロー制御**は行われない。（平成27年第2回）

3　ISDNレイヤ3

■1　メッセージフォーマット

レイヤ3で扱われるメッセージフォーマットは、共通要素で構成される共通部と、個別の情報で構成される個別部からなります。

共通部は、**プロトコル識別子、呼番号、メッセージ種別**で構成されます。

☑ISDN基本ユーザ・網インタフェースにおけるレイヤ3のメッセージの共通部は、全てのメッセージに共通に含まれており、大別して、**プロトコル識別子**、呼番号およびメッセージ種別の3要素から構成されている。(令和4年第1回)

☑全てのメッセージに共通に含まれていなければならない情報要素は、プロトコル識別子、**呼番号**およびメッセージ種別である。(令和3年第1回)

☑ISDN基本ユーザ・網インタフェースにおけるレイヤ3のメッセージの共通部は、全てのメッセージに共通に含まれており、大別して、プロトコル識別子、呼番号および**メッセージ種別**の3要素から構成されている。(平成31年第1回)

■2　接続シーケンス

回線交換モードにおける接続シーケンスが重要です。図5-2-1「Bチャネル上での通信」および図5-2-2「データ転送」に試験頻出の内容をまとめています。

図5-2-1　Bチャネル上での通信における接続シーケンス

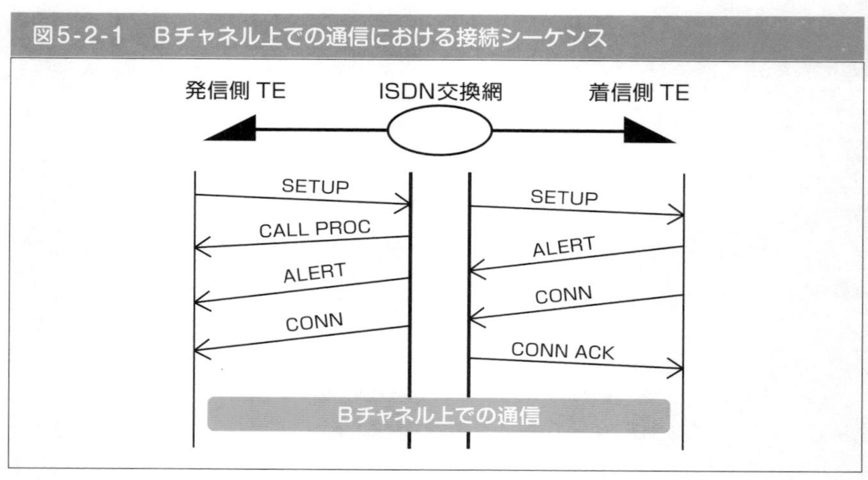

☑図5-2-1は、ISDN基本ユーザ・網インタフェースの回線交換呼におけるレイヤ3の一般的な呼制御シーケンスを示したものである。ISDN交換網がBチャネルを着信側TEと接続する動作を始めるのは、**ISDN交換網が着信側TEからCONNを受信**した直後である。（令和2年第2回）

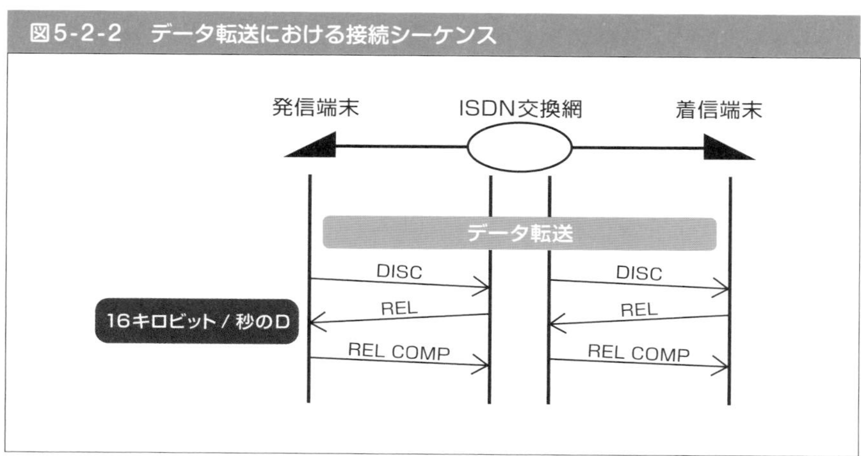

図5-2-2　データ転送における接続シーケンス

★過去問チェック！（出典：令和３年第２回）

図は、ISDN基本ユーザ・網インタフェースの回線交換呼におけるデータ転送からREL COMPまでの一般的な呼制御シーケンスを示したものである。図中のXの部分のシーケンスについては、**16キロビット/秒のD**チャネルが使用される。

発信端末　ISDN交換網　着信端末

データ転送

X

DISC　DISC

REL　REL

REL COMP　REL COMP

Theme

ネットワーク技術

技術・理論の第３問〜第５問などに出題される符号化方式およびIPアドレス、コマンドプロンプトなどについてまとめています。

重要度：★★★

●アドレス数算出とネットワーク管理コマンドは、第9問、第10問での出題がメインですが、学習効率上こちらに入れています。

1 符号化方式

デジタル信号で伝送をするために、伝送路の特性に合わせた形に変換する必要があり、これを**符号化**といいます。

図5-3-1はLANで使用される主なデジタル伝送路符号の波形を表したものです。

符号化方式には様々なものがあります。図に掲載したもの以外にも、「64B/66B」「8B1Q4」「4D-PAM5」などが出題されています。試験に問われた範囲でよいので、確認していきましょう。

☑デジタル信号を送受信するための伝送路符号化方式において、符号化後に高レベルと低レベルなど2つの信号レベルだけをとる２値符号には**NRZI**符号がある。(平成31年第1回)

☑100BASE-FXでは、送信するデータに対して4B/5Bといわれるデータ符号化を行った後、**NRZI**といわれる方式で信号を符号化する。**NRZI**は、図5-3-1に示すように2値符号でビット値1が発生するごとに信号レベルが低レベルから高レベルへまたは高レベルから低レベルへと遷移する符号化方式である。(平成28年第2回)

- この範囲から２〜３問程度（4〜６点分）の出題が見込まれます。
- 新問は他の受験生も苦手とするところなので、差はつきません。合格点（60点）を取るためには、新問よりも過去問を確実に正解できることが大切です。

図5-3-1 デジタル伝送路符号の波形例

☑デジタル信号を送受信するための伝送路符号化方式のうち**MLT-3**符号は、図に示すように、ビット値0のときは信号レベルを変化させず、ビット値1が発生するごとに、信号レベルが0から高レベルへ、高レベルから0へ、または0から低レベルへ、低レベルから0へと、信号レベルを1段ずつ変化させる符号である。(平成30年第1回)

☑10GBASE-LRの物理層では、上位MAC副層からの送信データをブロック化し、このブロックに対してスクランブルを行った後、2ビットの同期ヘッダの付加を行う**64B/66B**といわれる符号化方式が用いられる。(令和4年第1回)

☑1000BASE-Tでは、送信データを8ビットごとに区切ったビット列に1ビットの冗長ビットを加えた9ビットが4つの5値情報に変換される**8B1Q4**といわれる符号化方式が用いられている。(令和3年第1回)

☑1000BASE-Tでは、送信データを符号化した後、符号化された4組の5値情報を5段階の電圧に変換し、4対の撚り対線を用いて並列に伝送する**4D-PAM5**といわれる変調方式により伝送に必要な周波数帯域を抑制している。(令和3年第2回)

2 アドレス

■1 MACアドレス

☑ネットワークインタフェースに固有に割り当てられたMACアドレスは**6バイト**長で構成され、**先頭の3バイト**は**ベンダ識別子**（OUI）などといわれ、IEEEが管理および割当てを行い、**残りの3バイト**は**製品識別子**などといわれ、各ベンダが独自に重複しないよう管理している。（令和4年第1回）

☑**IPアドレスからMACアドレス**を求めるためのプロトコルは、**ARP**（Address Resolution Protocol）といわれ、**MACアドレスからIPアドレス**を求めるためのプロトコルは、**RARP**（Reverse ARP）といわれる。（令和4年第1回）

■2 IPv4

(1) IPv4ヘッダ

☑優先制御や帯域保証に対応しているIPv 4ベースのIP網において、IPv 4ヘッダにおける**ToS**フィールドは、IPデータグラムの優先度や、データグラム転送における遅延、スループット、信頼性などのレベルを示している。（令和4年第1回）

(2) ホストアドレス数の計算

☑IPv 4、クラスBのIPアドレス体系でのLANシステムの設計において、サブネットマスクの値として**255.255.252.0**を指定すると、1サブネットワーク当たり最大**1,022**個の**ホストアドレス**が付与できる。（令和4年第1回）

ホスト部のビット数

ホストアドレスの算出公式　ホストアドレス数＝2の［X乗］－2

ネットワークアドレスとブロードキャストアドレス

問題文ではホストアドレス数が1022になっているので、公式にあてはめると

▼

1022=2の10乗－2 ▶ ホスト部のビット数が10とわかる。

ホスト部のビット数が10なので2進数表記したアドレスの末尾に0が10個続く

▼

11111111.11111111.11111100.00000000（アドレスの2進数表記）

▼10進数表記になおして

255.255.252.0000

☑IPv 4、クラスCのIPアドレス体系でのLANシステムの設計において、サブネットマスクの値として**255.255.255.192**を指定すると、1サブネットワーク当たり最大**62**個の**ホストアドレス**が付与できる。(令和4年第2回)

ホスト部のビット数

ホストアドレスの算出公式 ホストアドレス数＝2の［X乗］－2

ネットワークアドレスとブロードキャストアドレス

問題文ではホストアドレス数が62になっているので、公式にあてはめると

▼

62＝2の6乗－2 ▶ ホスト部のビット数が6とわかる。

ホスト部のビット数が6なので2進数表記したアドレスの末尾に0が6個続く

▼

11111111.11111111.11111111.11000000（アドレスの2進数表記）

▼10進数表記になおして

255.255.252.192

■3 IPv6

(1) IPv6ヘッダ

☑IPv6ヘッダにおいて、IPv6パケットの優先度の識別などに用いられるフィールドは、**トラヒッククラス**といわれ、IPv4ヘッダにおけるToSに相当する。(令和2年第2回)

(2) IPv6アドレス

☑IPv6アドレスは、**ユニキャスト**アドレス、**マルチキャスト**アドレスおよび**エニーキャスト**アドレスの3種類のタイプが定義されている。(平成28年第1回)

☑**ユニキャスト**アドレスは、アドレス構造を持たずに16バイト全体でノードアドレスを示すものと、先頭の複数ビットがサブネットプレフィックスを示し、残りのビットがインタフェースIDを示す構造を有するものに大別される。(平成28年第1回)

☑ユニキャストアドレスのうちリンクローカルユニキャストアドレスは、特定リンク上に利用が制限されるアドレスであり、128ビット列のうちの上位16ビットを16進数で表示すると**fe80**である。(平成28年第1回)

☑IPv6アドレスは128ビットで構成され、マルチキャストアドレスは、128ビット列のうちの**先頭8ビット**が全て1である。(平成30年第2回)

■4　ICMPv6

IPv6にて、インターネットが正常に繋がっているかを確認するものです。

異常がある場合は、エラー表示を出してくれます。

☑ICMPv6の情報メッセージでは、IPv6のアドレス自動構成に関する制御などを行う**ND**（Neighbor Discovery）プロトコルやIPv6上でマルチキャストグループの制御などを行うMLD（Multicast Listener Discovery）プロトコルで使われる**メッセージなどが定義**されている。（令和3年第2回）

☑IETFのRFCでは、ICMPv6は、IPv6に不可欠な一部であり、全てのIPv6ノードは完全にICMPv6を**実装しなければならない**とされている。（令和3年第2回）

■5　IPv4とIPv6パケット分割処理の違い

①MTU

MTUは、1回の転送で送信することのできるデータの最大転送容量を示します。

容量がMTUを超えた場合、IPv4とIPv6では処理が異なります。

②IPv4でのパケットの分割処理

MTUを超える大きなデータを分割送信することを「**フラグメント化**」といいます。

IPv4では、中継ノードでフラグメント化し、分けて送ることができます。

フラグメント化を実施するか否かは、**DFビット**（DFはDon't　Fragmentの略。すなわちフラグメント化禁止ビット）の設定で決められています。

DFビットが“1”（ON）と設定されているとき、MTUサイズを超えたパケットはフラグメント化されず、破棄されます。

☑IPv4では、中継ノードで転送されるパケットのDFビット値が**1**の場合は、パケットの送信元ノードから送信先ノードまでのパスにおいて、パスの最小ＭＴＵ値より大きなパケットは**分割されずに破棄**される。（平成28年第1回）

DFビット値が0→分割して転送される。
DFビット値が1→分割されずに破棄される。

③IPv6でのパケットの分割処理とPMTUD

IPv6では、中継ノードではフラグメント化を行いません。そのため、DFビットなどもありません。

IPv6では送信元ノードのみがパケットを分割することができるため、パスMTU探索機能(**PMTUD**)により、あらかじめ転送可能なパケットの最大長を検出します。

☑IPv6の中継ノード(ルータなど)で転送されるパケットについては、送信元ノードのみがパケットを分割することができ、中継ノードはパケットを分割しないで転送するため、**PMTUD**機能を用いることにより、あらかじめ送信先ノードまでの間で転送可能なパケットの最大長を検出する。(平成27年第1回)

☑IPv6ネットワークのパケット転送においては、**送信元ノードのみ**がパケットを分割することができ、中継ノードはパケットを分割しないで転送するため、パスMTU探索機能により、あらかじめ送信先ノードまでの間で転送可能なパケットの最大長を検出する。(平成28年第2回)

☑IPv6ネットワークでは、送信しようとしたパケットがリンクMTU値より大きいため送信できない場合などに、パケットサイズ過大(Packet Too Big)を示す**ICMPv6**のエラーメッセージがパケットの送信元に返される。(平成28年第2回)

■6　ネットワーク管理コマンド

コマンドプロンプトなどを使った管理コマンドは多岐に渡るので、頻出の「ipconfigコマンド」「tracertコマンド」に絞って確認しておきます。

☑**ipconfig**コマンドは、ホストコンピュータの構成情報であるIPアドレス、サブネットマスク、デフォルトゲートウェイを確認する場合などに用いられる。(令和4年第2回)

☑**tracert**コマンドは、IPパケットのTTLフィールドを利用し、ICMPメッセージを用いることでパスを追跡して、通過する各ルータと各ホップのRTTに関する**コマンドラインレポート**を出力する。(令和元年第2回)

Theme 4

通信プロトコル

技術・理論の第4問などに出題されるATM、EoMPLS、イーサネットフレームなどについてまとめています。

重要度：★★☆

●ATM方式は他の通信方式に取って代わられつつあるため、出題頻度は下がっています。

1 ATM

1 概要

ATMは、1本の回線を複数の仮想回線に分割して、通信を行うプロトコルです。データを**53バイト**の大きさの**セル**という単位に分けて送受信を行います。

セルは5バイトのヘッダと48バイトのペイロード（データ部）により構成されます。

①ATMのプロトコル階層

ATMプロトコルは表5-4-1のようにまとめられます。

表5-4-1　ATMプロトコル階層

OSI参照モデル	ATMプロトコル	
データリンク層	AAL（ATMアダプテーションレイヤ）	CS（コンバージェンスサブレイヤ）
		SAR（セル分解、組立てサブレイヤ）
	ATMレイヤ	
物理層	物理レイヤ	TC（伝送コンバージェンスサブレイヤ）
		PMD（物理媒体依存サブレイヤ）

●この範囲から1問程度（2点分）の出題が見込まれます。

②ATMレイヤ

ATMの中心的な機能を担うレイヤです。

送信では「セルの組立て、多重化」、受信では「多重化されたセルの分離、確認」などを行います。ルーティングや優先制御も行います。

③ATMアダプテーションレイヤ

上位からの送信データをペイロードに分割したり、ATMレイヤから受信したペイロードを元のデータに復元することなどを行います。

④ATM網の通信品質

セルの損失率、送達に要した時間、遅延時間のゆらぎなどのパラメータにより規定されています。

■2　物理レイヤ

物理媒体依存サブレイヤと伝送コンバージェンスサブレイヤより構成されます。

①物理媒体依存サブレイヤ

符号化や伝送路に合わせた電気・光変換などを行います。

光信号はＮＲＺ符合に、電気信号はCMI符合に伝送路符号化されます。

②伝送コンバージェンスサブレイヤ

必要に応じて空きセルを挿入するなどしてセル流の速度整合を行います。

伝送コンバージェンスサブレイヤで生成・挿入された空きセルは、転送先のATMレイヤには渡されません。

セル同期の確立およびセルヘッダの誤り訂正を行います。
セル同期では、自己同期スクランブラといわれるアルゴリズムが推奨されています。

■3　CLP

セルの廃棄に関するものです。

ヘッダ内にあるCLPのビット値が1のセルは、ATM網が輻輳状態になったときなどに優先して廃棄されます。

2　広域イーサネット

■1　広域イーサネットの概要

レイヤ2の機能を使用して、VPN(仮想専用線)を実現しています。

レイヤ2による接続なので、レイヤ3ではIP以外のプロトコルを使用できます。

☑広域イーサネットにおいて利用できるルーティングプロトコルには、EIGRP、IS-ISなどがある。(令和元年第2回)

■2　広域イーサネットとIP-VPNの違い

広域イーサネットがレイヤ2の機能を使用するのに対して、IP-VPNはレイヤ3の機能でVPNを実現します。その結果、ルーティングプロトコルの制限に差が出ます。

☑IP-VPNがレイヤ3の機能をデータ転送の仕組みとして使用するのに対して、広域イーサネットはレイヤ2の機能をデータ転送の仕組みとして使用する。(令和3年第1回)

3　イーサネットフレーム

イーサネットLANで使用されるフレームの形式を、イーサネットフレームといいます。

①構成例

フレームの先頭にはプリアンブル(**Preamble**)、後尾にはフレームチェックシーケンス(**FCS**)が付与されます。

プリアンブル(Preamble)は、クロックを再生するときに使用され、フレームチェックシーケンス(FCS)は、フレームのビット誤りをチェックするために使用されます。

②Preamble

☑イーサネットのフレームフォーマットを用いてフレームを送信する場合は、受信側に受信準備をさせるなどの目的で、フレーム本体ではない信号を最初に送信する。これは**Preamble**といわれ、7バイトで構成され、10101010のビットパターンが7回繰り返される。受信側は**Preamble**を受信中に受信タイミングの調整などを行う。(令和4年第1回)

---

③SFD

☑イーサネットのフレームフォーマットを用いてフレームを送信する場合は、受信側に受信準備をさせるなどの目的で、フレーム本体ではない信号を最初に8バイト送信する。これは7バイトのプリアンブルとそれに続く1バイトの**SFD**で構成され、**SFD**は10101011のビットパターンを持ち、この直後からイーサネットフレーム本体が開始されることを示す。(平成29年第1回)

④FCS

☑イーサネットフレームのフレームフォーマットの最後にある**FCS**は、フレームの伝送誤りを検出するために付加される情報であり、受信側では、一般に、フレームを受信し終えると**FCS**の検査を行う。(令和元年第2回)

4　MPLSとEoMPLS

1　MPLSの概要

パケットにラベルというあて先情報を記載したタグを付加することで、高速ルーティングを実現する転送技術。MPLS網を構成する主な機器には、MPLSラベルを付加したり、外したりするラベルエッジルータ(**LER**)と、MPLSラベルをみてフレームを高速中継するラベルスイッチルータ(**LSR**)があります。

MPLSフレームは、MPLS網の出口にあるLERに到達した後、MPLSラベルが取り除かれ、イーサネットフレームとしてネットワークに転送されます。

図5-4-2　MPLS網のイメージ図

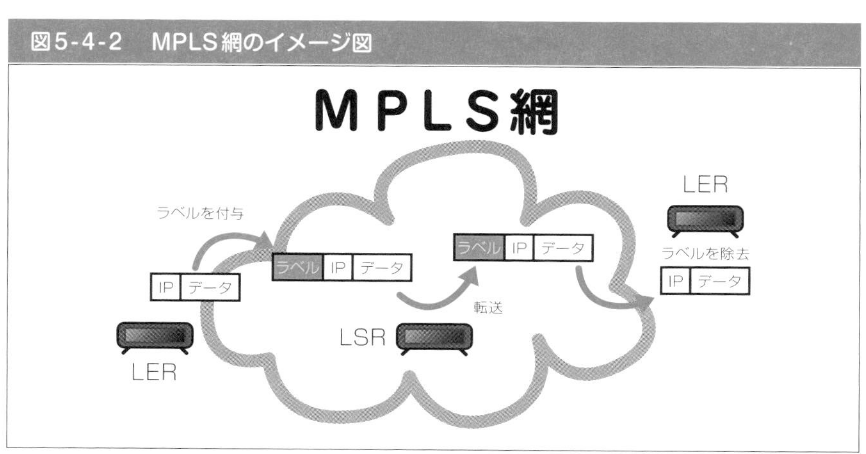

■2　EoMPLS

MPLSとイーサネットを合体させたもので、MPLS網にて、イーサネットフレームをカプセル化して転送することができます。

遠隔地にあるイーサネットLAN同士の接続を容易にし、拡張しやすくなるというメリットを持っています。

EoMPLSでは、転送されたイーサネットフレームは、MPLS網の入口にあるエッジルータでPA(Preamble/SFD)とFCSが除去され、L2ヘッダ(レイヤ2転送用ヘッダ)とMPLSヘッダ、そしてFCSが新たに付与されます。

EoMPLSでは、次の2ステップが行われます。

①エッジルータで、PAとFCSを除去。
②レイヤ2転送用ヘッダ(MACヘッダ)とMPLSヘッダ、FCSを新たに追加。

図5-4-3　EoMPLSのイメージ図

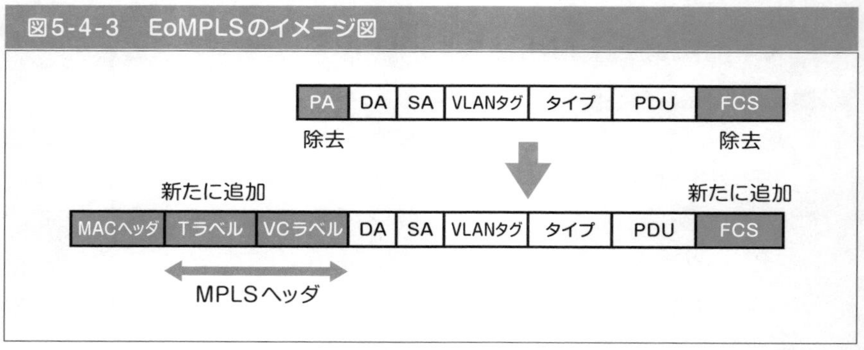

MPLSヘッダは、**Tラベル**と**VCラベル**から構成されています。

MPLS網の入口にあるLERに転送されたイーサネットフレームは、ユーザを特定するためのVCラベルが付加され、トンネルラベル(Tラベル)でカプセル化されます。

トンネルラベルは、MPLS網の出口にあるLERの一段前のLSRで削除されます。

MPLSフレームは、MPLS網の出口にあるLERに到達した後、ラベルが取り除かれ、イーサネットフレームとしてネットワークに転送されます。

MPLSとEoMPLSは試験頻出単元になっております。以下、過去問に出題された内容を確認しましょう。

☑EoMPLSにおけるラベル情報を参照するラベルスイッチング処理によるフレームの転送速度は、一般に、レイヤ3情報を参照するルーティング処理によるパケットの転送速度と比較して**速い**。（令和3年第2回）

☑MPLS網を構成する主な機器には、MPLSラベルを付加したり、外したりするラベルエッジルータと、MPLSラベルを参照してフレームを転送するラベルスイッチルータがある。（令和3年第2回）

☑MPLS網を構成する機器の1つである**ラベルスイッチルータ**（LSR）は、MPLSラベルを参照してMPLSフレームを高速中継する。（平成31年第1回）

☑広域イーサネットなどにおいて用いられるEoMPLSでは、ユーザネットワークのアクセス回線から転送されたイーサネットフレームは、一般に、MPLSドメインの入口にあるラベルエッジルータでPA（Preamble/SFD）とFCSが除去され、**L2ヘッダ**とMPLSヘッダが付与される。（平成30年第2回）

☑MPLSドメインの入口にあるLERに転送されたユーザのイーサネットフレームは、ユーザを特定するための**VCラベル**が付加され、トンネルラベルでカプセル化される。（平成27年第2回）

☑MPLSドメインの入口にある**LER**で転送用に付加されるMPLSヘッダは、トンネルラベルとVCラベルから構成され、Shimヘッダともいわれ、トンネルラベルはMPLS網内のラベルスイッチルータ（LSR）で付け替えられて転送される。（平成27年第2回）

☑トンネルラベルは、MPLSドメインの出口にあるLERの一段前の**LSR**で削除される。（平成27年第2回）

☑MPLS網内を転送されたMPLSフレームは、一般に、MPLSドメインの出口にあるラベルエッジルータ（LER）に到達した後、MPLSラベルの除去などが行われ、オリジナルの**イーサネットフレーム**としてユーザネットワークのアクセス回線に転送される。（令和2年第2回）

Theme 5

ブロードバンドアクセス技術

重要度：★★★

技術・理論の第2～5問などに出題される光アクセスネットワーク、CATV、ADSLなどについてまとめています。

●光アクセスネットワーク設備およびCATVに関する出題は増加傾向にあります。特にPONシステムは頻出です。

1 光アクセスネットワーク設備構成

光アクセスネットワーク設備構成は、SS、ADS、PONに分類されます。

図5-5-1　光アクセスネットワーク構成

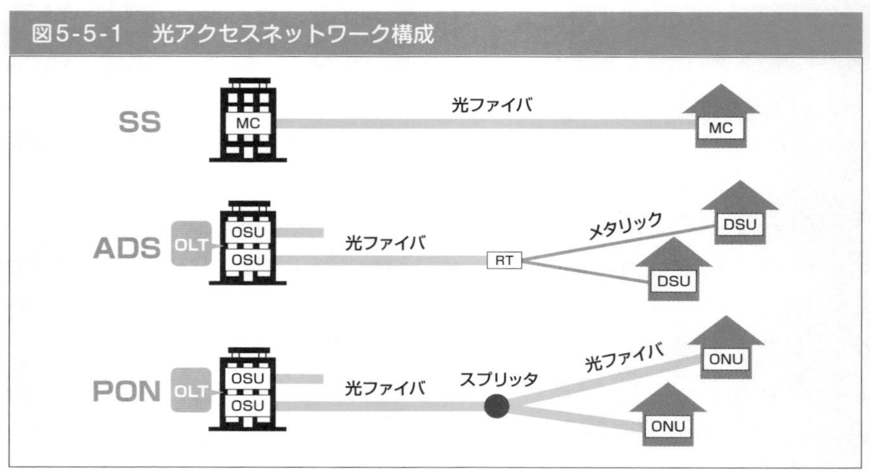

●この範囲から1～3問程度（2～6点分）の出題が見込まれます。
●光アクセスネットワークは技術革新が激しく、新問が生まれやすい分野です。

■1　SS方式

☑光アクセスネットワークの設備構成のうち、電気通信事業者の設備から配線された光ファイバ回線を分岐することなく、電気通信事業者側とユーザ側に設置されたメディアコンバータなどとの間を1対1で接続する構成は、**SS**といわれる。(平成28年第2回)

■2　ADS

☑RTという多重化装置を用い、光ファイバを複数のユーザで共有する方式。RTでは多重化すると共に光信号と電気信号の変換を行います。また、多重化装置には能動素子が用いられます。試験対策上は、後述するPONの方がより重要です。

■3　PON

☑光アクセスネットワークの設備構成として、電気通信事業者のビルから配線された光ファイバの1心を、光スプリッタを用いて分岐し、個々のユーザにドロップ光ファイバケーブルを用いて配線する構成を採るシステムは、**PON**といわれる。(令和4年第1回)

☑PONシステムにおいて、OLTはあらかじめ各ONUとの間の伝送時間を測定し、上り信号が衝突しない送出タイミングを算出して各ONUに通知する。この伝送時間を測定する処理は、**レンジング**といわれる。(令和2年第2回)

☑光アクセスネットワークに用いられる小型ONUは、個別電源を必要とするONUとは異なり、これに対応するルータ、ホームゲートウェイなどの機器に着脱することができ、装着の仕様として**SFP+**インタフェースが採用され、最大10ギガビット／秒の伝送速度に対応するPONには複数の方式があります。試験によく出るのはG-PON、GE-PON、10G-EPONなどです。(令和4年第1回)

①G-PON

☑光アクセスシステムを構成するPONの1つには、ITU-TG.984として標準化され、GEM方式を適用したGTCフレームを使用し、最大伝送速度が下り方向では2.4ギガビット／秒、上り方向では1.2ギガビット／秒の**G-PON**がある。(令和3年第2回)

②GE-PON

PON技術にギガビットイーサネット技術を取り込み、上り・下り共に最大1Gbit/sで情報伝送を行う方式です。

GE-PONは特に試験によく出るので、各項目まとめておきます。

(i)光スプリッタ(受動素子)による複数接続

☑GE-PONシステムは、OLTとONUとの間において、**光スプリッタ**などの**受動素子**を用いて光信号を合・分波し、1台のOLTに複数のONUが接続される。(平成30年第1回)

「給電が必要な能動素子」はひっかけです。

(ii)PAとLLID

☑GE-PONでは、OLTからの下り信号が放送形式で配下の全ONUに到達するため、各ONUは受信フレームの取捨選択をイーサネットフレームの**PA**(PreAmble)に収容されたLLIDといわれる識別子を用いて行っている。(平成27年第1回)

(iii)上り帯域制御

☑GE-PONの上り信号は光スプリッタで合波されるため、各ONUからの上り信号が衝突しないよう**OLT**が各**ONU**に対して送信許可を通知することにより、上り信号を時間的に分離して衝突を回避している。(平成31年第1回)

「ONUがOLTに対して送信許可を通知」はひっかけです。

☑GE-PONでは、OLTが配下の各ONUに対して上り信号を**時間的に分離**するため送信許可を通知し、各ONUからの上り信号は衝突することなく、光スプリッタで合波されてOLTに送信される。(平成27年第1回)

(iv) WDM

☑GE-PONシステムでは、1心の光ファイバで上り方向と下り方向の信号を同時に送受信するために、上りと下りで異なる波長の光信号を用いる**WDM**技術が用いられている。(令和3年第1回)

(v) P2MPディスカバリ

☑OLTは、ONUがネットワークに接続されるとそのONUを自動的に発見し、通信リンクを自動で確立する。この機能は**P2MPディスカバリ**といわれる。(平成28年第1回)

(vi) MACコントロール副層

☑GE-PONには、マルチポイント**MACコントロール副層**の機能として、大きく分けて**P2MPディスカバリ**に関するものと、**上り帯域制御**に関するものがある。(平成26年第1回)

(vii) DBAアルゴリズム

☑GE-PONでは、毎秒**1**ギガビットの上り帯域を各ONUで分け合うので、上り帯域を使用していないONUにも帯域が割り当てられることによる無駄をなくすため、OLTに**DBA**(動的帯域割当)**アルゴリズム**を搭載し、上りのトラヒック量に応じて柔軟に帯域を割り当てている。(平成26年第2回)

☑GE-PONのDBAアルゴリズムを用いたDBA機能には、一般に、**帯域制御**機能と**遅延制御**機能がある。(平成27年第2回)

③ 10G-EPON

☑10G-EPONのOLTは、同一光スプリッタ配下に10G-EPON用のONUとGE-PON用のONUを接続するために、**ONUからOLT方向の通信速度と強度**の異なる断片的な光信号を処理することができるデュアルレートバースト受信器を搭載している。(令和4年第1回)

5
【技術・理論編】ネットワーク技術

■3　光アクセスネットワーク設備構成一般

☑電気通信事業者のビルから集合住宅のMDF室などに設置された回線終端装置までの区間には光ファイバケーブルを使用し、MDF室などに設置されたVDSL集合装置から各戸への配線に既設の電話用の配線を利用する形態のものがある。(令和3年第1回)

☑光アクセスネットワークには、**波長分割多重**伝送技術を使い、上り、下りで異なる波長の光信号を用いて、1心の光ファイバで上り、下りの信号を同時に送受信する全二重通信を行う方式のものがある。(令和2年第2回)

2　CATV

一般に、CATVインターネットでは、光ファイバと同軸ケーブルを組み合わせた**HFC**方式が採用されています。

HFC方式含め、過去に問われた内容を整理しておきます。

☑CATVセンタからの映像をエンドユーザへ配信するCATVシステムにおいて、ヘッドエンド設備からアクセスネットワークの途中の光ノードまでの区間に光ファイバケーブルを用い、光ノードからユーザ宅までの区間に同軸ケーブルを用いて配線する構成を採る方式は、**HFC**といわれる。(平成30年第2回)

☑CATVセンタとエンドユーザ間の伝送路に光ファイバを用いた映像配信を行うCATVシステムにおいて、周波数多重された多チャンネル映像信号で光信号をそのまま強度変調する方式は、一般に、**SCM**方式といわれる。(令和3年第1回)

☑CATV網を利用する高速データ通信の規格であるDOCSIS3.1は、使用周波数帯の拡張、誤り訂正符号としてのLDPC符号の採用、多重化方式にマルチキャリア方式で周波数利用効率の高い**OFDM**の採用などによって伝送速度の向上を図っている。(令和4年第1回)

3 ADSL

(1) ADSLの概要

電話用に敷設されたメタリック伝送路を用いて、高速デジタル通信を実現する技術を**xDSL**といいます。代表的なものにADSLがあります。

従来の電話回線はアナログ信号を使用帯域幅0～約4KHzで使用しているのに対し、x DSLでは4kHzを超える高い周波数帯域を利用して、デジタル信号を高速伝送しています。

(2) ADSLの変調方式

ADSLの変調方式は**DMT**方式が採用されています。

(3) Annex C

ADSLはISDNと周波数が近いため、ISDNとの干渉がよく問題になっていました。**Annex C**は、ADSLとISDNの干渉を緩和する規定として制定されました。

(4) 位相同期

デジタル交換網における**位相同期**には、フレーム位置を合わせる位相同期とビット位置を合わせる位相同期があります。

Theme 6

LAN構成機器、その他重要事項

重要度：★★★

技術・理論の第5問などに出題されるLAN構成機器、その他重要事項についてまとめています。

●LAN構成機器はレイヤ1、レイヤ2、レイヤ3の特徴を意識しながら覚えていくと、記憶が整理されやすくなります。

1 レイヤ1～3の概要

■1 レイヤ1（物理層）

レイヤ1は物理層ともいわれ、電気信号の伝送方法などを規定します。

■2 レイヤ2（データリンク層）

レイヤ2はデータリンク層ともいわれます。

通信単位が「フレーム」と呼ばれるデータ列になります。

各端末には識別子（**MACアドレス**）が割り当てられ、フレームには送信元と宛先のアドレスの情報が含まれます。

レイヤ2では、MACアドレスにより、同一のスイッチなどに接続されている端末同士の通信が可能になります。このネットワークの範囲を**LAN**といいます。

■3 レイヤ3（ネットワーク層）

レイヤ3は、ネットワーク層ともいい、LAN同士の接続を実現します。

レイヤ3では、データ列を「**パケット**」という単位で扱います。

レイヤ3の代表的な技術はインターネットプロトコル（IP）です。

IPの通信単位はIPパケット、IPで使われるアドレスはIPアドレスと呼ばれます。

- この範囲から1～2問程度（2～4点分）の出題が見込まれます。
- LAN構成機器に関しては、昔よりも出題頻度は下がってきていますが、重要単元であることには変わりありません。確実に正解できるようにしておきましょう。

2　ネットワーク構成機器

■1　リピータハブ

☑OSI参照モデルにおける**物理層**（レイヤ1）で動作し、信号の増幅、整形および中継を行う。（平成31年第1回）

LANの伝送距離を延長する場合などに用いられ、接続されたLANは同じアクセス制御方式で使用されます。

レイヤ1スイッチともいわれ、全ポートに受信したフレームを転送します。

■2　レイヤ2スイッチ（ブリッジ）

どちらもレイヤ2で用いられる機器です。

レイヤ2では**MACアドレス**を元に通信を行い、MACアドレスはアドレステーブルで管理されます。

☑ネットワークを構成する機器であるレイヤ2スイッチは、受信したフレームの**送信元MACアドレス**を読み取り、アドレステーブルに登録されているかどうかを検索し、登録されていない場合はアドレステーブルに登録する。（令和3年第1回）

☑ブリッジは、**MACアドレス**にもとづいて信号の中継を行う。（平成31年第1回）

MACアドレスとIPアドレスを逆にしたひっかけがよく出ています。

■3　レイヤ3スイッチ

レイヤ3スイッチは、次のような特徴・機能を持ちます。

☑L3スイッチは、OSI参照モデルにおける**ネットワーク層**が提供する機能を利用して、異なるネットワークアドレスを持つLAN相互の接続ができる。（平成31年第1回）

☑L3スイッチには、一般に、受信したフレームを**MACアドレス**に基づいて中継する**レイヤ2**処理部と、受信したパケットを**IPアドレス**に基づいて中継する**レイヤ3**処理部がある。（平成31年第1回）

☑L3スイッチでは、RIPやOSPFなどのルーティングプロトコルを用いることができる。（平成31年第1回）

☑レイヤ3スイッチは、VLANとして分割したネットワークを相互に接続することができるVLANネットワーク相互を接続することが**できる**。（令和3年第2回）

☑レイヤ2対応のレイヤ3スイッチは、受信フレームの**送信元MACアドレス**を読み取り、アドレステーブルの登録を検索し、未登録の場合はアドレステーブルに登録する。（令和3年第2回）

■4　ルータとレイヤ3スイッチ

どちらもレイヤ3で動作をしますが、違う性質を持ちます。

☑ルータは、CPUを用いたソフトウェア処理によりフレームを転送する。これに対し、レイヤ3スイッチは、ASIC（特定用途向けIC）を用いたハードウェア処理によりフレームを転送する。このためルータは、一般に、レイヤ3スイッチと比較して転送速度が遅い。（令和3年第2回）

☑レイヤ3スイッチは、ASIC（特定用途向けIC）を用いたハードウェア処理によりフレームを転送する。これに対し、ルータは、CPUを用いたソフトウェア処理によりフレームを転送する。このためレイヤ3スイッチは、一般に、ルータと比較して転送速度が速い。（令和2年第2回）

同じ内容を言い換えただけなことに気づきましたか。よく出る内容なので、どちらで聞かれても対応できるようにしておきましょう。

■5　スイッチングハブの転送方式

転送方式には3種類あります。

①ストアアンドフォワード

1つのフレーム**全体を受信**した後、メモリに蓄積（ストア）してから、**FCS**によるエラーチェックを行い、問題なければ転送（フォワード）する方式。

②カットアンドスルー

フレームの先頭**6byte**だけ（**宛先MACアドレス**だけ）を読み込み、転送する。

③フラグメントフリー

フレームの先頭**64byte**だけを読み込み、フレームが正常か確認して、問題がある場合は破棄して、正常であれば転送する方式。

■6　オートネゴシエーション機能とFLP

☑ツイストペアケーブルを使用したイーサネットによるLANにおいて、対向する2つの機器の**オートネゴシエーション機能**が共に有効化されている場合、双方の機器が**FLP**信号を送受信することで互いのサポートする通信速度と通信モードを検出し、決められた優先順位から適切な通信速度と通信モードを自動的に決定する。
(令和3年第2回)

3　その他重要事項

■1　IoT技術(PLC)

☑IoTを実現するデバイスへの接続に用いられる技術のうち、屋内の**電気配線などを通信路として利用**し、搬送波の周波数として10キロヘルツ～450キロヘルツまたは2メガヘルツ～30メガヘルツを使用して情報を伝送する方式は、一般に、**PLC**といわれる。(令和3年第1回)

■2　波形劣化の評価(アイパターン)

☑パルス信号が伝送路などで受ける**波形劣化の評価**に用いられ、オシロスコープにデジタル信号の1ビットごとのパルス波形を重ね合わせて表示した画像は、一般に、**アイパターン**といわれる。アイパターンの振幅方向と時間軸方向の劣化状況から、劣化要因を視覚的に評価することができる。(令和3年第2回)

Question

問題を解いてみよう

下線部分の内容が正しいかどうか答えよ

問1 **R点**は、NT1とNT2の間に位置し、主に電気的・物理的な網機能について規定されている。

問2 **S点**は、アナログ端末などの非ISDN端末を接続するために規定されており、TAを介して網に接続される。

問3 1.5メガビット/秒方式のISDN一次群速度ユーザ・網インタフェースでは、24個のFビットを活用することができる。これらのFビットは、フレーム同期、CRCビット誤り検出および**呼制御メッセージ**として使用されている。

問4 1.5メガビット/秒方式のISDN一次群速度ユーザ・網インタフェースにおけるフレーム構成について、1マルチフレームは**193ビットのフレームを24個集めた24フレームで構成**される。

問5 ISDN基本ユーザ・網インタフェースにおけるレイヤ2では、バス配線に接続されている1つまたは複数の端末を識別するための識別子として**LAPB**が用いられる。

問1 正解：×

解説

正しくは**T点**です。

問2 正解：×

解説

正しくは**R点**です。

問3 正解：×

解説

Fビットは、フレーム同期信号、CRCビット誤り検出および**リモートアラーム表示**に使用されています。

問4 正解：○

解説

正しい内容です。フレーム構成は頻出事項ですので、ビット数を含めて正確に覚えておきましょう。

問5 正解：×

解説

特定の端末を識別するための識別子を、**TEI**といいます。

MEMO

第6章

［技術・理論編］トラヒック理論（大問5）

Theme

トラヒック理論

技術・理論の第5問に出題されるトラヒック理論についてまとめています。

重要度：★★★

●トラヒック理論は難解な言い回しが多く、簡単には理解できない部分も少なくありません。ある程度は「そういうものだ」と割り切って覚えていくことが、学習のコツです。計算問題が苦手な場合は、先に暗記事項を固めておきましょう。

1　トラヒック理論の重要暗記事項

■1　呼と回線保留時間

アナログ電話回線において、通信回線を占有する状態を「**呼**」といい、呼が回線を占有する時間を**回線保留時間**といいます。

■2　ランダム呼の生起条件

呼の発生がランダムに起こると考えられるものを**ランダム呼**といいます。

ランダム呼の生起確率は、**ポアソン分布**に従うとされています。

ランダム呼に関しては、次の3つの条件を覚えておきましょう。

①**定常性**がある：呼の生起確率は一定。

②**残留効果がない**：呼の生起は互いに独立、無関係。

③**希少性**がある：短時間に複数の通信が発生する確率は、無視できる。

●この範囲から3問程度（6点分）の出題が見込まれます。
●トラヒック理論は、新問は出にくいところです。過去問の内容をしっかりと取り組めば、安定して得点ができるようになっています。

☑十分短い時間をとれば、その間に2つ以上の呼が生起する確率は**無視できるほど小さい**。(平成30年第1回)

☑いつの時点でも呼が生起する確率は**一定**である。(平成30年第1回)

「呼が生起する確率は**変動**している」というひっかけがよく出ます。

☑ある呼が生起する確率はその前に生起した呼の数に**左右されない**。(平成27年第1回)

3　呼数と呼量

電話の呼の数を**呼数**と呼びます。

☑ある時間の間に出回線群で運ばれた呼量は、同じ時間の間にその出回線群で運ばれた呼の平均回線保留時間中における**平均呼数**の値に等しい。(平成29年第2回)

運ばれた呼量＝a_c、運ばれた呼数＝C、平均回線保留時間＝h、調査時間＝Tとすると、

基本式$a_c = \dfrac{C \times h}{T}$が導かれます。

4　即時式と待時式（呼損率と待ち率）

回線が全て使用中で空き回線が無いときの処理の仕方によって、即時交換方式（**即時式**）のものと、待時交換方式（**待時式**）のものとに分かれます。

即時交換方式（即時式）では、発信者に話中であることを伝え、その呼を諦めさせます。このとき、呼が繋がらない確率を**呼損率**といいます。

待時交換方式（待時式）では、回線に空きが出るまで待たせることができます。

呼が待たされる確率を**待ち率**といいます。

☑**即時式**の系において、生起した呼が出回線塞がりに遭遇する確率は、**呼損率**といわれる。(平成31年第1回)

即時式のところを**待時式**とするいうひっかけがよく出ます。

6 ［技術・理論編］トラヒック理論

■5　完全線群と不完全線群

回線のうち、1回線でも空いていれば必ず接続できる交換線群を完全線群といいます。一方、空いている回線があっても、接続できない場合があるものを不完全線群といいます。

☑出回線数がNの即時式完全線群において、加わった呼量がaアーラン、出線能率がηであるとき、呼損率は $\frac{a-N\times\eta}{a}$ で求められる。（令和2年第2回）

☑入回線数および出回線数がそれぞれ等しい即時式完全線群と即時式不完全線群とを比較すると、加わった呼量が等しい場合、呼損率は**即時式不完全線群の方が大きい。**（令和4年第1回）

完全線群は空きがあれば必ずつながる。不完全線群は空きがあってもつながらない事がある。
両者を比較すると、不完全線群の方がつながらない確率（呼損率）が大きくなるのは当然といえます。

■6　呼量の計算

通信量を表すものは**呼量**と呼ばれ、単位は**アーラン**で表されます。

ある回線群で運ばれた呼量は、出回線群の平均同時接続数、1時間当たりの出回線群における保留時間の総和などで表されます。

また、加わった呼量をaアーラン、そのときの呼損率をBとすると、この回線群で運ばれた呼量は、**a(1－B)アーラン**で表すことができます。

運ばれた呼量＝加わった呼量×(1－呼損率)

呼量には「加わった呼量」と「運ばれた呼量」の違いがあり、区別する必要があります。

■7　トラヒック量

通信量を表すものを**トラヒック量**といいます。

☑ある回線群が運んだ1時間当たりの**トラヒック量**は、運ばれた呼の平均回線保留時間中における平均呼数に等しくなる。（令和3年第1回）

☑即時式完全線群の回線群で運ばれた**呼量**は、出回線群の平均同時接続数、出回線群における1時間当たりの**トラヒック量**などで表される。（令和4年第2回）

■8　出線能率（回線使用率）

出線が運ぶことのできる最大の負荷に対する実際の負荷の割合を、出線能率（回線使用率）といいます。

☑即時式完全線群の出回線群における**出線能率**は、**運ばれた呼量**を**出回線数**で除することにより求められる。（令和4年第2回）

「出回線数を運ばれた呼量で除する」というひっかけが出題されています。（逆になっている）

☑完全線群のトラヒックにおいて、出回線数及び生起呼量が同じ条件であるとき、待時式の系は、即時式の系と比較して**出線能率**が**高くなる。**（令和3年第2回）

■9　総合呼損率

公衆交換電話網においては、1つの呼の接続が完了するためには、複数の交換機で出線選択を繰り返します。

生起呼が、どこかの交換機で出線全話中に遭遇する確率を**総合呼損率**といいます。総合呼損率に関して、次の内容を覚えておきましょう。

☑公衆交換電話網（PSTN）において1つの呼の接続が完了するためには、一般に、複数の交換機で出線選択を繰り返す。生起呼がどこかの交換機で出線全話中に遭遇する確率、すなわち、総合呼損率は、各交換機における出線選択時の呼損率が十分小さければ、各交換機の呼損率の**和**にほぼ等しい。（令和2年第2回）

また、総合呼損率の公式も頻出事項です。

☑呼が経由するn台の交換機の出線選択時の呼損率をそれぞれ$B_1, B_2, \cdots, B_n$とすれば、**総合呼損率**は、**$1-(1-B_1)(1-B_2)\cdots(1-B_n)$**の式で表される。（令和3年第2回）

■10　アーランB式（アーランの損失式）

☑アーランB式は、**入線数無限**、**出線数有限**の即時式完全線群のモデルにランダム呼が加わり、呼の回線保留時間分布が指数分布に従い、かつ、損失呼は**消滅する**という前提に基づき、呼損率を確率的に導く式である。（平成28年第1回）

アーランの損失式は、出回線数をS、生起呼量をaアーラン、呼損率をBとしたとき、Bは、次の式で表されます。

$$\frac{\frac{a^S}{S!}}{1+\frac{a}{1!}+\frac{a^2}{2!}+\cdots+\frac{a^S}{S!}}$$

この式をアーランB式といいます。選択肢の中から公式が選べれば大丈夫です。

2　トラヒック理論の計算問題

計算問題は、過去問の解放を通じて学習していくのが効率的です。

また、計算式だけではわかりにくい場合に備えて動画解説もご用意しておりますので、必要に応じてご活用ください。

■1　呼数の計算

★過去問チェック！（出典：令和２年第２回）▶解説動画

ある回線群についてトラヒックを20分間調査し、保留時間別に呼数を集計したところ、表に示す結果が得られた。調査時間中におけるこの回線群の総呼量が3.0アーランであるとき、1呼当たりの保留時間が200秒の呼数は、4呼である。

1呼当たりの保留時間	110秒	120秒	150秒	200秒
呼　数	5	10	7	(x)

本問では、**延べ保留時間**を計算し、そこから呼数を求めます。

延べ保留時間は、**延べ保留時間＝総呼量×調査時間**で計算できます。

調査時間は20分となっていますが、これを秒に統一して1200秒

よって、延べ保留時間＝3.0×1200＝3600

延べ保留時間は**呼数×1呼あたりの保留時間**で計算した各保留時間の和と等しくなります。

表より、延べ保留時間＝**(110×5)＋(120×10)＋(150×7)＋(200×x)**

3600＝550＋1200＋1050＋200x＝2800＋200x　∴x＝4

■2 出線能率の計算

★過去問チェック！（出典：令和３年第２回）▶解説動画

出回線数が16回線の回線群について、使用中の回線数を2分ごとに調査したところ、表に示す結果が得られた。この回線群の調査時間中における出線能率は、25パーセントとみなすことができる。

調査時刻	9:00	9:02	9:04	9:06	9:08	9:10	9:12	9:14	9:16	9:18
使用中の回線数	3	3	4	3	2	5	10	4	4	2

本問では16回線あり、これが全て使用されていれば回線使用率すなわち出線能率は100パーセントとなります。（$\dfrac{\text{使用回線数}}{\text{合計回線数}}\times 100 = \text{出線能率}\ [\%]$）

表より、調査は2分ごとに計10回調査されています。

このことから合計回線数を16×10＝160と計算し、このうち使用回線数が占める割合を求めます。

使用回線数＝3＋3＋4＋3＋2＋5＋10＋4＋4＋2＝40

よって、出線能率＝$\dfrac{40}{160}\times 100 = 25\ [\%]$

■3 総呼数の計算

★過去問チェック！（出典：平成31年第１回）▶解説動画

ある回線群の午前9時00分から午前9時20分までおよび午前9時20分から午前9時50分までの、それぞれの時間帯に運ばれた呼量および平均回線保留時間は、表に示すとおりであった。この回線群で午前9時00分から午前9時50分までの50分間に運ばれた総呼数は、336呼である。

調査時間	9時00分～9時20分	9時20分～9時50分
運ばれた呼量	20.0アーラン	18.0アーラン
平均回線保留時間	200秒	150秒

運ばれた呼量＝a_c、運ばれた呼数＝C、平均回線保留時間＝h（秒）、調査時間＝T（秒）とすると、$a_c = \dfrac{C\times h}{T}$ となり、これを変形して、$C = \dfrac{a_c\times T}{h}$ とおけます。

6 ［技術・理論編］トラヒック理論

9時00分～9時20分の呼数をC_1、9時20分～9時50分の呼数をC_2とすると、

$$C_1=\frac{20.0\times20\times60}{200}=120 \qquad C_2=\frac{18.0\times30\times60}{150}=216$$

よって、$C_1+C_2=336$

■4　回線の増設

★過去問チェック！（出典：令和４年第１回）▶ 解説動画

ある会社のPBXにおいて、外線発信通話のため発信専用の出回線が5回線設定されており、このときの呼損率は0.03であった。1年後、外線発信時につながりにくいため調査したところ、外線発信呼数が1時間当たり66呼で1呼当たりの平均回線保留時間が2分30秒であった。呼損率を0.03以下にするためには、表を用いて求めると、少なくとも2回線の出回線の増設が必要である。

即時式完全線群負荷表　単位：アーラン

n ＼ B	0.01	0.02	0.03	0.05	0.10
1	0.01	0.02	0.03	0.05	0.11
2	0.15	0.22	0.28	0.38	0.60
3	0.46	0.60	0.72	0.90	1.27
4	0.87	1.09	1.26	1.53	2.05
5	1.36	1.66	1.88	2.22	2.88
6	1.91	2.28	2.54	2.96	3.76
7	2.50	2.94	3.25	3.74	4.67
8	3.13	3.63	3.99	4.54	5.60
9	3.78	4.35	4.75	5.37	6.55
10	4.46	5.08	5.53	6.22	7.51

（凡　例）B：呼損率　n：出回線数

「1時間当たり66呼で1呼当たりの平均回線保留時間が2分30秒」から、1年後の呼量を求めます。

運ばれた呼量＝a_c、運ばれた呼数＝C＝66、平均回線保留時間＝h＝150（秒）、調査時間＝T＝3600（秒）とすると

$$a_c=\frac{C\times h}{T}\text{ より、}a_c=\frac{66\times150}{3600}=2.75$$

表より、B：呼損率0.03の列を見ると、2.75アーランは**2.54＜2.75≦3.25**の範囲にあるので、必要な回線数は7回線とわかる。

出回線が5回線設定されていることから、2回線の出回線の増設が必要。

■5　平均待ち時間

★**過去問チェック！**（出典：令和４年第２回）▶解説動画

あるコールセンタにおいて４人のオペレータへの平常時における電話着信状況を調査したところ、1時間当たりの顧客応対数が16人、顧客１人当たりの平均応対時間が6分であった。顧客がコールセンタに接続しようとした際に、全てのオペレータが応対中のため、応対待ちとなるときの平均待ち時間は、図を用いて算出すると**14.4**秒となる。

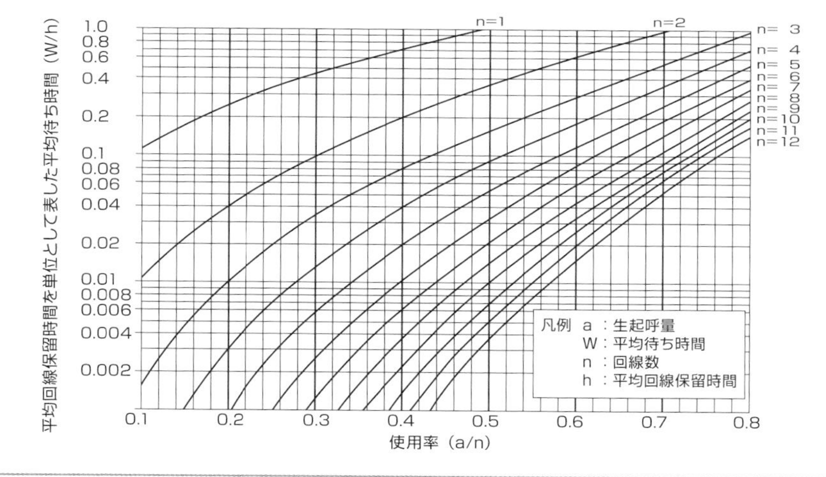

「1時間当たりの顧客応対数が16人、顧客１人当たりの平均応対時間が6分」から、呼量を求めます。運ばれた呼量＝a、運ばれた呼数＝C＝16、平均回線保留時間＝h＝360（秒）、調査時間＝T＝3600（秒）とすると

$$a=\frac{C\times h}{T}$$ より、$$a=\frac{16\times 360}{3600}=1.6$$

表下部に「使用率（a/n）」とあり、オペレータの数＝nとしてこの式から使用率を求めると、

$$\frac{a}{n}=\frac{1.6}{4}=0.4$$

使用率0.4かつn=4の交点をグラフから求めると「平均待ち時間（W/h）」＝0.04とわかる。「平均待ち時間（W/h）」から、h=360（秒）として求めると、

$$0.04=\frac{W}{h}$$ より、$$W=0.04\times 360=14.4$$

Question

問題を解いてみよう

問1　ある回線群において、40分間に運ばれた呼数が120呼、その平均回線保留時間が80秒であるとき、この回線群で運ばれた呼量はいくらか。

問2　ある回線群に加わった呼量が25.0アーラン、運ばれた呼量が17.5アーランであるとき、この回線群における呼損率はいくらか。

Answer

答え合わせ

問1　正解：4 アーラン

解説

解く上で、問題文中の「分」と「秒」を統一する必要があります。
一般的には、小さい単位に合わせる方がよいでしょう。
測定対象時間 T = 40 × 60 = 2400〔秒〕となります。
次に、呼量 a_c の基本式

$a_c = \frac{C \times h}{T}$ に代入します。

基本式における C は運ばれた呼数、h は平均回線保留時間です。

$$a_c = \frac{120 \times 80}{2400} = 4$$

よって運ばれた呼量は 4 アーランとなります。

問2　正解：0.3

解説

加わった呼量＝a
運ばれた呼量＝a_c
損失となった呼量＝$a - a_c$
呼損率 B = $\frac{a - a_c}{a}$

呼損率の式に各数値を代入すると、

$$呼損率 = \frac{25 - 17.5}{25} = \frac{7.5}{25} = 0.3$$

呼損率は 0.3 となります。

MEMO

第7章

［技術・理論編］情報セキュリティ技術（大問6）

Theme

1 情報セキュリティの概要、攻撃手法

重要度：★★☆

技術・理論の第6問に出題される情報セキュリティの内容についてまとめています。

- 技術の進歩が著しく、新問が出されやすいところです。
- 同じ第7章の中でも、Theme2、Theme3の内容の方が過去問からの出題が多くあります。

1 コンピュータウイルス等

■1 コンピュータウイルスの概要

広義のコンピュータウイルスは、行動別に、「狭義のウイルス」「ワーム」「トロイの木馬」に分類できます。これらを総称して、マルウェアともいいます。

■2 オートラン機能

ウイルスに感染したUSBメモリなどが、Windows系OSを使用しているPCに接続されると、OSのオートラン機能によりPCが感染するおそれがあります。

■3 ガンブラー

Webサイトを改ざんすることにより、Web感染型ウイルスをWebサイト閲覧者のパーソナルコンピュータに感染させようとする攻撃手法をガンブラーといいます。

- この範囲から1問程度（2点分）の出題が見込まれます。
- 新問が出る場合もありますが、過去問が出た場合は多くの受験生が正解してくるところですので、過去問範囲では落とさないようにしましょう。

2　不正アクセス等

ウイルス以外にも、不正アクセスなど様々な脅威が存在します。

(1) ポートスキャン

☑ポートスキャンの方法の1つで、標的ポートに対してスリーウェイハンドシェイクによるシーケンスを実行し、コネクションが確立できたことにより標的ポートが開いていることを確認する方法は、一般に、**TCP**スキャンといわれる。(令和4年第1回)

(2) SQLインジェクション

☑攻撃者が、**データベース**と連動したWebサイトにおいて、**データベース**への問合せや操作を行うプログラムの脆弱性を利用して、**データベース**を改ざんしたり、情報を不正に入手したりする攻撃である。(平成30年第1回)

(3) バッファオーバフロー攻撃

☑バッファオーバフロー攻撃は、あらかじめ用意したバッファに対して**入力データのサイズ**が適切であることのチェックを厳密に行っていないＯＳやアプリケーションの脆弱性を利用するものであり、サーバが操作不能にされたり特別なプログラムが実行されて管理者権限を奪われたりするおそれがある。(令和2年第2回)

(4) サイドチャネル

☑暗号化の処理を実行している装置が発する電磁波、装置の消費電力量、装置の処理時間などを外部から測定することにより、**暗号解読の手掛かり**を取得しようとする行為は、一般に、**サイドチャネル**攻撃といわれる。(令和4年第2回)

(5) Cookieの悪用

☑Webサーバで設定した値などを、Webブラウザを通じて利用者のコンピュータに保存させておくための仕組みは、**Cookie**といわれ、セッション管理に使用されますが、この情報が漏れると、なりすましが行われるおそれがある。(平成27年第1回)

(6) プロービング

☑ICカードに対する攻撃手法の1つであり、**ICチップ**の配線パターンに直接**針を当てて信号を読み取る**攻撃手法は、一般に、**プロービング**といわれる。(令和3年第2回)

(7) ソーシャルエンジニアリング

☑**人間の心理的な隙や行動のミス**などにつけ込むことにより、認証のために必要となるパスワードなどの重要な情報を盗み出す方法は、一般に、**ソーシャルエンジニアリング**といわれる。(平成28年第1回)

(8) パケットスニッフィング

☑ネットワーク上を流れるIPパケットを盗聴して、そこからIDやパスワードなどを拾い出す行為は、**パケットスニッフィング**といわれる。(平成28年第2回)

(9) IPスプーフィング

☑送信元IPアドレスを詐称することにより、別の送信者になりすまし、不正行為などを行う手法は、**IPスプーフィング**といわれる。(平成28年第2回)

(10) フィッシング

本物と思わせた偽のWebサイトにアクセスさせ、そのWebサイトで入力された情報を取得する手法はフィッシングといわれます。

(11) ARPパケット

LAN内で稼働している端末が持っているIPアドレスとMACアドレスの対応表をARPパケットにより書換える手法。攻撃者によって、意図的にこの対応表が書き換えられると、データを転送され、通信を盗聴されるおそれがあります。

(12) パスワードリスト攻撃

複数のサービスにおいてIDとパスワードの組合せを同じにしていると、いずれかのサービスでアカウント情報が漏洩した場合、パスワードリスト攻撃により別のサービスにおいても不正にログインされるおそれがあります。

(13) ウォードライビング

セキュリティ保護が十分でない無線LANのアクセスポイントを探し出す行為、または探し出して侵入する行為は、ウォードライビングといわれます。

(14) ゼロデイ攻撃

コンピュータプログラムのセキュリティ上の脆弱性が公表される前、または脆弱性の情報は公表されたがセキュリティパッチがまだない状態において、その脆弱性を狙って行われる攻撃は、ゼロデイ攻撃といわれます。

コラム

過去問だけでは合格できない!?

受験生の中には「過去問だけでは合格できない」「試験の問題も、過去問以外からたくさん出ている」と誤解している人が少なからずおられます。

過去問だけで合格可能な知識は得られるのですが、受験生が「過去問だけでは足りない」と勘違いしてしまうのも無理ありません。

試験センターが公開している過去問題の範囲が過去2年分（直近4回分）だけなのですが、この範囲だけを見ている限り知識量が「足りない」といわざるを得ません。

試験問題を分析してみるとわかりますが、本試験では過去問の公開範囲「外」から多く出されています。

その大半が直近4回分よりも前の過去問からの出題であり、まったくの新問というのは実は数えるほどしかありません。

「過去問だけでは合格できない」は迷信です。

過去問を複数年度に渡って取り組むことにより合格点レベルの知識は得られますので、安心して学習を進めてください。

Theme 2

端末設備とセキュリティ技術、防御方法

重要度：★★★

技術・理論の第6問に出題される情報セキュリティの内容についてまとめています。

●セキュリティ用語が多く出てきますので、混乱しないように、整理をしながら学習を進める必要があります。

1 暗号方式、デジタル署名、電子データの送受信

■1 暗号方式

(1) 共通鍵暗号方式

共通鍵方式は、暗合化と、復号化に同じ鍵を使う方式です。

共通の鍵を使うため、計算処理が高速になりますが、鍵の内容が知られると暗合が解読されてしまい、通信内容を第三者に盗み見られるおそれがあります。

☑共通鍵暗号方式は、公開鍵暗号方式と比較して、一般に、鍵の配送は**困難**であるが、暗号化・復号処理に時間が**かからない**。(平成25年第2回)

☑ストリーム暗号は、共通鍵暗号方式に分類され、RC4、SEALなどがある。(平成28年第1回)

●この範囲から3～4問程度(6～8点分)の出題が見込まれます。

●第6問の要となるところです。十分に注意しておきましょう。

(2) 公開鍵暗号方式

公開鍵暗号方式では、暗号化は公開鍵にして、復号化を秘密鍵にします。共通鍵方式よりも計算処理に時間がかかる一方、安全性が高いといわれています。代表的なものに、**RSA暗号**があります。

☑公開鍵暗号方式は、共通鍵暗号方式と比較して、一般に、鍵の配送と管理が容易である。(平成28年第1回)

☑RSAは、**素因数分解問題の困難さ**を利用した公開鍵暗号方式の1つである。(平成28年第1回)

---

(3) 公開鍵暗号方式とデジタル署名

デジタル署名を用いると、第三者による送信データの改ざんの有無と送信者のなりすましを確認することができます。また、送信者がデータを送信したことを後になって否認することができなくする否認防止の機能があります。
公開鍵暗号方式を使用する場合、送信者の秘密鍵と公開鍵が用いられます。

☑デジタル署名は、一般に、公開鍵暗号方式を利用して、ユーザ認証およびメッセージ認証を行う。(平成28年第1回)

---

(4) ハイブリッド暗号方式

☑ハイブリッド暗号方式は、共通鍵暗号と公開鍵暗号を組み合わせた方式であり、PGP、SSLなどに利用されている。(平成25年第2回)

☑ハイブリッド暗号方式では、共通鍵で暗号化された暗号文と公開鍵で暗号化された共通鍵を受け取った受信者は、その公開鍵で暗号化された共通鍵を**受信者の秘密鍵**で復号し、その復号した共通鍵を使用して、暗号文を復号し、平文を取り出す。(令和2年第2回)

■2　暗号方式、デジタル署名、電子データの送受信

(1) メッセージ認証

☑電子データが悪意のある第三者によって不正に変更されていないことを確認するための手段として、一般に、メッセージ認証が有効とされている。(平成30年第2回)

---

7 【技術・理論編】情報セキュリティ技術

(2) スパムメール対策

☑ISP (Internet Service Provider) によるスパムメール対策として、ISPがあらかじめ用意しているメールサーバ以外からのメールをISPの外へ送信しない仕組みは、**OP25B**といわれる。(平成30年第2回)

(3) 暗合化電子メール

電子メールの暗合化プロトコルに、PGPとS/MIMEがあります。

☑**PGP**を電子メールで利用する場合には、一般に、送信者側は電子メールのメッセージを**共通鍵**で暗号化して、その鍵を送信相手の**公開鍵**を用いて暗号化するハイブリッド暗号方式が用いられる。(令和3年第1回)

☑PGPは公開鍵を証明する**第三者機関は不要**であるが、S/MIMEは公開鍵を証明する**第三者機関が必要**である。(平成27年第2回)

☑S/MIMEは、第三者の認証機関により保証された**デジタル証明書**を用いる電子メールの暗号化方式である。(令和3年第1回)

2 認証方式

(1) バイオメトリクス認証

☑バイオメトリクス認証では、認証時における被認証者本人の体調、環境などにより入力される生体情報が変動する可能性があるため、照合結果の判定には一定の許容範囲を持たせる必要がある。許容範囲は、本人拒否率と他人受入率を考慮して判定の**しきい値**より決定される。(令和元年第2回)

(2) シングルサインオン

☑認証を要求する複数のシステムを利用する場合、一般に、個々のシステムごとに認証を行う必要があるが、**利用者が認証を一度行う**ことにより、**個々のシステムへの**アクセスにおいて利用者による**認証の操作を不要**とする仕組みが用いられることがある。この仕組みは、一般に、**シングルサインオン**といわれる。(令和3年第1回)

3　NAT・NAPTとファイアウォール

■1　NATとNAPT

(1) NAT・NAPTの特徴

NATは、プライベートIPアドレスとグローバルIPアドレスの変換を行う技術です。

☑NATやNAPTは、プライベートIPアドレスをグローバルIPアドレスに変換し、また、逆の変換も行う。(令和2年第2回)

☑NATやNAPTを用いると、組織内部で使用している**発信元IPアドレス**を外部に対して隠蔽することができ、セキュリティレベルを高めることができる。(令和2年第2回)

☑NATやNAPTは、プライベートIPアドレスの節約に有効であり、一般に、**パケットフィルタリング型**のファイアウォールの機能として搭載されていることが多い。(令和2年第2回)

(2) NAT・NAPTの違い

NATは1対1で対応するのに対して、NAPTではポート番号を利用することにより1対複数に対応できます。

☑**NAPT**は、複数のプライベートIPアドレスを、一つのグローバルIPアドレスに割り当てることができるため、同時に複数台のパーソナルコンピュータからのインターネット接続が可能である。(令和2年第2回)

■2　ファイアウォール

(1) DMZ

ファイアウォールによってインターネットからも内部ネットワークからも隔離された区域は、DMZといわれます。

(2) ファイアウォールの方式

ファイアウォールのアクセス制御をネットワークのどの階層で行うかによって、パケットフィルタリング型、アプリケーションゲートウェイ型、サーキットレベルゲートウェイ型に分類できます。

☑ネットワーク層とトランスポート層で動作し、パケットのIPヘッダとTCP/UDPヘッダを参照することで通過させるパケットの選択を行うファイアウォールは、一般に、**サーキットレベルゲートウェイ**型といわれる。(平成29年第2回)

4 IDS(侵入検知システム)

ファイアウォールだけでは不正侵入を完全に防ぐのは難しいため，IDSが併用されます。

ネットワーク型IDS(NIDS)と、ホスト型IDS(HIDS)があります。

(1) ネットワーク型侵入検知システム(NIDS)

NIDSは，ネットワークを流れるパケットを監視して不正侵入(攻撃)を検知します。

☑ネットワークに流れるパケットを捕らえて解析することにより、攻撃の有無を判断する侵入検知システムは、一般に、**ネットワーク**型IDSといわれる。(平成28年第1回)

☑監視したい対象に応じて、インターネットとファイアウォールの間、DMZ、内部ネットワークなどに設置される。(令和4年第1回)

☑侵入を検知するための方法として、通常行われている通信とは考えにくい通信を検知する**アノマリベース**検知といわれる機能などが用いられている。(令和4年第1回)

☑ネットワークを流れるパケットをチェックして不正アクセスなどを検知する機能を有しており、ホストのOSやアプリケーションに依存**しない**。(令和4年第1回)

☑**ファイルの書換えや削除**などの有無を検知する機能を有して**いない**。(令和4年第1回)

(2) ホスト型侵入検知システム(HIDS)

HIDSは監視対象となるホストにインストールして使います。NIDSとは異なり、ファイルの改ざん検知機能を持つものもあります。OSやアプリケーションが生成するsyslog、監査ログなどの情報を利用する方法が用いられています。

5　ネットワーク管理

(1) ディレクトリサービス

☑ネットワーク利用者のID、パスワードなどの利用者情報、ネットワークに接続されているプリンタなどの周辺機器、利用可能なサーバ、提供サービスなどのネットワーク資源の情報を一元管理して利用者に提供する仕組みは、一般に、**ディレクトリ**サービスといわれ、シングルサインオンなどで利用される。(平成30年第1回)

(2) 検疫ネットワーク

☑社内ネットワークにパーソナルコンピュータ(PC)を接続する際に、事前に社内ネットワークとは隔離されたセグメントにPCを接続して検査することにより、セキュリティポリシーに適合しないPCは社内ネットワークに接続させない仕組みは、一般に、**検疫ネットワーク**システムといわれる。(平成31年第1回)

(3) DHCPサーバ方式

☑検疫ネットワークの実現方式のうち、ネットワークに接続したパーソナルコンピュータ(PC)に検疫ネットワーク用の仮のIPアドレスを付与し、検査に合格したPCに対して社内ネットワークに接続できるIPアドレスを払い出す方式は、一般に、**DHCPサーバ**方式といわれる。(平成28年第2回)

(4) IPsec

IPsecは、インターネット上で安全に通信を行うためのプロトコルです。

☑IPsecは、データを送信する際にデータに認証情報を付加して送信することにより、受信側では通信経路途中でのデータの改ざんの有無を確認することができる。(令和3年第2回)

☑IPsecでは、送信するIPパケットの**ペイロード部分だけ**を認証・暗号化して通信するトランスポートモードと、IPパケットの**ヘッダ部まで含めて**全てを認証・暗号化するトンネルモードの2つの方法が提供されている。(令和3年第2回)

「鍵交換の方法の違い」によってトンネルモードとトランスポートモードが異なるとするひっかけに注意！　間違いの内容です。

☑IPsecの**AHプロトコル**では、認証機能、改ざん検知機能を持つが、暗号化機能を**持たない**。(令和3年第2回)

AHプロトコルは暗号化機能を持たないため、暗号化機能を持つESPプロトコルと組み合わせて使われることが多いです。結果、IPsec全体では暗号化機能を持つことになります。

☑IPsecは、**インターネット層**のプロトコルである。(令和3年第2回)

6　無線LANのセキュリティ（暗号化方式）

無線LANの暗合化方式に関する出題が見られます。

☑IEEE 802.11iでは、通信の暗号化に**TKIP**やAESを用いること、および端末の認証にIEEE 802.1xを用いることを定めている。(令和元年第2回)

☑WEPは通信の暗号化に**RC4**暗号を用いている。(令和元年第2回)

WEPは鍵管理プロトコルを持たないため、暗号鍵を一定時間おきに動的に更新するといったことはできません。

☑IEEE 802.1x規格の構成要素の1つであり、PPPの認証機能を拡張した利用者認証プロトコルは、**EAP**といわれ、無線LAN環境におけるセキュリティ強化などのためのプロトコルとして用いられている。(令和3年第2回)

7 セキュリティプロトコル

(1) PAPとCHAP

☑PPPは、特定の相手との1対1の接続を実現するデータリンク層のプロトコルであり、PPP接続時におけるユーザ認証用プロトコルに、**PAPとCHAP**がある。(平成31年第1回)

☑**PAP**認証では、認証のためのユーザIDとパスワードは暗号化されずにそのまま送られる。(令和4年第2回)

☑**CHAP**認証は、チャレンジレスポンス方式の仕組みを利用することによりネットワーク上でパスワードをそのままでは送らないため、PAP認証と比較してセキュリティレベルが高いとされている。(令和4年第2回)

(2) S/MIME

☑**S/MIME**は、電子メールでマルチメディア情報を取り扱う規格であるMIMEに、セキュリティ機能を実装したプロトコルである。(平成27年第2回)

(3) SSH

☑SSHは、4層から構成されているTCP/IPのプロトコル階層モデルにおいて**アプリケーション**層に位置し、サーバとリモートコンピュータとの間でセキュアなリモートログインを可能としている。(平成27年第2回)

☑ネットワークに接続された機器を遠隔操作するために使用され、パスワード情報を含めて全てのデータが暗号化されて送信されるプロトコルに、**SSH**がある。(令和4年第2回)

(4) SSL

☑**SSL**では、RSAなどの公開鍵暗号を利用したデジタル証明書による認証を行い、なりすましを防いでいる。(平成27年第2回)

(5) RADIUS

☑**RADIUS**は、ユーザ認証、ユーザ情報の管理などを行い、アクセスサーバと認証サーバとの間で用いられる。(平成27年第2回)

8 その他のセキュリティ対策

(1) 各種パスワード

☑電源を投入後、BIOS起動時に入力するパスワードは**BIOSパスワード**といわれる。(平成29年第2回)

☑**ログオンパスワード**を設定していても、PCを分解されてハードディスクを他のコンピュータに接続されると、格納されているデータが読み取られてしまうおそれがある。(平成29年第2回)

(2) syslog

☑情報システムにおけるセキュリティの調査などに用いられるものとしてログがある。UNIX系の**syslog**は、リモートホストにログをリアルタイムに送信することができ、ログの転送には、UDPプロトコルを使用している。(平成28年第2回)

(3) コンピュータウイルス対策ソフトウェアにおけるウイルス検出方式

ウィルス検出方式は、「パターンマッチング方式」「チェックサム方式」「ヒューリスティック方式」などに分類されます。

☑**パターンマッチング**方式では、既知のコンピュータウイルスのパターンが登録されているウイルス定義ファイルと、検査の対象となるメモリやファイルなどを比較してウイルスを検出している。(令和4年第1回)

☑ウイルスを検知する仕組みの違いによるウイルス対策ソフトウェアの方式区分において、コンピュータウイルスに特徴的な挙動の有無を調べることによりコンピュータウイルスを検知するものは、一般に、**ヒューリスティック**方式といわれる。(平成30年第1回)

(4) ペネトレーションテスト

☑ネットワークに接続された情報システムが、システムの外部からの攻撃に対して安全かどうか実際に攻撃手法を用いて当該情報システムに侵入を試みることにより、安全性の検証を行うテスト手法は、一般に、**ペネトレーションテスト**といわれる。(平成30年第2回)

(5) アクセス制御方式

☑あらかじめ設定されたアクセス制御のレベル分けのルールに従ってシステムが全てのファイルのアクセス権限を決定し、管理者の決めたセキュリティポリシーに沿ったアクセス制御が全利用者に適用される方式は、一般に、**強制アクセス制御**といわれる。(令和4年第2回)

☑ファイルのアクセス権限をそのファイルの所有者が自由に設定できる制御方式は、一般に、**任意アクセス制御**といわれる。(令和4年第2回)

(6) ホスティング

☑より強固なセキュリティの確保などを目的に、情報通信事業者などが提供する施設に設置されているサーバの一部または全部を借用して自社の情報システムを運用する形態は、一般に、**ホスティング**といわれる。(平成28年第2回)

(7) その他ウィルス対策

☑必要があってメールの添付ファイルを開く際は、一般に、**ウイルスチェック**を行うと共に、拡張子を表示して**ファイル形式**を確認してから実行することが望ましいとされている。(平成27年第1回)

☑WordやExcelでは、一般に、ファイルを開くときに**マクロを自動実行する機能**を**無効**にしておくことが望ましいとされている。(平成27年第1回)

(8) その他セキュリティ対策

①アンチパスバック

1つの監視エリアにおいて、入室記録に矛盾した状態が発生していないか監視する機能。

②クリアスクリーン

スクリーンセーバー設定などを行うことにより、情報を盗み見られないようにすること。

③クリアデスク

離席する際に、机上に書類などの情報を記録したものを放置しないこと。

Theme

3 情報セキュリティ管理

技術・理論の第6問に出題される情報セキュリティの内容についてまとめています。

重要度：★★☆

●覚える分量が多いところですが、規定がそのまま出題されるところでもありますので、特有の言い回しに慣れつつ、暗記をしていきましょう。

1 情報セキュリティポリシー

☑情報セキュリティポリシー文書の体系は、一般に、**基本方針**、**対策基準**及び**実施手順**の3階層で構成され、基本方針をポリシー、対策基準をスタンダードと呼ぶこともある。（平成30年第2回）

☑情報セキュリティポリシー文書は、見直しを定期的に行い、必要に応じて変更する。また、変更した場合にはその変更内容の妥当性を確認する。（平成30年第2回）

(1) 基本方針

☑情報セキュリティ**基本方針**は、情報セキュリティに関する、組織としての基本的な考え方・方針を定めたものであり、組織内外に対する情報セキュリティに関する行動指針として用いることもある。（令和元年第2回）

☑セキュリティポリシー文書の最上位である基本方針は、**社内に周知**すると共に、**社外に公表**する。（平成30年第2回）

●この範囲から1問程度（2点分）の出題が見込まれます。
●ひっかけが多く出るうえに、新問が出されることもあり、対策に手を焼くところです。過去問の範囲に絞って、学習をしておきましょう。

(2) 対策基準

☑対策基準は、基本方針に準拠して何を実施しなければならないかを明確にした基準であり、実際に守るべき規定を**具体的**に記述し、**適用範囲や対象者を明確にする**ものである。(平成30年第2回)

「全てのリスクに対して対策を策定」とあれば間違いです。

☑情報セキュリティ**対策基準**は、情報セキュリティ基本方針を遂行するために具現化した基準であり、情報の取扱い基準（規定）や社内ネットワークの利用基準などがある。(令和元年第2回)

(3) 実施手順

☑情報セキュリティ対策**実施手順**・規定は、情報セキュリティ対策基準を守るための詳細な手順や規定であり、情報セキュリティ対策基準では記述しきれない具体的な手順書や個別の規定などがある。(令和元年第2回)

2　ISMS（情報セキュリティマネジメントシステム）

情報セキュリティの取り組み方について、JISではISMS（情報セキュリティマネジメントシステム）として規定されており、試験でも問われています。

(1) 基本方針および活動について

☑情報セキュリティのための方針群は、これを定義し、管理層が承認し、発行し、全ての従業員に通知しなければならず、関連する外部関係者に対しては**通知**しなければならない。(平成31年第1回)

☑経営陣は、組織の確立された方針および手順に従った情報セキュリティの適用を、全ての従業員及び契約相手に**要求**しなければならない。(平成29年第1回)

☑情報セキュリティに影響を与える、組織、業務プロセス、情報処理設備およびシステムの変更は、**管理**しなければならない。(平成30年第1回)

☑要求されたシステム性能を満たすことを確実にするために、資源の利用を**監視・調整**しなければならず、また、将来必要とする容量・能力を**予測**しなければならない。(平成30年第1回)

☑開発設備、試験環境及び運用環境は、運用環境への認可されていないアクセスまたは変更によるリスクを低減するために、**分離**しなければならない。(平成30年第1回)

☑操作手順は、**文書化**し、必要とする全ての利用者に対して利用可能にしなければならない。(平成30年第1回)

☑情報は、法的要求事項、価値、重要性、および認可されていない開示または変更に対して**取扱いに慎重を要する度合い**の観点から、分類しなければならない。(令和3年第1回)

☑資産の取扱いに関する手順は、組織が採用した情報分類体系に従って策定し、実施しなければならない。(平成29年第1回)

(2) USBなどの媒体について

☑**組織が採用した分類体系**に従って、取外し可能な媒体の管理のための手順を実施しなければならない。(令和3年第1回)

☑情報を格納した媒体は、輸送の途中における、認可されていないアクセス、不正使用または破損から**保護**しなければならない。(令和3年第1回)

☑情報のラベル付けに関する適切な一連の手順は、**組織が採用した情報分類体系**が定めるガイドラインに従って策定し、実施しなければならない。(令和3年第1回)

☑媒体が不要になった場合は、**正式な手順**を用いて、セキュリティを保って処分しなければならない。(令和3年第1回)

(3) 装置の保守について

☑装置は、**可用性**および**完全性**を継続的に維持することを確実にするために、正しく保守しなければならない。(平成31年第1回)

3　その他セキュリティ管理

(1) リスク分析

☑情報セキュリティに関するリスク分析手法の1つで、既存のガイドラインを参照するなどして、あらかじめ組織として確保すべきセキュリティレベルを設定し、それを実現するための管理策の組合せを決定してから、組織全体でセキュリティ対策に抜けや漏れが無いように補強していく手法は、一般に、**ベースラインアプローチ**といわれる。(令和4年第1回)

(2) 入退室管理

☑1つの監視エリアにおいて、認証のためのＩＣカードなどを用い、入室記録後の退室記録がない場合に再入室をできなくしたり、退室記録後の入室記録がない場合に再退室をできなくしたりする機能は、一般に、**アンチパスバック**といわれる。(令和3年第2回)

☑セキュリティレベルの違いによって幾つかのセキュリティ区画を設定することは、**セキュリティ・ゾーニング**といわれ、セキュリティ区画は、一般に、一般区画、業務区画、アクセス制限区画などに分類される。(令和3年第2回)

Question

問題を解いてみよう

下線部分の内容が正しいかどうか答えよ。

問1 ポートスキャンの方法の１つで、標的ポートに対してスリーウェイハンドシェイクによるシーケンスを実行し、コネクションが確立できたことにより標的ポートが開いていることを確認する方法は、**ソーシャルエンジニアリング**といわれる。

問2 攻撃者が、データベースと連動したWebサイトにおいて、データベースへの問合せや操作を行うプログラムの脆弱性を利用して、データベースを改ざんしたり、情報を不正に入手したりする攻撃を**SQLインジェクション**という。

問3 **PGP**は、第三者の認証機関により保証されたデジタル証明書を用いる。

問4 **PAP認証**では、パスワードを暗号で送るチャレンジレスポンス方式という仕組みを利用している。

問5 パスワードを管理するシステムは、**対話式**でなければならず、また、良質なパスワードを確実とするものでなければならない。

答え合わせ

問1　正解：×

解説

このような方法は、**TCPスキャン**といわれます。

問2　正解：○

問3　正解：×

解説

正しくは、**S/MIME**です。

問4　正解：×

解説

正しくは、**CHAP認証**です。

問5　正解：○

MEMO

第8章

［技術・理論編］端末設備接続技術（大問7＆8＆9）

Theme 1

線路設備

技術・理論の第７問などに出題される線路設備の内容についてまとめています。

重要度：★★☆

●ケーブルは、一般的な通信工事でよく使われるものばかりです。実際のケーブルを見る、触わるなどしていただくと、記憶も定着しやすくなります。

1 接続端子函、加入者保安器

(1) 接続端子函

☑架空メタリック平衡対ケーブルの接続箇所に用いられる架空用クロージャ（接続端子函）は、一般に、地下メタリック平衡対ケーブルの接続箇所に用いられる地下用クロージャと比較して気密性が**低い**。（平成27年第2回）

(2) 加入者保安器

☑アクセス系線路設備における加入者保安器には、故障箇所がアクセス系線路設備側かユーザ宅内側かを判定するために、**遠隔切り分け**機能を有するものがある。（令和4年第1回）

●この範囲から１問程度（2点分）の出題が見込まれます。
●第８章以降は現場技術者の方にとって有利な単元が続きます。実務経験が無い方は、過去問の範囲を落とさないように、しっかりと学習をしておきましょう。

2　メタリック平衡対ケーブル

(1) CCPケーブルとPECケーブルの特徴

☑CCPケーブルは、色分けによる心線識別を容易にするため着色したポリエチレンを心線被覆に用いており、一般に、**架空区間**に適用されている。(令和3年第1回)

☑PECケーブルは、ポリエチレンと比較して誘電率が小さい発泡ポリエチレンを心線被覆に用いており、一般に、**地下区間**に適用されている。(令和3年第1回)

(2) メタリック平衡対ケーブルの構造、種別

☑架空用メタリック平衡対ケーブルは、区間によって心線径が**異なる**。(平成29年第2回)

☑アクセス系設備の**架空線路区間**に用いられる**自己支持形ケーブル**は、敷設張力に耐えるために支持線とケーブル部が一体化されており、ひょうたん形の断面形状を有している。(平成29年第2回)

☑平衡対メタリックケーブルを用いた架空線路設備工事において、自己支持型(SS)ケーブルを敷設する場合、一般に、風によるケーブルの振動現象である**ダンシング**を抑えるため、ケーブルに**捻回を入れる**方法が採られる。(令和3年第2回)

☑アクセス系線路設備として、メタリック平衡対ケーブルを電柱間の既設の吊り線にケーブルハンガなどを用いて吊架するときは、一般に、**丸形**ケーブルが用いられる。(令和4年第2回)

(3) 心線被覆

①発泡ポリエチレン

☑ポリエチレン内に気泡を含ませた発泡ポリエチレンは、ポリエチレンと比較して、一般に、**誘電率**は**小さい**が**機械的強度**が**低く**、地下用ケーブルの心線被覆などに使用されている。(平成28年第1回)

☑ポリ塩化ビニルは、ポリエチレンと比較して、一般に、誘電率は大きいが耐燃性に優れており、MDF内での配線に用いるジャンパ線の心線被覆などに使用されている。(平成28年第1回)

(4) 心線の施工

①撚り合わせ方法

☑心線の撚り合わせ方法の1つである**星形カッド撚り**は、対撚りと比較して同一心線数におけるケーブルの外径を**小さく**することができる。(平成28年第2回)

☑メタリック平衡対ケーブルにおいて、心線の撚り合わせ方法の一つである星形カッド撚りは、対撚りと比較して同一心線数のケーブルの**外径を小さく**することができ、星形カッド撚りを集合した10対をサブユニットとし、サブユニットを複数集めてユニットを構成したケーブルがアクセス系設備として用いられている。(令和2年第2回)

②漏話対策(静電容量を小さくする)

☑心線間の静電容量を小さくするには、心線導体の被覆に誘電率の小さい絶縁体材料を用いる方法がある。(平成28年第2回)

Theme
2 配線方式、配線用図記号

重要度：★★★

技術・理論の第7問などに出題される配線方式、配線用図記号の内容についてまとめています。

●屋内配線工事に関しても、現場実務において活用価値の高い知識ばかりですので、この機にしっかりと理解・記憶を進めておきましょう。

1 エコケーブル

(1) 白化現象

☑耐燃ＰＥシースケーブルを配管内に敷設するときにケーブルシースの表面が擦れて生じた**白化現象**は、一般に、ケーブルの電気特性に影響を及ぼすことはなく、直ちにケーブルを張り替える必要は**ない**。（平成30年第1回）

(2) ピンキング

☑ケーブルシースが黄色またはピンク色に変色する現象は、**ピンキング**現象といわれ、これによってケーブルシース材料が分解することはなく、材料物性に変化は生じない。（令和元年第2回）

●この範囲から１～２問程度（２～４点分）の出題が見込まれます。
●配線用図記号とセルラダクトは頻出事項です。

(3) 火災時の発煙濃度

☑火災時において、耐燃PEシースケーブルは燃焼しても有害なハロゲン系ガスを発生**しない**。また、ポリ塩化ビニル（PVC）シースケーブルと比較して発煙濃度が**低い**。（平成30年第1回）

(4) 許容曲率半径

☑耐燃PEシースケーブルは、PVC（ポリ塩化ビニル）シースケーブルと比較して、シースが硬いが、**許容曲率半径**は**変わらない**。（平成29年第2回）

(5) ケーブル入線剤

☑耐燃PEシースケーブルを配管に引き入れる場合、PEシースが擦られて傷つくことを防ぐために、ケーブル入線剤（滑剤）を利用する方法が有効である。（平成28年第1回）

(6) リサイクル対応

☑配線工事終了後に回収された工事残材のうち、耐燃PEシースケーブルは、外被がポリエチレン系の材料に統一されておりリサイクル対応が可能であるため、廃棄物の低減に寄与することができる。（平成29年第2回）

2 配線方式、対番号と色

(1) セルラダクト配線方式

☑セルラダクトは、建物の床型枠材として用いられる**波形デッキプレート**の溝の部分をカバープレートで覆い配線用ダクトとして使用する配線収納方式である。（令和4年第1回）

☑セルラダクトは、一般に、フロアダクトと比較して、断面積が大きく、収容できる配線数が**多い**。（令和4年第1回）

(2) フロアダクト配線方式

☑ビル内などにおけるフロアダクト配線方式では、床スラブ内にケーブルダクトが埋め込まれており､一般に**60**センチメートル間隔で設けられた取出口から配線ケーブルを取り出すことができ、電気、電話および情報用のダクトを有する3ウェイ方式などが用いられている。(平成27年第1回)

(3) アンダーカーペット配線方式

☑多対フラットケーブルを配線する場合、途中で**分岐**するときは、一般に、所要の対数を分割用ミシン目に沿って**分割**して敷設する。(平成29年第1回)

☑フラットケーブルを床面に水平配線する場合、**配線方向を変えるとき**は、フラットケーブルを**折り曲げて敷設**できるようになっており、一般に、折り曲げ部はPVC粘着テープで固定する。(平成29年第1回)

(4) フラットケーブルにおける対番号と色

アンダーカーペット配線方式による対数が10Pの通信用フラットケーブルにおいて、ケーブルの対番号と色が試験に出ています。

対番号と色の関係について図8-2-1にまとめましたので、ご参照ください。

図8-2-1　フラットケーブルの対番号と色

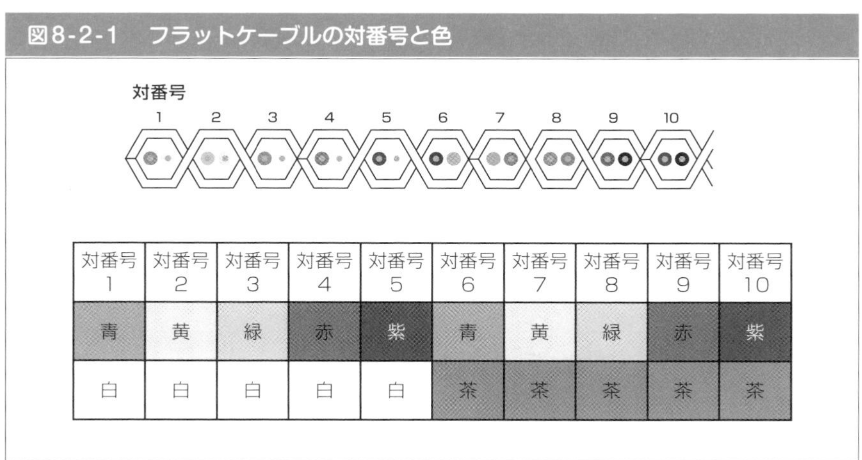

対番号 1	対番号 2	対番号 3	対番号 4	対番号 5	対番号 6	対番号 7	対番号 8	対番号 9	対番号 10
青	黄	緑	赤	紫	青	黄	緑	赤	紫
白	白	白	白	白	茶	茶	茶	茶	茶

覚えるポイントは、青➡黄➡緑➡赤➡紫という順番と、1～5までが白、6～10が茶のペアとなります。

図8-2-2　フラットケーブル出題図例

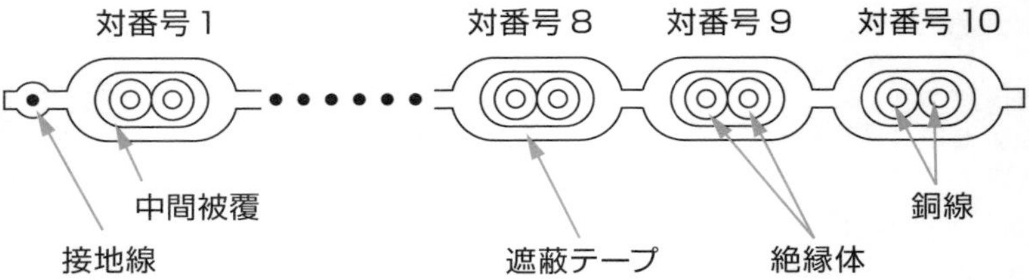

☑図8-2-2は、アンダーカーペット配線方式によるボタン電話装置の設置工事に用いられる対数が10Ｐの通信用フラットケーブルの断面の概略を示したものである。この通信用フラットケーブルの**対番号9**を使用して内線電話機に接続する場合は、第１種心線および第２種心線の絶縁体の色が**赤**および**茶**の対を選定する。（令和3年第1回）

☑**対番号8**を使用して内線電話機に接続する場合は、**緑**および**茶**の対を選定する。（平成30年第2回）

3　配線用図記号

配線用図記号は多岐に渡りますが、試験で問われているのは主に電話・情報設備に関するものです。図8-2-3にまとめましたので、ご参照ください。

図8-2-3　配線用図記号　通信情報（電話・情報設備）

名称	図記号	適用
内線電話機	(T)	ボタン電話機を示す場合は、BTを傍記する。 (T)BT
加入電話機	((T))	
公衆電話機	(PT)	
ファクシミリ	[FAX]	
転換器	[転換器記号]	両切り転換器を示す場合は、次による。  [両切り転換器記号]
保安器	[保安器記号]	集合保安器を示す場合は、個数（実装／容量）を傍記する。 例  [集合保安器記号] 3/5
デジタル回線終端装置	[DSU]	

名称	図記号	適用
ターミナルアダプタ	TA	
端子盤		a) 対数(実装／容量)を傍記する。 例 $\frac{30P}{50P}$ b) 電話・情報以外の端子盤にもこれを適用する。
本配線盤	MDF	
中間配線盤	IDF	
交換機	PBX	図記号 PBX は、 としてもよい。
ボタン電話主装置		形式を記入する場合は、次による。 例 206
局線中継台	ATT	
局線表示盤		必要に応じ、窓数を傍記する。 例 10
時分割回線多重化装置	TDM	
通信用アウトレット (電話用アウトレット)		a) 壁付は、壁側を塗る。 b) 床面に取り付ける場合は、次による。 c) 二重床用は、次による。 d) コネクタの種類を示す場合は、次による。 8ピン　通信コネクタ　8 6ピン　通信コネクタ　6 4ピン　通信コネクタ　4 2ピン　通信コネクタ　2 e) 終端抵抗内蔵を示す場合は、Rを傍記する。　例 8R
情報用アウトレット		a) 壁付は、壁側を塗る。 b) 床面に取り付ける場合は、次による。 c) 二重床用は、次による。 d) コネクタの種類を示す場合は、次による。 8ピン　通信コネクタ　8 6ピン　通信コネクタ　6 トークンリングコネクタ　S 光コネクタ　F BNCコネクタ　B
複合アウトレット		a) 壁付は、壁側を塗る。 b) 床面に取り付ける場合は、次による。 c) 二重床用は、次による。 d) 各器具を明示する場合は、次のように表示してもよい。 例 (壁付け)　(二重床用)

名称	図記号	適用
ルータ	RT	図記号 RT は、ルータ としてもよい。
集線装置(ハブ)	HUB	必要に応じ、ポート数を傍記する。　例 HUB 12
情報用機器収容箱	□	必要に応じ、機器記号を記入する。

☑構内電気設備の配線用図記号に規定されている、電話・情報設備における**交換機**(**PBX**)の図記号として、⊠ がある。(平成29年第2回)

☑ [保安器図記号] 3/5 この図記号は、**保安器**の容量が5個であり、そのうち**実装**が3個の**集合保安器**を表している。(平成31年第1回)

☑配線用図記号に規定されている、電話・情報設備のうちの**内線電話機**の図記号は、Ⓣである。(令和2年第2回)

☑ [端子盤図記号] 30P/40P この図記号は、容量が40対であり、そのうち**実装**が30対の**端子盤**を示している。(令和4年第2回)

☑配線用図記号に規定されている、電話・情報設備のうちの**複合アウトレット**の図記号は、◇である。(令和3年第1回)

☑配線用図記号に規定されている、電話・情報設備のうちの**通信用(電話用)アウトレット**の図記号は、◉である。(令和4年第1回)

PBX他設置、接続工事

技術・理論の第7問などに出題されるPBX他設置、接続工事の内容についてまとめています。

●機能確認試験はできるだけ頭の中でイメージをしながら覚えるようにしましょう。

1 PBXの接続工事

(1) ビハインドPBX

☑デジタル式PBXの設置工事において、デジタル式PBXの内線収容条件により内線数を増設できない場合や使い慣れた機能を持つデジタルボタン電話機を利用したいがデジタル式PBXにはその機能がない場合、**ビハインドPBX**方式を用いて、デジタル式PBXの内線回路にデジタルボタン電話装置の外線を接続して収容する。(令和3年第1回)

(2) 2線4線式

デジタル式PBXの主装置と内線端末との接続工事において、**アナログ端末**（**G3ファクシミリ装置含む**）が**2線式**、**ISDN端末**が**4線式**で主装置の内線ユニットに接続されます。

●この範囲から2～4問程度（4～8点分）の出題が見込まれます。
●機能確認試験から出題されることが多い一方、苦手にしている受験生は少なくありません。ライバルに差がつくところといえます。

☑デジタル式PBXの主装置と内線端末であるグループ3（G3）ファクシミリ装置およびISDN端末との接続工事において、一般に、**G3ファクシミリ装置**は**2**線式、**ISDN端末**は**4**線式で主装置のそれぞれ対応する内線ユニットに接続される。（令和4年第2回）

☑デジタル式PBXの主装置と外線との接続工事において、ISDN基本インタフェースを終端するDSUは、**4**線式で主装置の外線ユニットに接続される。（令和3年第2回）

☑デジタル式PBXの主装置と内線端末との接続工事において、ISDN端末は、**4**線式で主装置の内線ユニットに接続される。（令和3年第2回）

(3) 接地工法

☑デジタル式PBXの設置工事において、主装置の筐体に取り付ける接地線は、一般に、**IV**線を用いる。（令和元年第2回）

2　PBXの設置工事における各種設定、分散収容

(1) デジタル式PBXの設置工事におけるデータ設定

☑サービスクラスの設定作業では、**発信規制**の設定などが行われる。（令和3年第1回）

☑コールピックアップグループは**代理応答用**として設定するグループであり、コールパークグループは**保留応答用**として設定するグループである。（令和3年第1回）

(2) 代表着信方式の設定

代表着信方式の設定には、順次サーチ方式とラウンドロビン方式があります。

①順次サーチ方式

常に**優先順位**の高い回線から着信させる方式。

優先順位が高い回線から低い回線へと、順次空き回線を探して着信する方式です。

②ラウンドロビン方式

着信順位が着呼ごとに変わる方式。

均等に回線を利用したい場合などに用いられます。

☑デジタル式PBXの代表着信方式の設定において、代表グループ内の回線に優先順位を設け、常に優先順位が高い空回線を選択させる場合は、**順次サーチ方式**を選定する。(令和4年第1回)

☑デジタル式PBXの代表着信方式の設定において、代表グループ内の内線がおおむね均等に利用されるように内線を選択させたい場合は、**ラウンドロビン方式**を選定する。(令和2年第2回)

---

(3) 分散収容

☑内線回路パッケージが複数ある場合、1つの内線回路パッケージが故障しても、ある部署の全ての内線が使用できなくなる状況を防ぐために、その部署の複数の内線を異なる内線回路パッケージに**分散して**収容することが望ましい。(令和4年第1回)

3　PBXの機能確認試験

①内線キャンプオン

☑**内線キャンプオン**試験では、被呼内線が話中のときに発呼内線が特殊番号などを用いて所定のダイヤル操作を行うことにより、**被呼内線の通話が終了後、自動的に**発呼内線と被呼内線が**呼び出されて通話が可能となる**ことを確認する。(令和3年第2回)

---

②外線キャンプオン

☑**外線キャンプオン**試験では、外線が空いていないときに特殊番号をダイヤルするなどの操作で外線を予約することにより、**外線が空き次第、外線発信ができる**ことを確認する。(令和元年第2回)

---

③アッドオン

☑**アッドオン**試験では、内線Aが内線Bまたは外線と**通話中**のとき、内線Aがフッキングなどの操作後、内線Cを呼び出し、内線Cとの通話を確認後、**フッキングなどの操作により三者通話が正常に行われる**ことを確認する。（令和元年第2回）

④CTI

☑顧客データベースを保有するパーソナルコンピュータ（PC）と電話機がデジタル式PBXの主装置に接続される配線構成において、CTIの試験では、一般に、電気通信事業者が提供する**発信者番号通知**サービスを利用することにより、電話応答する際に該当する**お客様の情報がPC画面に表示される**ことを確認する。（平成28年第1回）

⑤IVR

☑**IVR**試験では、着信に対して**自動音声で応答する**こと、および自動音声のガイダンスに従い接続先、情報案内などを選択してプッシュボタンを操作することにより所定の動作が正常に行われることを確認する。（令和2年第2回）

⑥ACD

☑**ACD**試験では、**着信呼**が、均等配分などの設定に従って、所定の受付オペレータ席などへ**自動的に振り分けられる**ことを確認する。（平成27年第2回）

⑦コールトランスファ

☑**コールトランスファ**試験では、内線電話機**Aと**内線電話機**Bが通話**しているときに、内線電話機Bがフッキング操作などにより内線電話機Aとの通話を保留して内線電話機Cを呼び出した後、**オンフック**することにより内線電話機**Aと**内線電話機**Cが通話**状態になることを確認する。（令和4年第2回）

⑧コールウェイティング

☑IP-PBXの**コールウェイティング**といわれる機能を用いると、**二者通話中に外線着信**があると着信通知音が聞こえるので、フッキング操作などにより通話呼を保留状態にして着信呼に応答することができ、以降、**フッキング操作などをするたびに通話呼と保留呼を入れ替えて通話**することができる。（令和4年第1回）

⑨コールピックアップ

☑**コールピックアップ**試験では、内線電話機Aから内線電話機Bに電話をかけ、内線電話機Bが鳴動しているときに、内線電話機Bと同一グループの内線電話機Cをオフフックし、機能ボタンを押下もしくは特番をダイヤルすると、内線電話機Aと内線電話機Cが通話状態になることを確認する。(平成19年第1回)

⑩ハンドオーバ

☑**ハンドオーバ**試験では、システム内に登録されているコードレス電話機（子機）で**移動しながら**通信を行った場合、通信中の接続装置から**最寄りの接続装置に回線を切り替えながら**通信が継続できることを確認する。(平成31年第1回)

⑪オートレリーズ

☑デジタル式PBXの機能確認試験のうち、**オートレリーズ**試験では、外線中継台で着信信号を受信中に発信者が呼を途中放棄することにより、外線からの着信信号を一定時間以上受信しなくなった場合に、中継台に表示されていた着信表示が消え、ブザーなどが自動的に停止することを確認する。(平成23年第2回)

4　デジタルボタン電話装置の設置工事

(1) バス配線工事とスター配線工事

バス配線は、1本の幹線に対して複数の電話機が数珠つなぎのように接続されます。線路の終端で反射があると不具合が生じるため、線路の終端部には終端抵抗を付けなければなりません。配線効率がよい一方、1つの機器で問題が発生した場合、すべての機器に影響を与えてしまう可能性があります。

スター配線は、機器ごとに1本ずつ配線を行う方式です。故障時の復旧などにおいて安全性が高い一方、機器ごとに配線が必要となるというデメリットがあります。

☑**バス配線**工事の場合、途中で配線の分岐をすることなく、「一筆書き」で行う。また、バス配線の末端に**終端抵抗**を取りつける。(平成19年第2回)

スター配線工事の場合、終端抵抗を取り付ける必要はありません。令和4年第2回試験で出題されていますので、注意しましょう。

☑**スター配線**工事の場合、設置端末機器台数は、主装置の電力供給能力による制限は**ある**。また、配線ケーブルルート上に**ブリッジタップ**を**設けてはならない**。(平成19年第2回)

(2) フェライトコア

☑デジタルボタン電話装置の設置工事において、CB無線などからの**高周波ノイズの影響を低減**するための対策として、デジタルボタン電話装置の主装置に接続される外線ケーブル、および主装置と端末機器間の屋内ケーブルの両方に**フェライトコア**を取り付ける方法がある。(平成30年第1回)

(3) 接地工事

☑デジタルボタン電話主装置の筐体に施す**D種**接地工事では、一般に、IV線を使用し、接地抵抗は100オーム以下としなければならない。(平成24年第1回)

(4) その他

☑製造会社の異なる多機能電話機は、機能ボタンの数が同じであっても、一般に、同一のデジタルボタン電話主装置に混在収容して使用することができない。(令和4年第1回)

☑多機能電話機は、機能ボタンの数が同じであれば、どこの製造会社のものであっても、同一のデジタルボタン電話主装置に混在して収容し、機能ボタンをそのまま使用することが**できるわけではない**。(平成31年第1回)

☑TEN (Terminal Equipment Number) といわれる識別番号を持つ多機能電話機を用いるデジタルボタン電話装置では、内線番号とTENを関連づけるデータ設定作業が行われる。(平成31年第1回)

☑TEN用いるデジタルボタン電話装置では、1つの内線回路パッケージに接続される全ての多機能電話機のTENは、同一番号に設定**しなくてもよい**。(令和4年第1回)

Theme 4

ISDN工事

技術・理論の第8問などに出題されるISDN工事の内容についてまとめています。

重要度：★★★

●数字を覚えた上で、各規定に反しないか理解を問う内容が出題されています。他の単元よりも難易度が高い出題が目立ちます。

1 ポイント・ツー・ポイント構成における諸規定

デジタル回線終端装置（DSU）などのNTと、ISDN端末（TE）とを1対1で接続する構成を、ポイント・ツー・ポイント構成といいます。

(1) 延長コードの配線長

ポイント・ツー・ポイント配線にて、配線ケーブルに接続されているジャック（MJ）とISDN端末（TE）間の延長接続コードは**25メートル**以内とされています。

(2) NTとTE間の線路長

NTとTEとの間の最長配線距離は、**1,000メートル**程度とされています。

☑ISDN基本ユーザ・網インタフェースにおいて、ポイント・ツー・ポイント構成でのNTとTEとの間の最大線路長は、TTC標準では**1,000メートル**程度とされている。（令和4年第2回）

- この範囲から2～3問程度（4～6点分）の出題が見込まれます。
- 新問はあまり出ず、ほぼ過去問で構成されています。ただし、理解を問われる出題が多く、受験生を悩ませるところです。

(3) NTとTE間の総合減衰量

NTとTE間の線路（配線とコード）の96キロヘルツでの**総合減衰量**は、**6デシベル**を超えてはいけません。

☑ISDN基本ユーザ・網インタフェースにおけるポイント・ツー・ポイント構成では、NTとTE間の線路（配線とコード）の96キロヘルツでの**総合減衰量**は、6デシベルを超えてはならないとされている。（平成31年第1回）

---

(4) 配線極性

ポイント・ツー・マルチポイント構成とは異なり、配線極性を反転させることは可能です。

2 ポイント・ツー・マルチポイント構成（バス配線）における諸規定

(1) 接続可能台数

ポイント・ツー・マルチポイント構成にて、バス配線上に接続できるISDN端末は8台までです。

なお、**アナログ端末（=ISDN非標準端末）は**、何台あってもバス配線に接続した**台数には数えません。**

(2) 短距離受動バス配線

・短距離受動バス配線構成では、線路の終端に**100Ω±5%**を取り付けます。
・配線長は、概ね**100～200メートル**とします。
・延長受動バス配線構成と異なり、バス配線上の**任意の箇所にTEを接続可能**です。
・**最大8台**まで接続できます。

(3) 延長受動バス配線

・延長受動バス配線構成では、**終端に集中**しTEを接続する必要があります。
・配線長は、**最長500メートル**です。
・TE間は、**25～50メートル**の範囲で配置します。
・線路の途中に、**信号の増幅・再生**などを行う**能動素子（増幅器など）を含めてはいけません。**
・延長受動バス配線におけるTE相互間（NTに一番近いTEと一番遠いTEとの間）の最大配線長は、伝送遅延によって制限されています。
・最大8台まで接続できます。

(4) その他構成上の注意事項

・TEの接続用ジャックとバス配線ケーブル間のスタブの配線において、スタブの長さは**1メートル以内**とする。

・TEの接続用ジャックとTE間の配線において、TE接続コードの長さは**10メートル以内**とします。

☑バス配線に多対カッド形ケーブルを用いる場合、アナログ電話回線からのインパルス性雑音を考慮し、基本インタフェース線のT線（1対）およびR線（1対）は、それぞれアナログ電話回線と同じカッド内に混在収容せず、同一カッド内収容とする。（令和2年第2回）

・終端抵抗の接続においては、図8-4-1のように、DSUのTA線・TB線のペアと、RA線・RB線のペアそれぞれ個別に接続する。

図8-4-1　バス配線における終端抵抗Rの接続図例

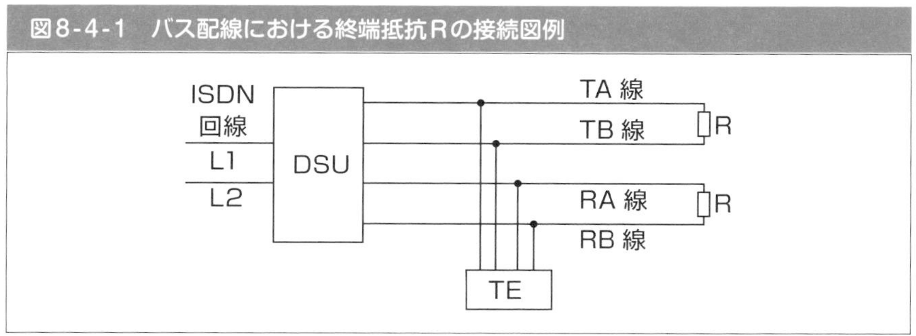

・保安器とDSU間、DSUとTA間およびTAとアナログ電話機間では2線式と4線式が異なります。接続図例を図8-4-2に示しますので、確認しておきましょう。

図8-4-2　保安器・DSU・TA・アナログ電話機間の配線構成例

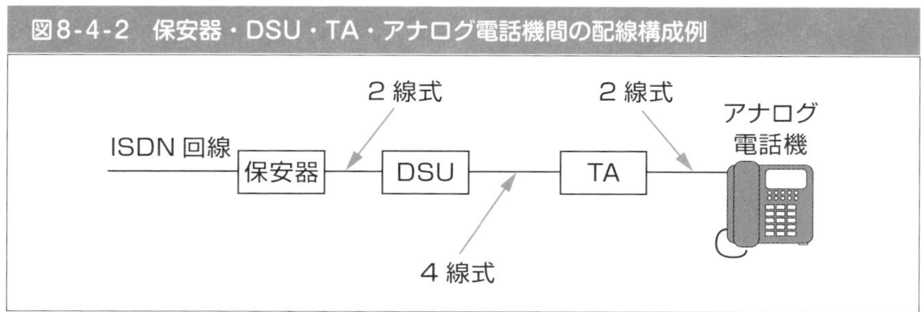

(5) バス配線の正常性確認

①モジュラジャックの個数

バス配線の**終端抵抗は100オームが基準**となっています。

終端抵抗の合成抵抗値が100Ωになるように配置します。

②極性確認

DSUから端末機器までのバス配線のT線（TA/TB）の極性を確認するには、テスタの**直流電圧測定機能**を用います。

3 端子配置

表8-4-3に示す端子配置の表と、**ファントムモードでの給電は、3～6番端子を使う**ということを覚えましょう。

表8-4-3　端子配置表

端子番号	機能		極性
	TE	DSU	
1	給電部	−	＋
2	給電部	−	−
3	送信	受信	＋
4	受信	送信	＋
5	受信	送信	−
6	送信	受信	−
7	受電部	給電部	−
8	受電部	給電部	＋

・ISDN基本ユーザ・網インタフェースでのバス配線では、一般に、ISO8877に準拠した8端子のモジュラジャックが使用される。端子番号の使用に関する規格について述べた次の記述を確認せよ。

☑T線（1対）とR線（1対）には、3～6番の4つの端子が使用される。(令和4年第2回)

☑送信線と受信線には、3～6番の4つの端子が使用される。(令和元年第2回)

☑端子配置においては、4、5番端子がDSU側の3、6**番端子が端末機器**側の**送信端子**としてそれぞれ使用される。(令和4年第1回)

☑**ファントムモードの給電**には、3～6番の4つの端子が使用される。(令和元年第2回)

図8-4-4 ファントムモード給電の接続構成図

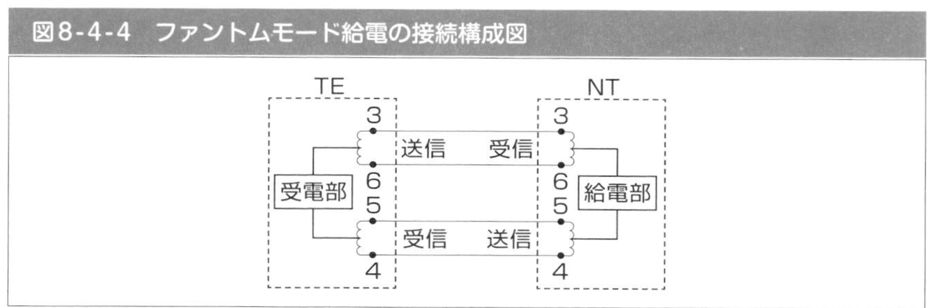

4 故障切分け試験、工事試験

(1) 故障切分け試験

①ループバック2試験

ループバック2試験でのループバック2の折返し点は、**DSU内**にあります。

ブリッジタップがある場合やモジュラジャックにコンデンサが内蔵されている場合も、ループバック2試験は実施できます。

図8-4-5 ループバック2試験の折返し点

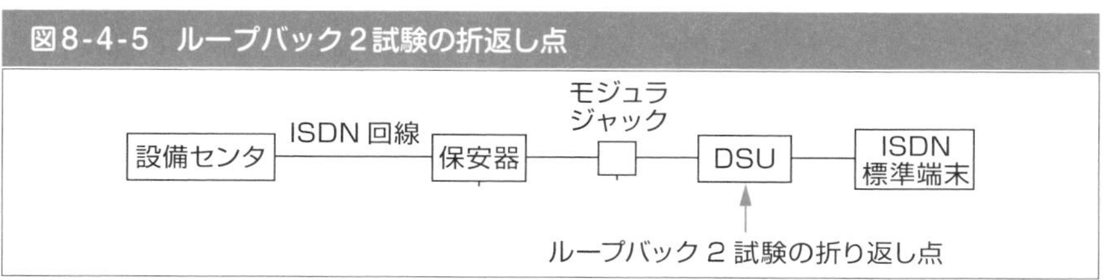

②静電容量試験

静電容量試験による切り分け点は、**DSU**にあります。

③直流ループ抵抗試験

直流ループ抵抗試験は、ISDN標準端末が通話中（オフフック）の状態において、設備センタと、**DSU**間の直流ループを測定するものです。

④絶縁抵抗試験

絶縁抵抗試験は、ISDN標準端末が通話中（オフフック）の状態で行われます。

回線の極性までは判定できません。

(2) 工事試験

ISDN基本ユーザー・網インタフェースにおける工事試験（レイヤ1停止状態で測定）の給電電圧の規格値はDSU出力が42～34〔V〕、TE入力が42～32〔V〕となっています。

Theme 5

LAN配線工事

技術・理論の第8～第10問などに出題されるLAN配線工事の内容についてまとめています。

重要度：★★★

- 実務経験の有無で得意不得意が分かれやすい単元です。
- イメージが湧きにくいものに関しては、インターネット上で画像検索、あるいは動画検索をすることにより、イメージを持ちやすくなります。

1 メタリックケーブルを用いたＬＡＮ配線工事

(1) カテゴリ

☑ツイストペアケーブル、通信アウトレット、コネクタなど配線部材の性能を規定した分類名は、一般に、**カテゴリ**といわれ、主に配線部材の選定に使用されており、ISO/IEC11801、JIS X 5150などにおいて配線要素を区分する用語として使われている。(令和元年第2回)

(2) UTPケーブル施工上の注意点

①コネクタ成端時における結線の配列誤り

☑UTPケーブルコネクタ成端時における結線の配列誤りには、**リバースペア**、**クロスペア**、**スプリットペア**などがあり、これらは漏話特性の劣化、PoE機能が使えないなどの原因となることがある。(令和4年第2回)

- この範囲から2～4問程度(4～8点分)の出題が見込まれます。
- 現場技術者と学生受験者で点差がつきやすい単元です。過去問学習で十分対応可能ですので、苦手意識を持つ必要はありません。

表8-5-1 カテゴリと配線名、配線要素

最大周波数	JIS X 5150		ANSI/TIA/EIA	
	配線	配線要素	配線	配線要素
100MHz	クラスD	カテゴリ5	カテゴリ5e	カテゴリ5e
250MHz	クラス**E**	カテゴリ**6**	カテゴリ**6**	カテゴリ**6**
500MHz	クラス**E**A	カテゴリ**6A**	カテゴリ**6A**	カテゴリ**6A**
600MHz	クラスF	カテゴリ7	なし	なし
1000MHz	クラスFA	カテゴリ7A	なし	なし

②対の撚り戻し

☑対の撚り戻しでは、長く撚りを戻すと、ツイストペアケーブルの基本性能である電磁誘導を打ち消しあう機能の低下による漏話特性の劣化、特性インピーダンスの変化による反射減衰量の規格値外れなどの原因となることがある。(令和4年第2回)

③エイリアンクロストーク

☑UTPケーブルの配線は、一般に、ケーブルルートの変更などに伴うケーブル終端部の多少の延長や移動を想定して施工されるが、機器やパッチパネルが高密度で収納されるラック内での余長処理において、小さな径のループや過剰なループ回数による施工を行うと、ケーブル間の同色対どうしにおいて**エイリアンクロストーク**が発生し、漏話特性が劣化するおそれがある。(令和4年第1回)

(3) STPケーブル

☑LAN配線工事で使用するツイストペアケーブルのうち、**ケーブル外被の内側をシールド**してケーブル心線を保護することにより、外部からの**電磁波やノイズの影響を受けにくく**しているケーブルは、一般に、**STP**ケーブルといわれる。(令和4年第1回)

2 LAN配線工事における光ケーブルと光コネクタ

(1) 光ケーブル

☑ユーザ宅内で用いられる光ケーブルには、光エレメント部の両側に保護部を持つ構造を有し、壁面に固定ピンを用いて固定することやカーペット下に配線することができる露出配線用**フラット型**インドア光ケーブルといわれるものがある。(令和4年第2回)

(2) 光コネクタの種類とコネクタ接続

① FAコネクタ

☑現場取付け可能な単心接続用の光コネクタのうち、ドロップ光ファイバケーブルとインドア光ファイバケーブルの接続や宅内配線における光コネクタキャビネット内での心線接続に用いられ、コネクタプラグとコネクタソケットの2種類がある光コネクタは、**FAコネクタ**といわれる。(平成28年第1回)

② FASコネクタ

☑現場取付け可能な単心接続用の光コネクタであって、コネクタプラグとコネクタソケットの 2種類があり、架空光ファイバケーブルの光ファイバ心線とドロップ光ファイバケーブルに取り付け、架空用クロージャ内での心線接続に用いられる光コネクタは、**FAS**コネクタといわれる。(令和2年第2回)

③ MTコネクタ

☑光コネクタのうち、テープ心線相互の接続に用いられる**MT**コネクタは、専用のコネクタかん合ピンおよび専用のコネクタクリップを使用して接続する光コネクタであり、コネクタの着脱には専用の着脱用工具を使用する。(令和4年第2回)

④ SCコネクタ

☑プッシュオン機能を持つSCコネクタを用いて光ファイバを接続する場合、接続後のコネクタの半差しによる抜け落ちやぐらつきを防止するため、**白線などの表示が隠れている**ことを確認する。(令和4年第1回)

(3) 光ファイバの心線融着接続

☑融着接続の準備として、光ファイバのクラッド（プラスチッククラッド光ファイバの場合はコア）の表面に傷をつけないように、被覆材を完全に取り除き、次に光ファイバを光ファイバ軸に対し**90度**の角度で切断する。（平成31年第1回）

☑**融着**接続は、電極間放電またはその他の方法によって、光ファイバの端面を溶かして接続する。（平成31年第1回）

☑融着接続部のスクリーニング試験は、光ファイバ心線に一定の荷重を、一定時間加えて**引張試験**を行う。（平成31年第1回）

☑スクリーニング試験を経た光ファイバ接続部に、光学的な劣化、並びに、外傷や、大きな残留応力などの**機械的な劣化**が生じない方法で補強を施す。（平成31年第1回）

3　光ケーブルの配線工事

(1) 光ケーブルの固定

①水平ラック

水平ラック上では, **5メートル**以下の間隔でケーブルしばりひもなどで固定します。

②垂直ラック

垂直ラック上では, **3メートル**以下の間隔で、ケーブルしばりひもなどで固定します。

☑幹線系光ケーブルの布設工事では、垂直ラック上でのケーブル固定は、**3**メートル以下の間隔でケーブルしばりひもなどで固定するとされている。（令和4年第2回）

(2) 配線設備

①ケーブルラック

支持間隔は鋼製ケーブルラックで**2メートル**以下、アルミニウム製ケーブルラックで**1.5メートル**以下を原則とします。また、ケーブルラックへのケーブルの敷設は、原則一段配列とされています。

②金属ダクト

金属ダクトに収める電線の断面積の総和に関して、出題されています。

☑電気設備の技術基準の解釈では、光ケーブル配線設備として用いられる金属ダクトにおいて、金属ダクトに収める電線の断面積（絶縁被覆の断面積を含む）の総和は、ダクトの内部断面積の**20**パーセント以下であることとされている。ただし、電光サイン装置、出退表示灯その他これらに類する装置または制御回路などの配

線のみを収める場合は、**50**パーセント以下とすることができるとされている。(平成30年第1回)

(3) 光ケーブルの横系配線収納方式

☑床スラブ上の配線方式には、アンダーカーペット方式、フリーアクセスフロア方式および**簡易二重床**方式がある。(令和3年第1回)

☑床スラブ内の配線方式のうち**電線管方式**は、配線取出し口は**固定**され、他の方式と比較して、配線収納能力が**小さい**。(令和3年第1回)

(4) 光ケーブルのけん引

①強い張力がかかるときには、光ケーブルけん引端とけん引用ロープとの接続に**撚り返し金物**を取り付け、光ケーブルのねじれ防止を図る。
②けん引張力が大きい場合、**現場付プーリングアイ**を取り付ける。
③テンションメンバが入っていない光ケーブルに大きなけん引張力がかかる場合、**ケーブルグリップ**を取り付ける。
④けん引張力が小さい場合、テンションメンバが鋼線のときは、その鋼線を折り曲げ、鋼線に**5**回以上巻き付け、ケーブルのけん引端を作成する。
⑤光ケーブルのけん引速度は、1分当たり**20メートル**以下を目安とする。

(5) 配線盤の接続形態

配線盤の種類は、用途、機能、接続形態および設置方法によって分類されています。代表的なものを確認しておきましょう。

①コネクタ接続

光コネクタアダプタを介して接続する方法です。
ケーブル内の心線を**ピグテイル**と融着接続し、光コネクタアダプタの並べられたアダプタパネルに接続します。

②交差接続

両端光コネクタ付き光コードを使用し、容易に接続変更が可能な接続方法です。
交差接続は、「**ジャンパ接続**」とも呼ばれます。

☑**交差**接続は、ケーブルとケーブルまたはケーブルとコードなどをジャンパコードで自由に選択できる接続で、需要の変動、支障移転、移動などによる心線間の切替えに容易に対応できる。(令和3年第2回)

③変換接続

☑**変換**接続は、要素の異なるケーブルへの変換、テープ心線からファンアウト（FO）コードを使用した単心線への変換、スプリッタやWDMカプラを用いた複数の単心線への分波などの要素の異なるケーブルへの接続方法である。（令和元年第2回）

☑変換接続の形態の場合は、1次側のFOコード、スプリッタ、WDMカプラなどとの接続は**融着**接続とし、2次側との接続は**コネクタ**接続となるのが一般的であるため、融着接続用品、コネクタ接続用品および変換接続材料が必要となる。（令和元年第2回）

(6) その他工事部材

①光アウトレット

☑宅内光配線において、壁面内側の埋込スイッチボックスなどを用いて設置され、壁の内側配管に通されたドロップ光ファイバケーブルまたはインドア光ファイバケーブルと室内の光配線コードとの接続に使用される部材は、一般に、**光アウトレット**といわれる。（令和4年第1回）

②切断配線クリート

☑図8-5-2に示すドロップ光ファイバケーブルを戸建て住宅の宅内まで引き通す配線構成において、大型車両などによるドロップ光ファイバケーブル引っかけ事故が発生した場合であっても家屋内部におけるケーブル固定部材や壁面などの損傷を回避するために、ドロップ光ファイバケーブル引留め点下部側の第1固定箇所に使用される部材は、一般に、**切断配線クリート**といわれる。（令和3年第2回）

図8-5-2　ドロップ光ファイバケーブルと切断配線クリート

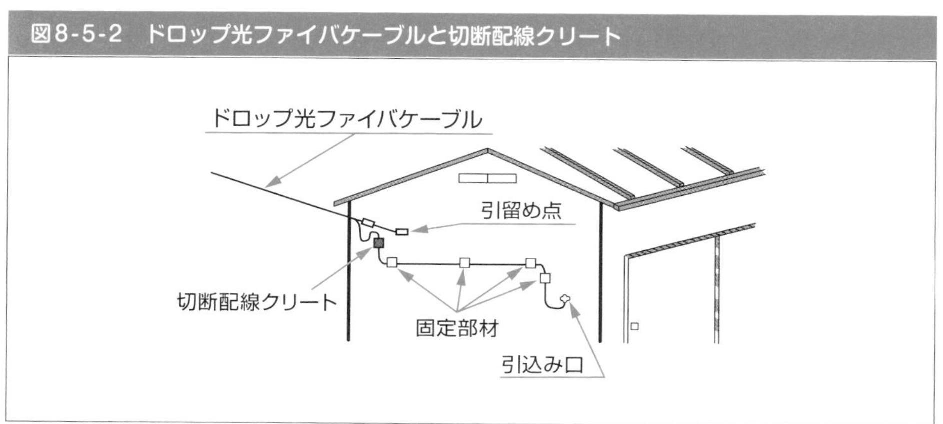

Theme 6

構内情報配線システム

重要度：★★★

技術・理論の第8～第9問などに出題される構内情報配線システムの内容についてまとめています。

●数値の出題が多いため受験生が苦手とするところです。解き直す回数を増やして解き慣れていくことが大切です。

1 水平配線

■1 水平配線

(1) 水平配線ケーブルの規定

①**チャネル**の物理長は、**100メートル**を超えてはならない。

②固定**水平ケーブル**の物理長は、**90メートル**を超えてはならない。

③パッチコード、機器コードおよびワークエリアコードの**合計長が10メートルを超える場合**、固定水平ケーブルの許容物理長を減らさなければならない。

④**CP（分岐点）**は、フロア配線盤から少なくとも**15メートル以上**離れた位置に置かなければならない。

⑤複数利用者通信アウトレットが使用される場合には、**ワークエリアコード**の長さは、**20メートル**を超えないのがよい。

⑥**パッチコード/ジャンパ**の長さは、**5メートル**を超えないのがよい。

●この範囲から2～3問程度（4～6点分）の出題が見込まれます。
●リンク長公式の問題では、基準式を覚えたうえで出題内容の条件に当てはめて解く必要があります。

☑チャネルの物理長は、100メートルを超えてはならない。また、水平ケーブルの物理長は、90メートルを超えてはならない。(令和4年第2回)

☑分岐点は、フロア配線盤から少なくとも15メートル以上離れた位置に置かなければならない。(令和3年第2回)

☑複数利用者通信アウトレットが使用される場合には、ワークエリアコードの長さは、20メートルを超えないのがよい。(平成30年第2回)

(2) 水平配線ケーブルの最大長

表8-6-1の公式を用い、問題文の条件に当てはめて解きます。

表8-6-1　水平リンク長公式

構成	カテゴリ5 (クラスD)	カテゴリ6 (クラスE)	カテゴリ7 (クラスF)
クロスコネクト-TO	H=107-FX	H=106-3-FX	H=106-3-FX
インタコネクト-TO	H=109-FX	H=107-3-FX	H=107-2-FX

H：水平配線ケーブルの最大長［m］
F：機器コード類の長さの総和
X：水平ケーブルの挿入損失に対するコードケーブルの挿入損失比［dB/m］
※非シールドケーブルでは、20～40℃：1℃当たり0.4%減、40～60℃：1℃当たり0.6%減

★過去問チェック！(出典：令和3年第1回)

JIS X 5150:2016では、図に示す水平配線の設計において、クロスコネクト-TOモデル、クラスDのチャネルの場合、機器コード、パッチコード/ジャンパおよびワークエリアコードの長さの総和が18メートルのとき、固定水平ケーブルの最大長は80.0メートルとなる。ただし、使用温度は20℃、コードの挿入損失dB/mは水平ケーブルの挿入損失dB/mに対して50パーセント増とする。

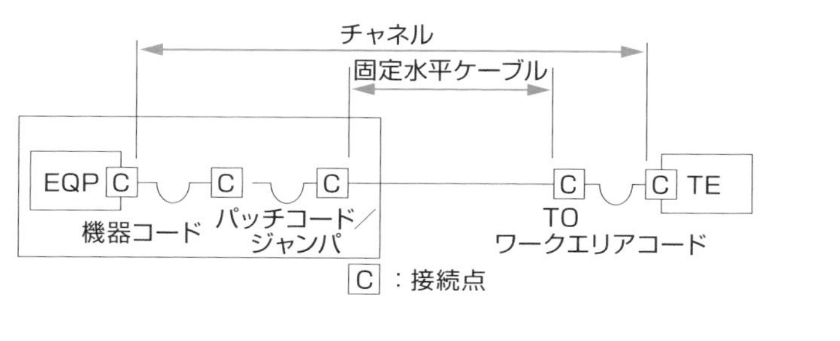

表8-6-1水平リンク長公式より、固定水平ケーブルの最大長H＝107－FXで計算できる。

問題文よりF＝18、挿入損失が50パーセント増よりX＝(1＋0.5)＝1.5

H=107－18×1.5＝107－27＝80

★過去問チェック！（出典：令和４年第２回）

JIS X 5150-2:2021では、図に示す水平配線設備モデルにおいて、インタコネクト-TOモデル、クラスEのチャネルの場合、機器コードおよびワークエリアコードの長さの総和が12メートルのとき、水平ケーブルの最大長さは**86.0**メートルとなる。ただし、運用温度は20℃、コードの挿入損失dB/mは水平ケーブルの挿入損失dB/mに対して50パーセント増とする。

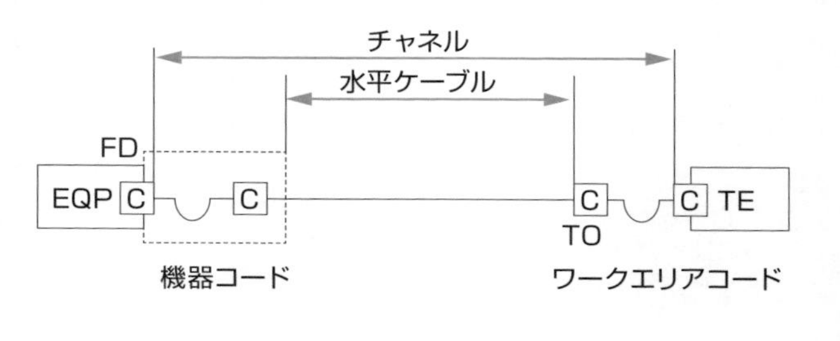

表8-6-1水平リンク長公式より、固定水平ケーブルの最大長**H＝107－3－FX**で計算。

問題文よりF＝12、挿入損失が50パーセント増よりX＝(1＋0.5)＝1.5

H=107－3－12×1.5＝104－18＝86

2　幹線ケーブル配線長

幹線ケーブルの配線に関しても、公式および計算問題が出題されます。
水平配線ケーブルと混同しないように、注意しましょう。

表8-6-2　幹線リンク長公式

カテゴリ	クラスD	クラスE	クラスF
5	B=105-FX	-	-
6	B=111-FX	B=**105-3-FX**	-
7	B=115-FX	B=109-3-FX	B=105-3-FX

B：幹線配線ケーブルの最大長［m］
F：機器コード類の長さの総和
X：幹線ケーブルの挿入損失に対するコードケーブルの挿入損失比［dB/m］
※非シールドケーブルでは、20～40℃：1℃当たり0.4%減、40～60℃：1℃当たり0.6%減

★過去問チェック！（出典：平成28年第1回）

JIS X 5150:2004の幹線配線の設計に規定する算出式に基づいて、使用温度20℃ の条件で幹線ケーブル（**UTPケーブル**）の最大長を算出した結果、85.0メートルとなった。実際の使用温度が30℃ とすると、幹線ケーブルの最大長は、**81.6**メートルとなる。

UTPケーブル=非シールドケーブルである。

表8-6-2幹線リンク長公式より、30℃では20℃の条件よりも0.4%×10＝4%分最大長を減ずる必要がある。

85.0×(1-0.04)＝85.0×0.96＝**81.6**

3　分岐点

次の内容を覚えましょう。

①**受動的**な接続機器だけでOK。**クロス**コネクト接続**NG**。
②各ワークエリアに少なくとも**1つは設置**が必要。
③最大で**12**までのワークエリアに制限。
④**アクセスしやすい**場所に設置。
⑤分岐点は**管理システムの一部**。
⑥平衡配線の場合、フロア配線盤から少なくとも**15メートル**以上離れた位置に置かないといけない。

☑分岐点は、受動的な接続器具だけで構成されなければならず、**クロスコネクト**接続として使ってはならない。(令和2年第2回)

☑分岐点は、最大で**12**までのワークエリアに対応するように制限されるのが望ましい。(令和2年第2回)

☑分岐点は、各ワークエリアのグループに**少なくとも1つ**配置されなければならない。(令和2年第2回)

☑ワークエリア内で通信アウトレットの移動の柔軟性が要求されるオープンオフィス環境では、水平配線のフロア配線盤と通信アウトレットとの間に分岐点を設置するとよい。(令和2年第2回)

■4 複数通信利用者アウトレット

複数利用者通信アウトレットに関しては、次の6つの要件があります。

①開放型のワークエリアにおいて、各ワークエリアグループに少なくとも1つは割り当てなければならない。

②最大で**12**のワークエリアに対応するように制限されるのが望ましい。

③建物の柱または壁面のような恒久的で使用者がアクセスしやすい場所に設置することが望ましい。

④支障となるような場所に取り付けてはならない。

⑤ワークエリアコード、パッチコード、および機器コードの性能寄与分は、平衡配線および光ファイバ配線用のチャネルの必要要件が、確実に満たされるように考慮されなければならない。

⑥ワークエリアコードの長さは、ワークエリアでのケーブルの管理を確実にするために制限されることが望ましい。

☑複数利用者通信アウトレット組立品は、各ワークエリアグループが少なくとも1つの複数利用者通信アウトレット組立品によって機能を提供するように開放型ワークエリアに配置しなければならない。(令和4年第1回)

☑複数利用者通信アウトレット組立品は、最大で12のワークエリアに対応するように制限することが望ましい。(令和4年第1回)

■5　パーマネントリンク

水平配線においては通信アウトレットとフロア配線盤との伝送路をパーマネントリンクといい、幹線配線においては幹線ケーブルの両端のパッチパネル間の伝送路をパーマネントリンクといいます。

チャネルがワークエリアコードやパッチコードを含むのに対し、パーマネントリンクはワークエリアコード、機器コード、パッチコードおよびジャンパを含まみません。ただし、リンクの両端の接続は含みます。

☑パーマネントリンクとは、水平配線においては、通信アウトレットとフロア配線盤との伝送路をいう。また、幹線配線においては、幹線ケーブルの両端のパッチパネル間の伝送路をいう。(平成29年第2回)

☑パーマネントリンクは、ワークエリアコード、機器コード、パッチコードおよびジャンパを含まない。ただし、リンクの両端の接続は含む。パーマネントリンクは、CPリンクを含む場合もある。(平成29年第2回)

■6　フィールドテスト

情報配線システムの工事完了時には、フィールドテストを実施します。

☑挿入損失は、信号を発信する装置と受信する装置それぞれをケーブルの両端に取り付けて、入力信号と出力信号の電力比により求められる。

☑電力和近端漏話減衰量は、選択した受信回線以外の残りの全回線の送信レベルを基準として、受信回線に漏れてくる近端側の受信レベルを測定することにより求められる。

☑**反射減衰量**は、入力信号の送信レベルを基準として、反射した信号レベルを測定することにより求められる。

☑伝搬遅延時間差は、任意の1対において、信号の周波数の違いによる位相差を測定することにより求められる。

☑ワイヤマップ試験は、ピン接続に誤りがないかを検出するために行う。(以上4問出典：令和3年第1回)

■7 測定確度

表8-6-4は、測定確度レベルとケーブルカテゴリの関係を示したものです。

表8-6-4 測定確度レベル表

測定確度レベル	適合規格	測定周波数
Ⅱe	カテゴリ5e	1～100MHz
Ⅲ	カテゴリ6	1～250MHz
Ⅲe	カテゴリ6A	1～500MHz
Ⅳ	クラス7/7A	1～600MHz

☑カテゴリ5eケーブル用の試験と認証には、測定確度レベルⅡeに適合したフィールド試験器を用いることが推奨されている。(平成27年第2回)

☑カテゴリ6ケーブル用の試験と認証には、測定確度レベルⅢに適合したフィールド試験器を用いることが推奨されている。(平成27年第2回)

■8 3dB/4dBルール

3dB/4dBルールでは、反射減衰量、近端漏話減衰量および電力和近端漏話減衰量において、挿入損失の値が3dBまたは4dBよりも小さければ、その周波数範囲での性能試験に合格したものとみなすことができるとするものです。

①挿入損失の測定結果が3.0dBを下回る周波数範囲においては、反射減衰量の特性結果が不合格となっても、合格とみなすことができます。

②挿入損失の測定結果が4.0dB未満となる周波数範囲においては、近端漏話減衰量の特性試験に不合格となっても、合格とみなすことができます。

・**3dB**の基準が適用されるのは、**反射減衰量**。

・**4dB**の基準が適用されるのは、**近端漏話減衰量**および電力和近端漏話減衰量です。

光ファイバ試験

技術・理論の第8~第10問などに出題される光ファイバ試験の内容についてまとめています。

重要度：★★★

●OTDR法の測定波形は頻出事項ですので、正確に覚えておきましょう。

1 光コネクタ挿入損失試験

光コネクタの挿入損失試験は、構成により試験方法が異なります。
光ファイバ対プラグ、プラグ対プラグ（光接続コード）が頻出事項になっています。

☑光ファイバの接続に光コネクタを使用したときの挿入損失を測定する試験方法は、光コネクタの構成別にJISで規定されており、**光ファイバ対プラグ**のときの基準試験方法は、**カットバック法**である。（令和4年第1回）

☑光ファイバの接続に光コネクタを使用したときの挿入損失を測定する試験方法は、光コネクタの構成別にJISで規定されており、プラグ対プラグ（光接続コード）のときの基準試験方法は、**挿入法（C）**である。（令和3年第2回）

●この範囲から1～3問程度（2～6点分）の出題が見込まれます。
●各試験方法の中でも、OTDR法に関する出題が多くなっています。

2 光ファイバ損失試験

損失試験の方法は、①**カットバック法**(切断法)、②**挿入損失法**、③**OTDR法**(パルス計算法)と、シングルモードのみに適用される④**損失波長モデル**(行列・ベクトル計算)があります。

①カットバック法(切断法)

☑JIS C 6823:2010光ファイバ損失試験方法に規定する測定方法のうち、入射条件を変えずに、光ファイバ末端から放射される光パワーと、入射地点近くで切断した光ファイバから放射される光パワーを測定し、計算式を用いて光ファイバの損失を求める方法は**カットバック法**である。(令和3年第1回)

☑JIS C 6823:2010光ファイバ損失試験方法では、光導通試験に用いられる装置は、個別の伝送器および受信器から構成され、伝送器は調整可能な安定化直流電源で駆動する光源とし、受信器は、光検出器、**増幅器**および受信パワーレベルを表示する表示器から構成されると規定している。(令和3年第1回)

②挿入損失法

☑挿入損失法は、カットバック法よりも精度は落ちるが、被測定光ファイバおよび両端に固定される端子に対して非破壊で測定できる利点がある。そのため、現場での使用に適しており、主に両端にコネクタが取り付けられている光ファイバケーブルへの使用を目的としている。(平成30年第2回)

☑挿入損失法は、光ファイバ長手方向での損失の解析に使用することができない。(平成30年第2回)

③OTDR法

光ファイバの単一方向の測定であり、光ファイバの異なる箇所から光ファイバの先端まで後方散乱光パワーを測定する方法です。

OTDRに接続した光ファイバケーブルの近端から10メートル前後の範囲は、測定不能区間(デッドゾーン)となります。その範囲での破断点検出を行う際には、赤色光源を用いて目視で行います。

幾つかのパルス幅と繰り返し周波数とを選択できる制御器を備えてもよいとされています。短距離測定の場合は、最適な分解能を与えるために、**短いパルス幅**が必要となります。長距離測定の場合は、非線形現象の影響のない範囲内で、光ピークパワーを大きくすることによってダイナミックレンジを大きくすることができます。

☑OTDRは、測定分解能及び測定距離のトレードオフを最適化するため、幾つかのパルス幅と繰返し周波数とを選択できる**制御器**を備えていてもよい。(令和4年第2回)

☑信号処理装置は、必要に応じて長時間の平均化処理を使用することによって、**信号対雑音比**を向上することができる。(令和4年第2回)

---

④**損失波長モデル**

シングルモード光ファイバだけに適用されます。

3　光導通試験

①装置は、個別の伝送器および受信器から構成されます。

②受信器は、**光検出器**、**増幅器**および受信パワーレベルを表示する**表示器**から構成されます。

③光源は、伝送器内にあり、安定化直流電源で駆動され、大きな放射面を持ちます。光源の例としては、白色光源、発光ダイオード(LED)などがあります。

④光検出器は、光源と整合した受信器(PINホトダイオードなど)を使用します。

4　通光試験

光ケーブル長が短い場合の通光試験方法は、光源に太陽光、懐中電灯などの可視光線を用い、光ケーブルの入力端から入射し、出力端で散乱する光線を目視で確認し、ケーブルに支障がないことを確かめます。

光ケーブル長が長い場合の通光試験方法は、光源に可視LEDまたは可視LDを用い、光ケーブルの入力端から入射し、出力端で散乱する光線を目視で確認し、ケーブルに支障がないことを確かめます。

いずれの場合も、目を傷めるおそれがあるため、光の出射端を直接見てはいけません。

5　性能試験項目

光配線システムの試験項目として、光減衰量、長さ、極性の保持および継続、**伝搬遅延**などが規定されています。

6　OTDR　測定波形

OTDR法で得られる測定波形が試験頻出内容となっております。

図8-7-1の各ポイントを覚えましょう。

図8-7-1　OTDR　測定波形

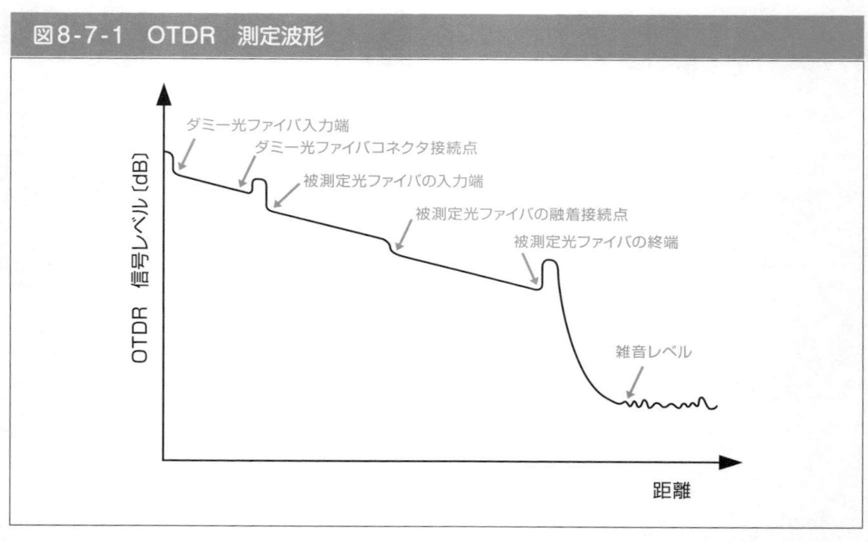

テスタ

技術・理論の第7~第8問などに出題されるLAN配線工事の内容についてまとめています。

重要度：★☆☆

●計算問題は、解き方さえ理解してしまえば容易に解けるようになりますので、解き慣れるまで繰り返し計算の練習をしましょう。

1 デジタルテスタ

(1) 実効値検波方式

正弦波波形にひずみが生じているとき、**実効値検波方式**のデジタル式テスタは、平均値検波方式のデジタル式テスタと比較して指示誤差を小さくできます。

(2) オートレンジ式

オートレンジ式のデジタル式テスタには、一定レンジに固定する**レンジホールド機能**を有するものがあります。測定値がレンジの桁上がりまたは桁下がり付近にあるときなどの測定が不安定となる場合に有効です。

(3) リラティブ測定機能

リラティブ測定機能では、直前の測定値を記憶することができ、その後の測定値を「相対値」として表示させることができます。

この機能を利用して、ゼロオーム調整をすることも可能です。

(4) 測定誤差の範囲

測定値の許容範囲＝真値＋固有誤差で表されます。

●この範囲から１問程度（２点分）の出題が見込まれます。
●出題がないときもありますので、他の単元よりも優先度は低く設定しております。

★**過去問チェック！**（出典：令和３年第１回）

> 測定確度が±（1.6%rdg+2dgt）、分解能が0.1ボルトのデジタル式テスタを用いて、直流200.0ボルトレンジで測定した直流電圧の測定値が100.0ボルトであったとき、測定誤差の範囲は、±**1.8**ボルトである。ただし、rdgは読取値、dgtは最下位桁の数字を表すものとする。

測定誤差の範囲は、「測定確度」の記述から求められます。

測定確度は、±(1.6% rdg＋2dgt)とあり、rdgは測定値のことを指します。

1.6% rdgというのは、測定値100.0Vの1.6%ということになりますので、100.0×0.016を計算します。100.0×0.016＝1.6V

次に、2dgtを計算します。

dgtは最下位けたの数字を表します。本問では「分解能が0.1ボルト」とありますので、0.1の桁が最下位けたとなります。

つまり、2dgtは、2×0.1＝0.2V

測定誤差の範囲＝±(1.6% rdg＋2dgt)より、±(1.6V＋0.2V)＝±1.8V

(5) 測定器のクラス

デジタル式ＡＡ級は、指示値の0.2%＋最大表示値の0.25%以内

デジタル式Ａ級は、指示値の1.5%＋最大表示値の0.5%以内

2 アナログテスタ

(1) 可動コイル形

可動コイル形のアナログ式テスタは、電流目盛の目盛間隔が一定であるため指示値が読み取りやすく、電池などの直流電源を用いた回路の電流測定に適しています。

(2) 直流電流値の測定方法

テストリードの黒色をマイナス端子、赤色をプラス端子に接続して使います。

図8-8-1　アナログ式テスタの直流電流測定方法

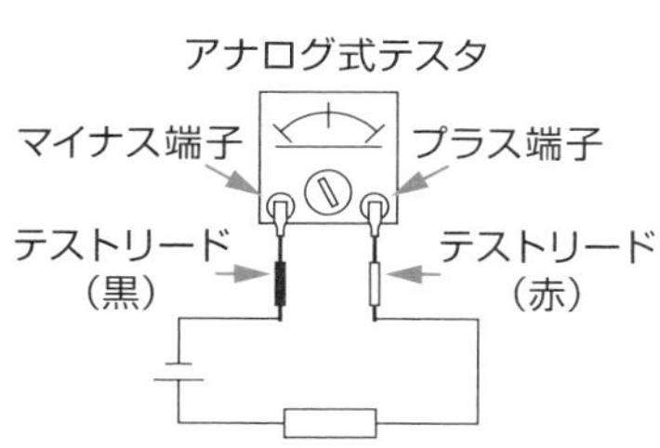

(3) 電池と抵抗測定

アナログ式テスタでは電流・電圧の測定には電池は不要ですが、抵抗の測定には電池が必要となります。

内蔵電池が消耗している場合、正確にゼロオームを指さないことがあります。

(4) 測定レンジとゼロオーム調整

アナログ式テスタでは、測定レンジによってテスタの内部抵抗が異なります。

測定レンジを切り替えるごとにゼロオーム調整を行う必要があります。

(5) 測定誤差の範囲

測定誤差の範囲＝真値＋最大目盛値× $\dfrac{\text{固有誤差〔\%〕}}{100}$

★過去問チェック！（出典：令和３年第２回）

直流電流の測定における固有誤差が±３パーセントのアナログ式テスタを用いて、５ミリアンペアの直流電流を最大目盛値が10ミリアンペアの測定レンジで測定した場合、指針が示す測定値の範囲は**4.7**～**5.3**ミリアンペアである。

固有誤差の±３パーセントというのは、測定レンジに対する値です。

本問では10ミリアンペアに対する±３パーセントということから、

10ミリアンペア×0.03＝0.3ミリアンペア

５ミリアンペアの直流電流に対して、±0.3ミリアンペアの表示ズレが考慮されますので、**4.7**～**5.3**が答えとなります。

(6) 測定器のクラス

アナログ式ＡＡ級は、フルスケールの±２%以内

アナログ式Ａ級は、フルスケールの±３%以内

Question

問題を解いてみよう

下線部分の内容が正しいかどうか答えよ。

問1　発泡ポリエチレンは、ポリエチレンと比較して**誘電率が大きくなり、伝送損失は増大**する。

問2　配線時にケーブルラックなどでケーブル表面が強く擦れると、白い筋が残る白化現象が発生し、**電気的特性が劣化**する。

問3　フロアダクト配線方式では、床スラブ内にケーブルダクトが埋め込まれており、**30センチメートル**間隔で設けられた取出口から配線ケーブルを取り出すことができる。

問4　PBXの設置工事において、主装置などの接地線をケーブルラックに敷設する場合、Ｄ種接地工事が必要となり、接地抵抗は**200オーム**以下としなければなりません。

問5　ポイント・ツー・ポイント配線構成の場合、配線ケーブルに接続されているジャック（MJ）とISDN端末（TE）との間に使用できる延長接続コードは、**最長20メートル**とされている。

答え合わせ

問 1　正解：×

解説

誘電率が小さくなり、伝送損失は減少します。

問 2　正解：×

解説

白化現象は、**電気的特性の劣化を生じません**。
あくまでも、外観上の問題にとどまります。

問 3　正解：×

解説

60 センチメートル間隔で設けられています。

問 4　正解：×

解説

D 種接地工事では、接地抵抗は**100 オーム**以下とされています。

問 5　正解：×

解説

最長 25 メートルとされています。

MEMO

［技術・理論編］施工管理（大問10）

Theme 1

労働安全

技術・理論の第10問などに出題される労働安全の内容についてまとめています。

重要度：★★★

●現場業務などで馴染みがある内容については、実際の状況を想像しながら学習をしましょう。逆に、馴染みがないものに関しては、実務に活かすつもりで学習を進めるとよいでしょう。

1 危険作業

(1) 危険作業の禁止

どのような状況であれ、「危険が予想される」状態で作業はさせてはいけません。「安全上必要な照度を保持できない」状態での作業も禁止です。

(2) 脚立の使用

脚立を使用する場合、脚と水平面の角度を**75度以下**とし、折りたたみ式のものでは、その角度を確実に保つための金具を備えたものを使用することとされています。また、脚立の天板の上に立ったり、脚立をまたいだ作業も行ってはいけません。

(3) 暑さ指数

労働環境において、作業者が受ける暑熱環境による熱ストレスの評価を行うための指標の1つであり、気温、湿度および日射・輻射熱の要素を取り入れて蒸し暑さを1つの単位で総合的に表した指数は、**暑さ指数** (WBGT) といわれ、この値が作業内容に応じて設定された基準値を超える場合には、熱中症の予防措置を徹底することが重要です。

- この範囲から1問程度（2点分）の出題が見込まれます。
- 1つひとつの内容は難しくはないため、ひっかけ問題が作られやすいところです。「だけ」「のみ」など、限定的な表現には注意が必要です。

2 安全活動

(1) 危険予知（KY）活動

KY活動は、職場の小単位で、現場の作業、設備、環境などをみながら、もしくはイラストを使用して、作業の中に潜む危険要因を摘出し、それに対する対策について話し合いを行うことにより、作業事故や人身事故などを未然に防止するための活動をいいます。

KY活動における4ラウンド法では、第1ラウンドで**現状把握**、第2ラウンドで**本質追及**、第3ラウンドで**対策樹立**、第4ラウンドで**目標設定**の手順で進められます。

(2) ツールボックスミーティング

作業開始前に職場の小単位のグループが短時間で仕事の範囲、段取り、各人ごとの作業の安全ポイントなどについて打ち合わせを行うものです。

(3) 3S、4S、5S活動

5S活動は整理・整頓・清掃・しつけ・清潔の頭文字を取ったもの。

整理・整頓・清掃の3S活動、整理・整頓・清掃＋清潔の4S活動もあります。

☑**整理**とは、必要なものと不必要なものを区分し、不必要なものを片付けることをいう。（平成29年第2回）

☑**整頓**とは、必要なものを必要なときにすぐに使用できるように、決められた場所に準備しておくことをいう。（令和2年第2回）

☑**清潔**とは、整理・整頓・清掃が繰り返され、汚れのない状態を維持していることをいう。（令和2年第2回）

---

(4) 指さし呼称

作業者の錯覚、誤判断、誤操作などを防止し、作業の正確性を高める効果が期待できるものであり、誤りの発生率をより低減できます。

(5) ほう・れん・そう運動

報告、連絡、相談を積極的に行うことを推奨するものです。

(6) 安全朝礼

安全朝礼は、安全に関する大きな意識の共有や、目標を宣言するためのものです。安全朝礼で安全意識を大きく共有し、ツールボックスミーティングなどで、具体的な安全活動に落とし込んで行きます。

(7) 安全パトロール

安全パトロール（職場巡視）において留意すべきことは、問題点の背後要因の追跡・調査分析などを後工程として結びつけることです。

実施者の主観により指摘、評価および指導内容が大きく違わないようにするため、チェックリストを作成し、活用することが望ましいとされています。

(8) ヒヤリハット、ハインリッヒの法則

1件の重大事故の背後には29の軽微な事故があり、さらにその背後には300件の**ヒヤリハット**があるという経験則は**ハインリッヒの法則**といわれ、事故を防ぐためには、ヒヤリハットの段階で対処することが必要です。

ヒヤリハット報告制度は、作業者に経験したヒヤリハット事例を報告させるものです。この制度を継続させて職場に定着させるためには、いかなる原因で生じたヒヤリハットであっても作業者を責めてはなりません。

(9) フールプルーフ

フールプルーフは、ミスが発生しないように設計にすることをいいます。

例：洗濯機のふたが閉まらないと動かないなど

(10) フェールセーフ

フェールセーフは、装置やシステムなどが故障したとき、安全な状態をとるようにしておくものです。

例：踏切が故障したら、遮断機が下りっぱなしになるなど

(11) リスクアセスメント

リスク特定、リスク分析およびリスク評価の全般的なプロセスは、**リスクアセスメント**といわれます。

リスクアセスメントでは、次のような手順で労働災害防止対策を講じていきます。

手順1　危険性または有害性の**特定**
手順2　危険性または有害性ごとのリスクの**見積もり**
手順3　リスク低減のための**優先度の設定**、リスク低減措置内容の**検討**
手順4　リスク低減措置の**実施**

(12) 安全施工サイクル

作業を安全に行うために、朝礼、作業前のミーティングから始まって作業終了時の確認までの節目節目に、作業場所の巡視や打合せを盛り込んだ安全管理のサイクルをいいます。

(13) 労働安全衛生マネジメントシステム

労働安全衛生マネジメントシステム（OSHMS）における「日常的な安全衛生活動」には、KY活動、4S活動、ヒヤリ・ハット事例の収集およびこれに係わる対策の実施などがあります。

試験制度変更の経緯について

ネットワークの運用、管理に求められる専門知識、能力の変化への対応として、工事担任者試験の制度変更が行われました。受験者数の推移などを踏まえた制度体系の簡素化や、電気通信関係の資格であることが明確にわかるよう名称変更がなされました。

資格の名称は第一種が第一級、第三種が第二級に改称されました。また、受験者数が減少していたAIとDDの第二種は共に廃止となりました（第二種の試験は、令和3年度から3年間に限り実施されます）。

交付済みの工事担任者資格者証は引き続き有効で工事、監督の範囲に変更はありません。

また、試験科目は従来どおり「基礎」「技術及び理論」「法規」の3科目のままで、科目合格の有効期間（3年間）は引き続き有効となります。

他、科目免除資格の追加なども行われました。

改正されたばかりではありますが、今後もISDNサービスの完全終了に伴うアナログ通信資格の再編なども想定されるところです。

通信技術の大幅な進歩により、工事担任者試験の制度改革はまだまだ目が離せません。

Theme 2 設計・施工管理

技術・理論の第10問などに出題される設計・施工管理の内容についてまとめています。

重要度：★★★

●実務に活かすことができる知識も含まれていますので、実際のプロジェクトと結びつけるイメージで学習していただくと、理解しやすくなります。

1 各種設計・施工管理図

(1) 工事費と施工出来高

原価管理に関して、工事費と施工出来高を表すグラフがよく出題されます。

図9-2-1　工事原価と施工出来高、損益分岐点

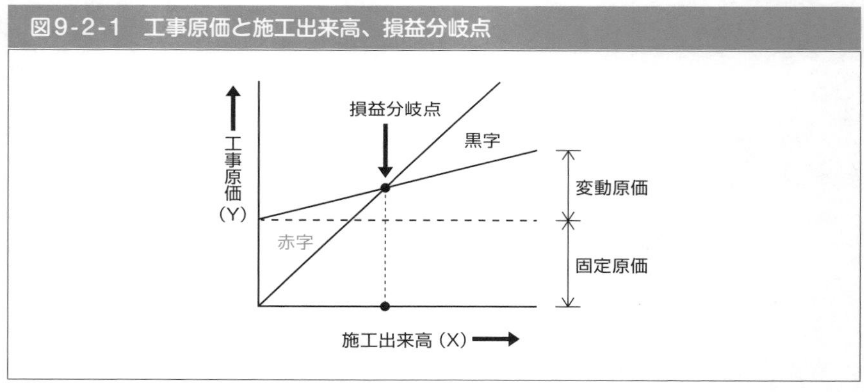

固定原価の高さから出発している直線が、工事原価を表しています。

もう1つの直線は、施工出来高（=売上）を表しています。工事が進むほど施工出来高は上がりますが、工事費もかかります。収益がいわゆる赤字か黒字かを表す点が、損益分岐点です。損益分岐点の左側が赤字、右側が黒字となります。

●この範囲から2問程度（4点分）の出題が見込まれます。
●アローダイアグラム1問と、管理図などから1問の構成が多く見られます。

(2) PDCAサイクル

問題解決および課題達成のプロセスにおいて、PDCAサイクルが有効です。
PDCAサイクルの4つの手順について、確認しておきましょう。

①Plan(計画):工程表、施工計画書の作成
②Do(実行):作業員教育、工事の実施
③Check(評価):作業量のチェック、問題点の把握
④Action(改善):作業手順の改善、施工計画の修正。

PDCAサイクルにより継続的な業務改善を図ることをスパイラルアップといいます。

(3) 工期・建設費曲線

工期と建設費の関係を表したものです。

図9-2-2 工期・建設費曲線

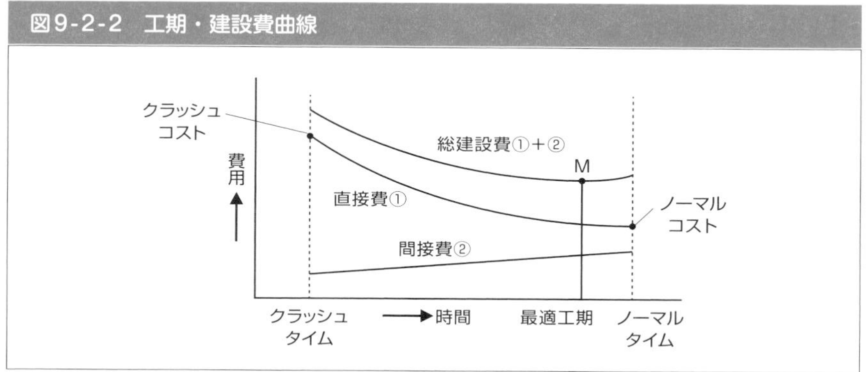

直接費、間接費と総建設費の関係を押さえておきましょう。

直接費とは、工事に直接必要な費用のことを指します。代表的な例としては、材料費、労務費(人件費)などがあります。

間接費は、現場管理費・一般管理費などが挙げられます。

図9-2-2のノーマルタイムとは、直接費が最小となるような施工速度で進めた場合にかかる時間のことを指し、ノーマルタイムで実施したときにかかる直接費をノーマルコストといいます。

クラッシュタイムは、工期をこれ以上短縮できないという最短の時間のことを指します。また、そのときにかかる直接費をクラッシュコストといいます。

(4) パレート図

図9-2-3　パレート図

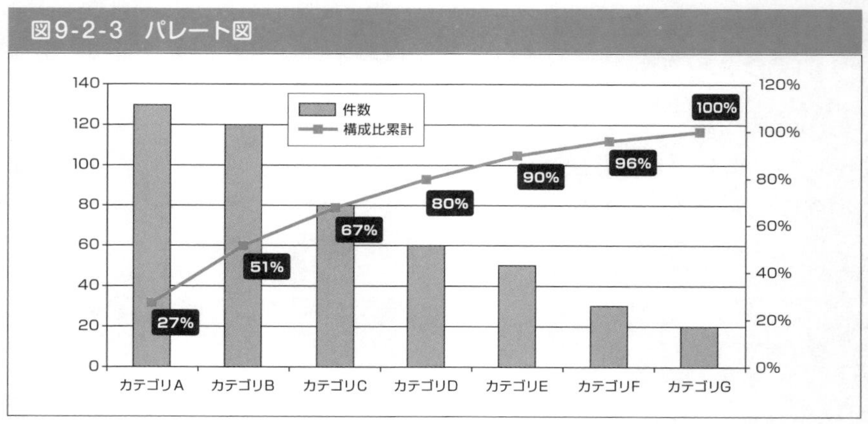

パレート図は、項目別に層を分け、出現頻度の大きさ順に並べられると共に、累積和が示された図になっています。

(5) ヒストグラム

図9-2-4　ヒストグラム

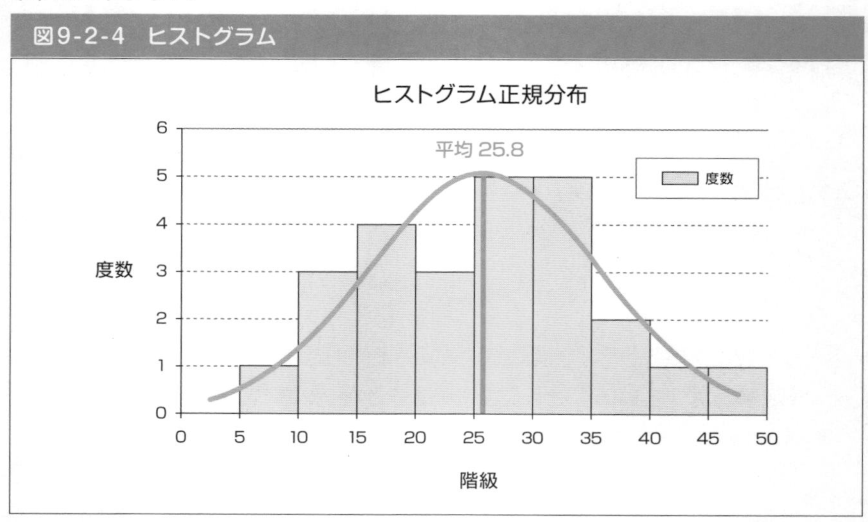

ヒストグラムは2つの特性を横軸と縦軸とし、長方形の柱により構成されるグラフです。

2つの特性の相関関係を見るために使用されます。

(6) チェックシート

①データの分類項目を決定する

②記録ヒストグラム用紙の形式を決定する

③期間を定めてデータを収集する

④データ用紙にマーキングする

⑤必要事項（目的、データ数、期間、作成者など）を記入する

(7) バナナ曲線

図9-2-5　バナナ曲線

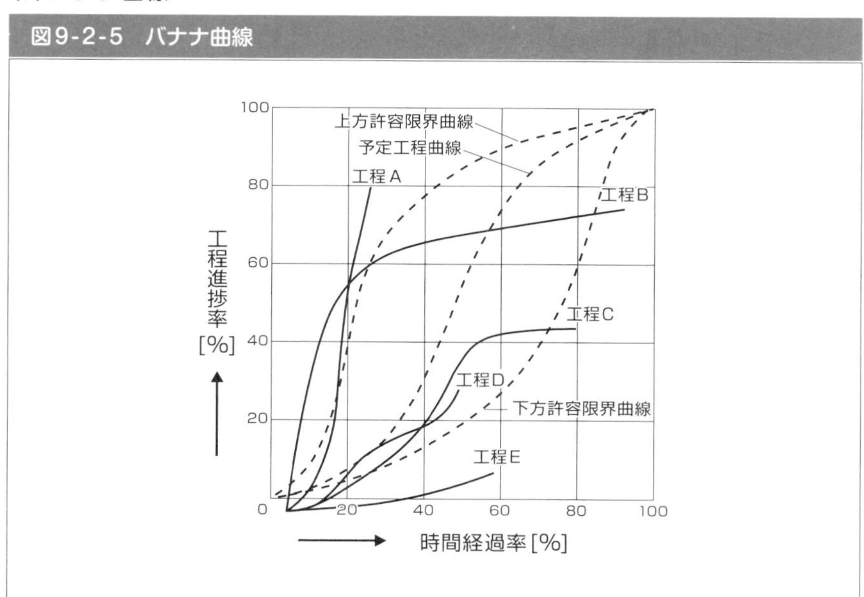

バナナの形に似ていることから「バナナ曲線」と呼ばれます。

図で気をつけて欲しい点は、上方許容限界曲線と下方許容限界曲線です。この2つの曲線に挟まれているところは、進捗率と時間が許容される範囲です。この2つの曲線の外側にあるもの（例えば工程E）は、対策が必要です。

(8) シューハート管理図

工程が安定した状態にあるかを調べるために使用する図です。上側管理限界線(UCL)や下側管理限界線(LCL)などを持つのが特徴です。

図9-2-6　シューハート管理図

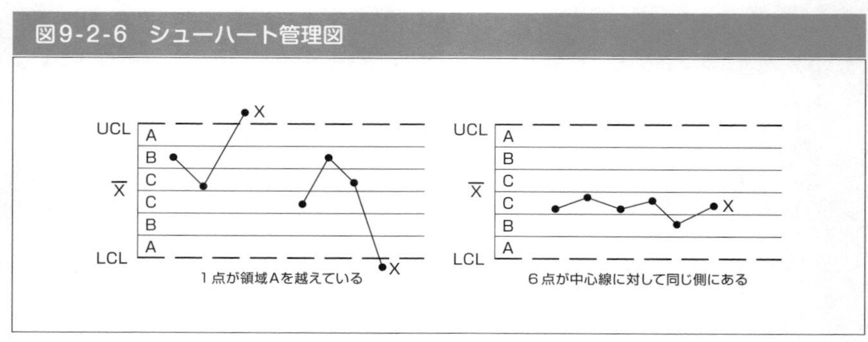

シューハート管理図では、次のルール1〜8いずれかに該当するときは、作業を止めて、工程や作業方法などの見直しが必要であると判断されます。

ルール1:**1点が領域Aを超えている。**
ルール2:9点が中心線に対して同じ側にある。
ルール3:**6点が増加、または減少している。**
ルール4:14の点が交互に増減している。
ルール5:連続する3点中、2点が領域Aまたはそれを超えた領域にある。
ルール6:**連続する5点中、4点が領域Bまたはそれを超えた領域にある。**
ルール7:連続する15点が領域Cに存在する。
ルール8:連続する8点が領域Cを超えた領域にある。

太字で記載したルール1、3、6は特に注意して覚えておきましょう。

次の内容も覚えましょう。

「シューハート管理図上の管理限界線は、中心線からの両側へ3シグマの距離にある。シグマは、母集団の既知の、または推定された標準偏差である。」

「シューハート管理図において、統計的管理状態にある場合、管理限界内には近似的に99.7パーセントの打点値が含まれ、この管理限界は警戒限界ともいわれる。」

(9) 工程・原価・品質の関係図

図9-2-7は工程・原価・品質の関係を表す図です。

図9-2-7　工程・原価・品質の関係図

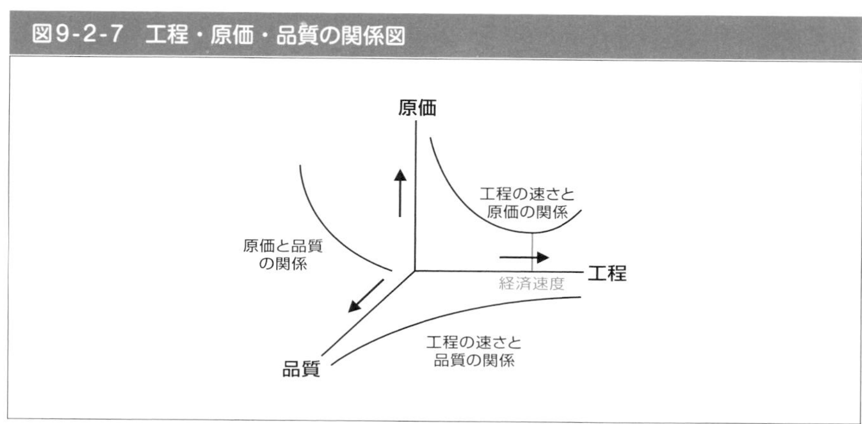

図中にある経済速度とは、工事費が最小となる施工速度のことをいいます。

(10) 散布図

2つの特性を横軸と縦軸とし、観測値を打点して作るグラフは、散布図といわれます。

図9-2-8　散布図

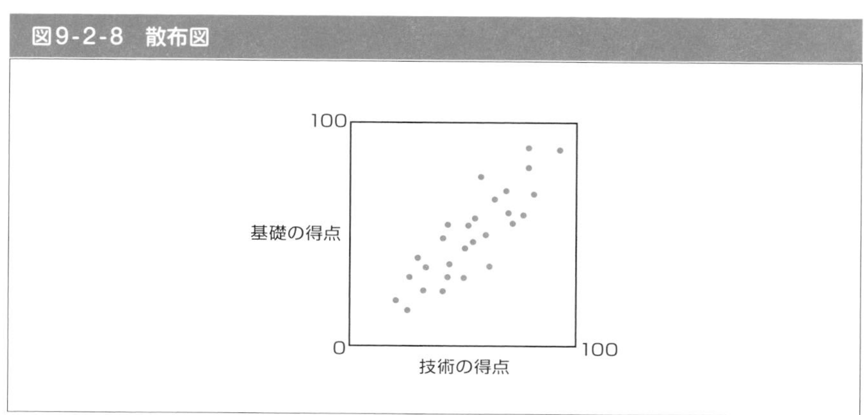

(11) アローダイアグラム

アローダイアグラムは、工程管理ツールの一種です。

クリティカルパス（プロジェクトの全工程を線で結んだ時に最長となる経路のこと）を求めることにより、全体の計画日程がわかります。

他の工程を短縮しても、クリティカルパスが短縮されなければ、全体工期は短縮されません。クリティカルパスが工程の中で重要な位置づけになります。

図9-2-9からクリティカルパスを求めてみましょう。 ▶解説動画

図9-2-9　アローダイアグラム例

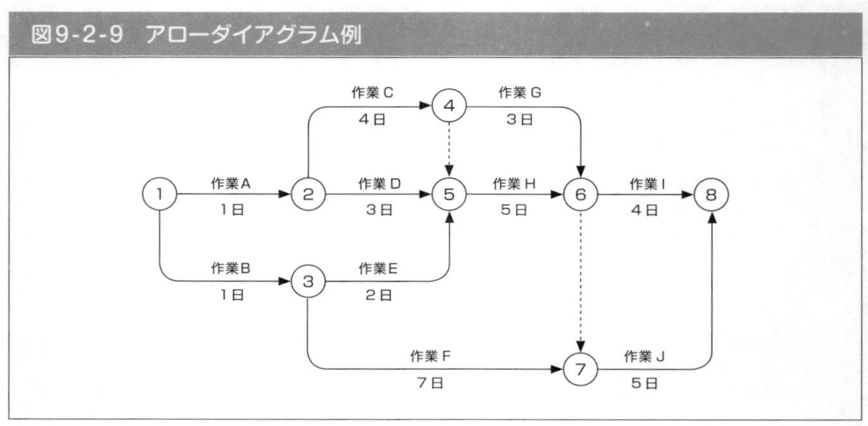

アローダイアグラムでは、次の3つのルールに従い、全体の日数を求めていきます。

ルール1:**スタートを0日**とし、**矢印に従って進み、書かれた日数を足し算していく。**

ルール2:**破線部分は作業日数0日**とする。

ルール3:作業日数が複数ある**結合点**では、**数字が一番大きい日を基準**にする。

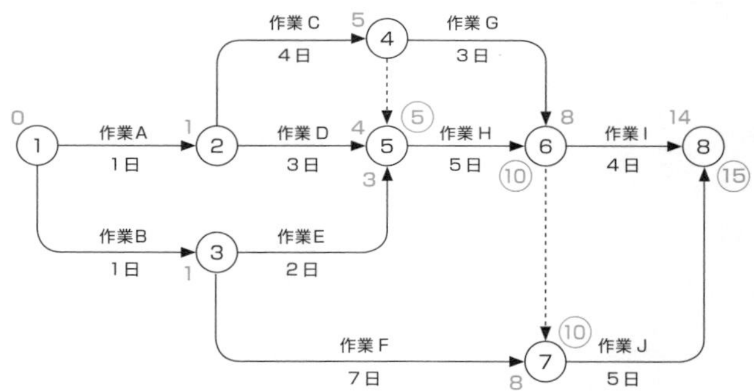

※結合点において、数字が一番大きい日を○で囲っております。

クリティカルパスは最長となる経路のことですから、図9-2-9の例では①→②→④→⑤→⑥→⑦→⑧の経路で、全体工期は15日と算出することができます。

全体工期を短縮したい場合は、この経路に関わる作業を短縮する必要があります。(例えば、⑤→⑥の間に位置する作業Hを短縮するなど)

アローダイアグラムの問題は慣れが必要ですが、慣れれば得点源になります。

Question

問題を解いてみよう

下線部分の内容が正しいかどうか答えよ。

問1　脚立を使用する場合、脚と水平面の角度を**60度**以下とし、折りたたみ式のものでは、その角度を確実に保つための金具を備えたものを使用することとされている。

問2　KY活動における4ラウンド法では、**第1ラウンドで現状把握、第2ラウンドで対策樹立、第3ラウンドで本質追究、第4ラウンドで目標設定**の手順で進められる。

問3　3S活動の3Sとは一般に整理・整頓・清潔をいい、これに**しつけ**を加えた活動は4S活動といわれる。

問4　1件の重大事故の背後には29件の軽微な事故があり、さらにその背後には300件のヒヤリハットがあるという経験則は**マーフィンの法則**といわれる。

問5　シューハート管理図において、統計的管理状態にある場合、管理限界内には近似的に99.7パーセントの打点値が含まれ、この管理限界は**警戒限界**ともいわれる。

Answer 答え合わせ

問1　正解：×

解説

75度以下が正しい数値です。

問2　正解：×

解説

第1ラウンドで現状把握、第2ラウンドで**本質追究**、第3ラウンドで**対策樹立**、第4ラウンドで目標設定の手順で進められます。

問3　正解：×

解説

3S活動の3Sとは、一般に、整理・整頓・清掃をいいます。

また、4S活動は3Sに**清潔**を加えたものであり、5S活動は4Sに**しつけ**を加えたものをいいます。

問4　正解：×

解説

正しくは、**ハインリッヒの法則**です。

問5　正解：○

第10章

［法規編］ 各種法令規則（大問1～5）

Theme 1

電気通信事業法

法規の第１問に出題される電気通信事業法および同施工規則についてまとめています。

重要度：★★★

- この単元は、電気通信事業法および同法施工規則にて構成されています。
- 重要キーワードの箇所は赤字で示しております。

1　電気通信事業法

1　総則

（目的）

この法律は、電気通信事業の公共性にかんがみ、その運営を適正かつ合理的なものとすることにより、**電気通信役務の円滑な提供**を確保するとともにその利用者の利益を保護し、もって電気通信の健全な発達及び国民の利便の確保を図り、**公共の福祉を増進**することを目的とする。

（利用の公平）

電気通信事業者は、**電気通信役務の提供**について、**不当な差別的取扱い**をしてはならない。

○　**電気通信役務の提供**

×　**端末設備の技術基準適合認定審査の実施**

（基礎的電気通信役務の提供）

基礎的電気通信役務を提供する電気通信事業者は、その**適切**、**公平**かつ安定的な提供に努めなければならない。

- この範囲から５問程度（20点分）の出題が見込まれます。
- 電気通信事業法の目的に合致する内容を中心に、問題が作成されています。

（重要通信の確保）

1　電気通信事業者は、**天災**、事変その他の非常事態が発生し、又は発生するおそれがあるときは、災害の予防若しくは救援、交通、通信若しくは**電力の供給の確保**又は**秩序の維持**のために必要な事項を内容とする通信を**優先的**に取り扱わなければならない。公共の利益のため緊急に行うことを要するその他の通信であって総務省令で定めるものについても、同様とする。

2　電気通信事業者は、必要があるときは、総務省令で定める基準に従い、電気通信業務の**一部を停止**することができる。

3　電気通信事業者は、重要通信の**円滑な実施**を他の電気通信事業者と相互に連携を図りつつ確保するため、他の電気通信事業者と電気通信設備を相互に接続する場合には、**総務省令**で定めるところにより、重要通信の優先的な取扱いについて取り決めることその他の必要な措置を講じなければならない。

○　**総務省令**
×　**業務規程、管理規定**

（電気通信事業の登録）

電気通信事業を営もうとする者は、総務大臣の登録を受けなければならない。ただし、次に掲げる場合は、この限りでない。

一　その者の設置する電気通信回線設備の規模及び当該電気通信回線設備を設置する**区域の範囲**が総務省令で定める基準を超えない場合

○　**区域の範囲**
×　**利用者の数**

（業務の改善命令）

総務大臣は、次の各号のいずれかに該当すると認めるときは、電気通信事業者に対し、利用者の利益又は公共の利益を確保するために必要な限度において、**業務の方法の改善**その他の措置をとるべきことを命ずることができる。

一　電気通信事業者の業務の方法に関し**通信の秘密**の確保に支障があるとき。
二　電気通信事業者が特定の者に対し**不当な差別的取扱**いを行っているとき。
三　電気通信事業者が**重要通信**に関する事項について**適切に配慮**していないとき。
四　電気通信事業者が提供する電気通信役務に関する**提供条件**（料金を除く）が電気

通信回線設備の使用の態様を不当に制限するものであるとき。

五　**事故**により電気通信役務の提供に支障が生じている場合に電気通信事業者がその支障を**除去**するために必要な**修理その他の措置**を速やかに行わないとき。

○　①**事故**　②**除去**　③**修理その他の措置**

×　①自然災害　②回避　③電気通信業務

（技術基準適合命令）

総務大臣は、電気通信設備が同項の総務省令で定める技術基準に**適合していない**と認めるときは、当該電気通信設備を設置する電気通信事業者に対し、その技術基準に適合するように当該設備を**修理し、若しくは改造**することを命じ、又はその**使用を制限**することができる。

（管理規程）

1　電気通信事業者は、総務省令で定めるところにより、事業用電気通信設備の管理規程を定め、電気通信事業の開始前に、総務大臣に**届け出**なければならない。

2　管理規程は、電気通信役務の**確実かつ安定的な**提供を確保するために電気通信事業者が遵守すべき次に掲げる事項に関し、総務省令で定めるところにより、必要な内容を定めたものでなければならない。

○　**届け出**

×　許可

（端末設備の接続の技術基準）

1　電気通信事業者は、利用者から端末設備*をその電気通信回線設備に接続すべき旨の請求を受けたときは、その接続が**総務省令で定める技術基準**に適合しない場合その他**総務省令で定める場合**を除き、その請求を拒むことができない。

○　①**総務省令**　②**総務省令で定める場合**

×　①指定認定機関　②電気通信事業者が契約約款、電気通信事業者が定める契約約款

***端末設備**　電気通信回線設備の一端に接続される電気通信設備であって、一の部分の設置の場所が他の部分の設置の場所と同一の構内（これに準ずる区域内を含む。）または同一の建物内であるものをいう。

2　前項の総務省令で定める技術基準は、次の事項が確保されるものとして定められなければならない。

一　電気通信回線設備を損傷し、又はその**機能に障害を与えない**ようにすること。

二　電気通信回線設備を利用する他の利用者に**迷惑を及ぼさない**ようにすること。

三　電気通信事業者の設置する電気通信回線設備と利用者の接続する端末設備との**責任の分界が明確**であるようにすること。

（端末機器技術基準適合認定）

1　登録認定機関は、その登録に係る技術基準適合認定を受けようとする者から求めがあった場合には、総務省令で定めるところにより**審査**を行い、当該求めに係る端末機器が総務省令で定める技術基準に適合していると認めるときに限り、技術基準適合認定を行うものとする。

2　登録認定機関は、その登録に係る技術基準適合認定をしたときは、総務省令で定めるところにより、その端末機器に技術基準適合認定をした旨の**表示を付さなければならない。**

3　何人も、電気通信事業法の規定により端末機器に技術基準適合認定をした旨の表示を付する場合を除くほか、国内において端末機器又は端末機器を組み込んだ製品にこれらの表示又はこれらと**紛らわしい表示を付してはならない。**

（表示が付されていないものとみなす場合）

1　登録認定機関による技術基準適合認定を受けた端末機器であって電気通信事業法の規定により表示が付されているものが総務省令で定める技術基準に適合していない場合において、総務大臣が電気通信回線設備を利用する**他の利用者**の**通信への妨害**の発生を防止するため特に必要があると認めるときは、当該端末機器は、表示が付されていないものとみなす。

2　**総務大臣**は、端末機器について表示が付されていないものとみなされたときは、その旨を公示しなければならない。

○　**総務大臣**

×　登録認定機関

（端末設備の接続の検査）

1　利用者は、適合表示端末機器を接続する場合その他総務省令で定める場合を除き、電気通信事業者の電気通信回線設備に端末設備を接続したときは、当該電気通信事業者の**検査**を受け、その接続が総務省令で定める技術基準に適合していると認められた後でなければ、これを使用してはならない。

2　電気通信回線設備を設置する電気通信事業者は、**端末設備に異常がある**場合その他**電気通信役務の円滑な提供**に支障がある場合において必要と認めるときは、**利用者**に対し、その端末設備の接続が電気通信事業法で定める技術基準に適合するかどうかの検査を受けるべきことを求めることができる。この場合において、当該利用者は、正当な理由がある場合その他総務省令で定める場合を除き、その請求を拒んではならない。

○　**利用者**
×　総務大臣

3　検査に従事する者は、端末設備の設置の場所に立ち入るときは、その身分を示す**証明書**を携帯し、関係人に提示しなければならない。

（自営電気通信設備の接続）

電気通信事業者は、電気通信回線設備を設置する電気通信事業者以外の者から自営電気通信設備をその電気通信回線設備に接続すべき旨の請求を受けたときは、次に掲げる場合を除き、その請求を拒むことができない。

一　その自営電気通信設備の接続が、総務省令で定める**技術基準に適合しないとき。**
二　その自営電気通信設備を接続することにより当該電気通信事業者の電気通信回線設備の**保持**が**経営上困難**となることについて当該電気通信事業者が**総務大臣の認定**を受けたとき。

○　**総務大臣の認定**
×　仲裁委員の承認、登録認定機関の承認

（工事担任者資格者証）

工事担任者資格者証の種類及び工事担任者が行い、又は監督することができる端末設備**若しくは自営電気通信設備**の接続に係る工事の範囲は、総務省令で定める。

○　**若しくは自営電気通信設備**
×　及び電気通信回線設備

（資格者証を交付する場合）

総務大臣は、工事担任者資格者証の交付を受けようとする者の養成課程で、総務大臣が総務省令で定める基準に適合するものであることの認定をしたものを**修了**した者に対し、工事担任者資格者証を交付する。

○　**修了**
×　受講

（資格者証を交付しない場合）

総務大臣は、電気通信事業法の規定により工事担任者資格者証の**返納**を命ぜられ、その日から**1年**を経過しない者に対しては、工事担任者資格者証の交付を行わないことができる。

総務大臣は、電気通信事業法の規定により**罰金**以上の刑に処せられ、その執行を終わり、又はその執行を受けることがなくなった日から**2年**を経過しない者に対しては、工事担任者資格者証の交付を行わないことができる。

○　①**1年**　②**2年**
×　①2年　②3年

(2) 電気通信事業施行規則

（利用者からの端末設備の接続請求を拒める場合）

利用者から、端末設備であって電波を使用するもの及び公衆電話機その他**利用者による接続**が著しく**不適当**なものの接続の請求を受けた場合とする。

○　①**利用者による接続**　②**不適当**
×　①電気通信事業者による接続の検査　②困難

(緊急に行うことを要する通信)

電気通信事業法に基づき、**公共の利益**のため緊急に行うことを要するその他の通信として総務省令で定める通信は、次の表に掲げる事項を内容とする通信であって、同表に掲げる機関等において行われるものとする。

表10-1-1　緊急に行うことを要する通信

通信の内容	機関等
一　火災、集団的疫病、交通機関の**重大な事故**その他人命の安全に係る事態が発生し、又は発生するおそれがある場合において、その予防、救援、復旧等に関し、緊急を要する事項	(1) 予防、救援、復旧等に直接関係がある機関相互間 (2) 左記の事態が発生し、又は発生するおそれがあることを知った者と (1) の機関との間
二　**治安の維持**のため緊急を要する事項	(1) 警察機関相互間　(2) 海上保安機関相互間　(3) 警察・海上保安機関相互間 (4) 犯罪が発生し、又は発生するおそれがあることを知った者と警察機関又は海上保安機関との間
三　**国会議員**又は地方公共団体の長若しくはその議会の議員の選挙の執行又はその結果に関し、緊急を要する事項	選挙管理機関相互間
四　**天災**、**事変**その他の災害に際し、災害状況の報道を内容とするもの	新聞社等の機関相互間
五　**気象**、**水象**、**地象**若しくは**地動の観測の報告**又は**警報**に関する事項であって、緊急に通報することを要する事項	気象機関相互間
六　**水道**、**ガス**等の国民の日常生活に必要不可欠な役務の提供その他**生活基盤を維持**するため緊急を要する事項	上記の通信を行う者相互間

Theme 2

工事担任者規則、有線電気通信法他

重要度：★★★

法規の第2問に出題される工事担任者規則、端末機器の技術基準適合認定、有線電気通信法についてまとめています。

- 端末機器の技術基準適合認定では、端末機器の種類とアルファベット（A～F）との対応関係が問われます。
- 有線電気通信法では、長文の中で「検査」「使用」など細かい部分のひっかけ問題がよく出されています。

1 工事担任者規則

（工事担任者を要しない工事）

次の場合は、工事担任者を**要しない**。

○ **要しない**
× 要する

一　**専用設備**に端末設備又は自営電気通信設備（端末設備等）を接続するとき。
二　**船舶**又は航空機に設置する端末設備を接続するとき。
三　端末設備を総務大臣が別に告示する方式により接続するとき。

- この範囲から５問程度（20点分）の出題が見込まれます。
- 工事範囲に関して、試験では総合通信以外（第二級デジタル通信など）がよく問われます。総合通信の試験だから他の種別は覚えなくてよいということにはなりませんので、注意が必要です。

(資格者証の種類及び工事の範囲)

工事担任者が**工事**を行い、又は**監督**することができる端末設備等の接続に係る工事の範囲は、次の表に掲げるとおりとする。

表10-2-1　資格者証の種類と工事の範囲

資格者証の種類	工事の範囲
第一級アナログ通信	**アナログ伝送路設備**に端末設備等を接続するための工事及び**総合デジタル通信用設備**に端末設備等を接続するための工事
第二級アナログ通信	アナログ伝送路設備に端末設備を接続するための工事（収容される電気通信回線の数が1のものに限る。）及び総合デジタル通信用設備に端末設備を接続するための工事（総合デジタル通信回線の数が**基本インタフェース**で1のものに限る。）
第一級デジタル通信	デジタル伝送路設備に端末設備等を接続するための工事。**ただし**、総合デジタル通信用設備に端末設備等を接続するための工事を**除く**。
第二級デジタル通信	デジタル伝送路設備に端末設備等を接続するための工事（接続点におけるデジタル信号の入出力速度が毎秒**1ギガビット**以下であって、主としてインターネットに接続するための回線に限る。）。ただし、総合デジタル通信用設備に端末設備等を接続するための工事を除く。
総合通信	アナログ伝送路設備又はデジタル伝送路設備に端末設備等を接続するための工事

○　①**総合デジタル通信用設備**　②**基本インタフェース**　③**1ギガビット**
×　①デジタル伝送路設備　②64キロビット換算　③64キロビット換算

(工事担任者の努力義務)

工事担任者資格者証の交付を受けた者は、端末設備等の接続に関する知識及び技術の**向上**を図るように努めなければならない。

○　**向上**
×　普及

（資格者証の再交付）

工事担任者は、**氏名に変更**を生じたとき又は**資格者証を汚し、破り若しくは失った**ために資格者証の再交付の申請をしようとするときは、所定の様式の申請書に次に掲げる書類を添えて、総務大臣に提出しなければならない。

一　**資格者証**（資格者証を失った場合を除く。）
二　**写真１枚**
三　**氏名の変更の事実を証する書類**（氏名に変更を生じたときに限る。）

住所の変更は再交付不要です。

☑**資格者証を失った**ことが理由で資格者証の再交付の申請をしようとするときは、別に定める様式の申請書に**写真１枚**を添えて、総務大臣に提出しなければならない。（令和４年第１回）

☑**資格者証を破ったこと**が理由で資格者証の再交付の申請をしようとするときは、別に定める様式の申請書に、**資格者証**及び**写真１枚**を添えて、総務大臣に提出しなければならない。（平成26年第２回）

☑**氏名に変更**を生じたときは、別に定める様式の申請書に**資格者証**、**写真１枚**及び**氏名の変更の事実を証する書類**を添えて、総務大臣に提出しなければならない。（平成29年第１回）

○　**氏名の変更**
×　住所の変更

（返納を命ぜられた場合）

工事担任者資格者証の返納を命ぜられた者は、その処分を受けた日から**10日以内**にその資格者証を総務大臣に返納しなければならない。資格者証の再交付を受けた後失った資格者証を発見したときも同様とする。

○　**10日以内**
×　30日以内

2　端末機器の技術基準適合認定等に関する規則

(表示)

技術基準適合認定をした旨の表示を付するときは、端末機器の見やすい箇所に付す方法、又は、端末機器に**電磁的方法**により記録し、当該端末機器の**映像面**に**直ちに明瞭な状態**で表示することができるようにする方法のいずれかによると規定されている。

技術基準適合認定を受けた端末機器の認定番号の最初の1文字は、次表のとおりである。

表10-2-2　端末機器の種類と認定番号の記号

端末機器の種類	記号
アナログ電話用設備又は**移動電話**用設備に接続される端末機器	**A**
無線呼出用設備に接続される端末機器	**B**
総合デジタル通信用設備に接続される端末機器	**C**
専用通信回線設備又は**デジタルデータ伝送**用設備に接続される端末機器	**D**
インターネットプロトコル電話用設備に接続される端末機器	**E**
インターネットプロトコル移動電話用設備に接続される端末機器	**F**

記号に関するひっかけ問題が多発しています。ほぼ毎回出題されているので、要注意です。

技術基準適合認定番号の**最後の3文字**は、総務大臣が別に定める**登録認定機関**の区別である。

3　有線電気通信法

(目的)

この法律は、有線電気通信設備の設置及び使用を規律し、有線電気通信に関する秩序を確立することによって、**公共の福祉の増進に寄与**することを目的とする。

（定義）

1 「有線電気通信」とは、送信の場所と受信の場所との間の線条その他の導体を利用して、電磁的方式により、符号、音響又は影像を送り、伝え、又は受けることをいう。

2 「有線電気通信設備」とは、有線電気通信を行うための機械、器具、線路その他の電気的設備（無線通信用の有線連絡線を含む。）をいう。

（有線電気通信設備の届出）

有線電気通信設備を設置しようとする者は、次の事項を記載した書類を添えて、設置の工事の開始の日の**2週間**前まで（工事を要しないときは、設置の日から2週間以内）に、その旨を総務大臣に届け出なければならない。

1 **有線電気通信の方式の別**

2 設備の**設置の場所**

3 設備の概要

○ **設置の場所**

× **工事の体制、使用の態様**

（有線電気通信設備変更の届出）

有線電気通信設備（その設置について総務大臣に届け出る必要のないものを除く。）を設置した者は、有線電気通信の方式の別、設備の設置の場所又は設備の概要に係る事項を**変更しようとするとき**は、変更の工事の開始の日の2週間前までに、工事を要しないときは、**変更の日から2週間以内**に、その旨を総務大臣に届け出なければならない。

○ **変更の日**

× **設置の日**

（本邦外にわたる有線電気通信設備）

本邦内の場所と本邦外の場所との間の有線電気通信設備は、電気通信事業者が**その事業の用に供する**設備として設置する場合を除き、設置してはならない。ただし、特別の事由がある場合において、総務大臣の許可を受けたときは、この限りでない。

（技術基準）

1　**他人の設置する有線電気通信設備に妨害を与えない**ようにすること。

2　**人体に危害**を及ぼし、又は物件に損傷を与えないようにすること。

○　**他人の設置する有線電気通信設備に妨害**

×　**重要通信の確保に支障**

（設備の検査等）

1　総務大臣は、この法律の施行に必要な限度において、有線電気通信設備を設置した者からその設備に関する報告を徴し、職員にその**設備若しくは帳簿書類を検査**させることができる。

2　立入検査をする職員は身分を示す証明書を携帯し、関係人に提示しなければならない。

（設備の改善等の措置）

総務大臣は、有線電気通信設備を設置した者に対し、その設備が技術基準に適合しないため他人の設置する有線電気通信設備に妨害を与え、又は人体に危害を及ぼし、若しくは物件に損傷を与えると認めるときは、その妨害、危害又は損傷の**防止又は除去**のため必要な限度において、その設備の使用の停止又は改造、修理その他の措置を命ずることができる。

（非常事態における通信の確保）

総務大臣は、天災、事変その他の非常事態が発生し、又は発生するおそれがあるときは、有線電気通信設備を設置した者に対し、災害の予防若しくは救援、交通、通信若しくは**電力の供給の確保若しくは秩序の維持**のために必要な通信を行い、又はこれらの通信を行うためその有線電気通信設備を**他の者に使用**させ、**若しくはこれを他の有線電気通信設備に接続すべき**ことを命ずることができる。

○　**①他の者に使用　②若しくはこれを他の有線電気通信設備に接続すべき**

×　**①設置した者に検査　②その設備の改善措置をとるべき**

Theme 3

端末設備等規則 Ⅰ

法規の第３問に出題される端末設備等規則についてまとめています。

重要度：★★★

●試験では同じポイントが繰り返し出題されており、そこを意識して勉強をすることで学習効率が大きく改善します。本書掲載の「ひっかけ」ポイントに注意をして見ていきましょう。

1 総則

(1) 定義

（定義）

一 「電話用設備」とは、電気通信事業の用に供する電気通信回線設備であって、主として音声の伝送交換を目的とする電気通信役務の用に供するものをいう。

二 「**アナログ電話用設備**」とは、電話用設備であって、端末設備又は自営電気通信設備を接続する点において**アナログ信号**を入出力とするものをいう。

○ **アナログ信号**

× 音声信号

三 「**アナログ電話端末**」とは、端末設備であって、アナログ電話用設備に接続される点において二線式の接続形式で接続されるものをいう。

四 「**移動電話用設備**」とは、電話用設備であって、端末設備又は自営電気通信設備との接続において**電波**を使用するものをいう。

●この範囲から5問程度（20点分）の出題が見込まれます。

●定義の問題に加えて、絶縁抵抗値や絶縁耐力などに関する規定の数値の出題も多く見られます。数字が示されている部分は特に注意をして見ていきましょう。

○ 電波
× 無線呼出用設備の規定、基地局

五 「**移動電話端末**」とは、端末設備であって、移動電話用設備（インターネットプロトコル移動電話用設備を除く。）に接続されるものをいう。

「移動電話端末」と「無線呼出端末」の規定の中身を入れ替えるひっかけが出されています。

六 「**インターネットプロトコル電話用設備**」とは、電話用設備であって、端末設備又は自営電気通信設備との接続においてインターネットプロトコルを使用するものをいう。

七 「**インターネットプロトコル電話端末**」とは、端末設備であって、インターネットプロトコル電話用設備に接続されるものをいう。

八 「インターネットプロトコル移動電話用設備」とは、移動電話用設備であって、端末設備又は自営電気通信設備との接続において**インターネットプロトコルを使用**するものをいう。

○ インターネットプロトコルを使用
× メディアコンバータを必要、パケット交換プロトコルを使用

九 「**インターネットプロトコル移動電話端末**」とは、端末設備であって、インターネットプロトコル移動電話用設備に接続されるものをいう。

十 「無線呼出用設備」とは、電気通信事業の用に供する電気通信回線設備であって、無線によって利用者に対する呼出し（これに付随する通報を含む。）を行うことを目的とする電気通信役務の用に供するものをいう。

十一 「**無線呼出端末**」とは、端末設備であって、無線呼出用設備に接続されるものをいう。

十二 「**総合デジタル通信用設備**」とは、電気通信事業の用に供する電気通信回線設備であって、主として**64キロビット**毎秒を単位とするデジタル信号の伝送速度により、**符号、音声その他の音響**又は影像を統合して伝送交換することを目的とする電気通信役務の用に供するものをいう。

○　①**64キロビット**　②**符号、音声その他の音響**
×　①128キロビット　②専ら符号

十三　「総合デジタル通信端末」とは、端末設備であって、総合デジタル通信用設備に接続されるものをいう。

十四　「**専用通信回線設備**」とは、電気通信事業の用に供する電気通信回線設備であって、特定の利用者に当該設備を専用させる電気通信役務の用に供するものをいう。

十五　「**デジタルデータ伝送用設備**」とは、電気通信事業の用に供する電気通信回線設備であって、デジタル方式により、専ら**符号**又は影像の伝送交換を目的とする電気通信役務の用に供するものをいう。

○　**符号**
×　音響

十六　「専用通信回線設備等端末」とは、端末設備であって、専用通信回線設備又は**デジタルデータ伝送用設備**に接続されるものをいう。

○　**デジタルデータ伝送用設備**
×　総合デジタル通信用設備

十七　「発信」とは、通信を行う相手を呼び出すための動作をいう。

十八　「応答」とは、電気通信回線からの呼出しに応ずるための動作をいう。

十九　「**選択信号**」とは、主として**相手の端末設備を指定**するために使用する信号をいう。

○　**相手の端末設備を指定**
×　電気通信回線設備に接続、交換機の動作の開始を制御

10　[法規編]各種法令規則

二十　「**直流回路**」とは、端末設備又は自営電気通信設備を接続する点において**2線式**の接続形式を有するアナログ電話用設備に接続して電気通信事業者の交換設備の動作の開始及び終了の制御を行うための回路をいう。

○　**2線式**
×　**プラグジャック式**

二十一　「**絶対レベル**」とは、一の皮相電力の一ミリワットに対する比を**デシベル**で表したものをいう。

○　**デシベル**
×　**絶対値**

二十二　「**通話チャネル**」とは、移動電話用設備と移動電話端末又はインターネットプロトコル移動電話端末の間に設定され、主として音声の伝送に使用する通信路をいう。

二十三　「**制御チャネル**」とは、移動電話用設備と移動電話端末又はインターネットプロトコル移動電話端末の間に設定され、主として制御信号の伝送に使用する通信路をいう。

二十四　「**呼設定用メッセージ**」とは、呼設定メッセージ又は応答メッセージをいう。

二十五　「**呼切断用メッセージ**」とは、切断メッセージ、解放メッセージ又は解放完了メッセージをいう。

(2) 責任の分界

(責任の分界)

利用者の接続する端末設備は、事業用電気通信設備との責任の分界を明確にするため、事業用電気通信設備との間に分界点を有しなければならない。

分界点における接続の方式は、端末設備を**電気通信回線ごと**に事業用電気通信設備から容易に**切り離せる**ものでなければならない。

○　①**電気通信回線ごと**　②**切り離せる**
×　①**接続形式ごと**　②**適合できる**

(3) 安全性等

(漏えいする通信の識別禁止)

端末設備は、漏えいする通信の内容を**意図的に識別する機能を有してはならない**。

○　意図的に識別する機能を有してはならない
×　消去する機能を有しなければならない

(鳴音の発生防止)

端末設備は、**事業用**電気通信設備との間で鳴音（電気的又は**音響**的結合により生ずる発振状態をいう。）を発生することを防止するために**総務大臣**が告示する条件を満たすものでなければならない。

○　①事業用　②音響　③総務大臣
×　①自営　②光学　③電気通信事業者

(絶縁抵抗等)

端末設備の機器は、次の絶縁抵抗及び絶縁耐力を有しなければならない。

一　**絶縁抵抗**は、使用電圧が300ボルト以下の場合にあっては、0.2メガオーム以上であり、300ボルトを超え750ボルト以下の直流及び300ボルトを超え600ボルト以下の交流の場合にあっては、**0.4メガオーム**以上であること。

二　**絶縁耐力**は、使用電圧が**750ボルト**を超える直流及び600ボルトを超える交流の場合にあっては、その使用電圧の**1.5倍**の電圧を連続して**10分間**加えたときこれに耐えること。

○　①750ボルト　②1.5倍　③10分間
×　①300ボルト　②2.5倍　③20分間、15分間

2　端末設備の機器の金属製の台及び筐体は、接地抵抗が**100オーム**以下となるように接地しなければならない。

○　100オーム
×　10オーム

(過大音響衝撃の発生防止)

通話機能を有する端末設備は、通話中に受話器から過大な**音響衝撃**が発生することを防止する機能を備えなければならない。

○ **音響衝撃**
× 誘導雑音

(配線設備等)

一 配線設備等の評価雑音電力（通信回線が受ける妨害であって人間の聴覚率を考慮して定められる**実効的雑音電力**をいい、誘導によるものを含む。）は、絶対レベルで表した値で定常時において**マイナス64デシベル**以下であり、かつ、最大時において**マイナス58デシベル**以下であること。

○ ①**マイナス64デシベル** ②**マイナス58デシベル**
× ①マイナス68デシベル ②マイナス54デシベル

二 配線設備等の電線相互間及び**電線**と**大地**間の絶縁抵抗は、直流**200ボルト**以上の1の電圧で測定した値で**1メガオーム**以上であること。

○ ①**電線** ②**大地** ③**1メガオーム**
× ①電線の中性点 ②筐体 ③0.4メガオーム、2メガオーム、0.2メガオーム

三 配線設備等と**強電流電線との関係**については**有線電気通信設備令**に適合するものであること。

四 事業用電気通信設備を損傷し、又はその機能に障害を与えないようにするため、総務大臣が告示するところにより配線設備等の**設置の方法**を定める場合にあっては、その方法によるものであること。

（端末設備内において電波を使用する端末設備）

電波を使用する端末設備は、次の条件に適合するものでなければならない。

一　総務大臣が告示する条件に適合する**識別符号**（端末設備に使用される無線設備を識別するための符号であって、通信路の設定に当たってその**照合**が行われるものをいう。）を有すること。

○　**照合**
×　登録

二　使用する電波の周波数が空き状態であるかどうかについて、総務大臣が告示するところにより判定を行い、空き状態である場合にのみ**通信路を設定**するものであること。

○　**通信路を設定**
×　直流回路を閉じる、直流回路を開く

三　無線設備は、一の筐体に収められており、かつ、**容易に開けることができない**こと。

○　**容易に開けることができない**
×　気密性を保持できる

Theme 4

端末設備等規則Ⅱ

法規の第４問に出題される端末設備等規則についてまとめています。

重要度：★★★

●ひっかけキーワードは別の条文の重要キーワードになっていることも多いので、ひっかけに対処しつつ知識の整理を図っていきましょう。

1 アナログ電話端末

（基本的機能）

直流回路は、発信又は応答を行うとき**閉じ**、通信が終了したとき開くものでなければならない。

○ **閉じ**

× 開き

（発信の機能）

発信に関する次の機能を備えなければならない。

一　自動的に**選択信号を送出**する場合にあっては、**直流回路を閉じて**から3秒以上経過後に選択信号の送出を開始するものであること。ただし、電気通信回線からの**発信音**又はこれに相当する可聴音を確認した後に選択信号を送出する場合にあっては、この限りでない。

○ **発信音**

× 呼出音

●この範囲から５問程度（20点分）の出題が見込まれます。

●細かい部分のひっかけが多いところですが、同じポイントが繰り返し問われています。過去問の内容を押さえておけば、十分に対処可能です。

二　電気通信回線からの**応答が確認できない**場合、選択信号送出終了後**2分以内**に直流回路を開くものであること。

○　**2分以内**
×　3分以内

三　**自動再発信**を行う場合（自動再発信の回数が15回以内の場合を除く。）にあっては、その回数は最初の発信から**3分間に2回**以内であること。この場合において、最初の発信から3分を超えて行われる発信は、別の発信とみなす。

○　**3分間に2回**
×　2分間に3回

（押しボタンダイヤル信号の条件）

1　**ダイヤル信号周波数**

①　**低群周波数**は、**600**ヘルツから1,000ヘルツまでの範囲内における特定の4つの周波数で規定されている。

②　**高群周波数**は、**1,200**ヘルツから1,700ヘルツまでの範囲内における特定の4つの周波数で規定されている。

○　①**600**　②**1,200**
×　①700　②1,300

2　**2周波電力差**：信号送出電力の許容範囲として規定している**2周波電力差**は、5デシベル以内であり、かつ、低群周波数の電力が高群周波数の電力を超えないものでなければならない。

3　**信号周波数偏差**：信号周波数に対し±**1.5%以内**

4　**信号送出時間**：**50ミリ秒以上**

○　**50ミリ**
×　40ミリ、120ミリ

10
［法規編］各種法令規則

5　**ミニマムポーズ**:**30ミリ秒**以上。ミニマムポーズとは、**隣接する信号間の休止時間の最小値**をいう。

○　**隣接する信号間の休止時間の最小値**
×　信号送出時間と休止時間の和の最小値

6　**周期**:**信号送出時間**と**ミニマムポーズの和。120ミリ**秒以上でなければならない。

○　**120ミリ**
×　30ミリ、60ミリ

7　**ダイヤル番号の種類**:数字および数字以外で**16種類**決められている。

○　**16**
×　12

(緊急通報機能)

通話の用に供するものは、緊急通報番号を使用した警察機関、**海上保安機関**又は**消防機関**への通報を発信する機能を備えなければならない。

○　**消防機関**
×　気象機関

(直流回路の電気的条件等)

1　**直流回路を閉じているとき**のアナログ電話端末の直流回路の電気的条件は、次のとおりでなければならない。

一　直流回路の直流抵抗値は、20ミリアンペア以上120ミリアンペア以下の電流で測定した値で50オーム以上**300オーム**以下であること。
ただし、直流回路の直流抵抗値と電気通信事業者の交換設備からアナログ電話端末までの線路の直流抵抗値の和が**50オーム**以上**1,700オーム**以下の場合にあっては、この限りでない。

○　①**300**オーム　②**1,700**オーム
×　①500オーム　②1,500オーム

二　ダイヤルパルスによる選択信号送出時における直流回路の静電容量は、**3マイクロファラド以下**であること。

○　**3マイクロ**
×　2マイクロ、30マイクロ

2　**直流回路を開いているとき**のアナログ電話端末の直流回路の電気的条件は、次のとおりでなければならない。
一　直流回路の直流抵抗値は、**1メガオーム**以上であること。

○　**1メガ**
×　2メガ

二　直流回路と大地の間の絶縁抵抗は、直流200ボルト以上の1の電圧で測定した値で1メガオーム以上であること。
三　呼出信号**受信**時における直流回路の静電容量は、**3マイクロ**ファラド以下であり、インピーダンスは、75ボルト、16ヘルツの交流に対して2キロオーム以上であること。

○　**3マイクロ**
×　1マイクロ

3　アナログ電話端末は、電気通信回線に対して**直流の電圧**を加えるものであってはならない。

（送出電力）

送出電力の許容範囲は通話の用に供する場合を除き、次ページの表で表される。

項目		送出電力*の許容範囲
4KHzまでの送出電力		**－8**dBm（平均レベル）以下で、かつ、**0**dBm（最大レベル）を超えないこと
不要送出レベル*	**4KHz～8KHz**	**－20dBm**以下
	8KHz～12KHz	－40dBm以下
	12KHz～	**－60dBm**以下

○ ①**－20**dBm ②**－60**dBm
× ①－40dBm ②－70dBm

（漏話減衰量）

漏話減衰量は、**1,500ヘルツにおいて70デシベル以上**でなければならない。

2 移動電話端末

（基本的機能）

一 発信を行う場合は、発信を**要求**する信号を送出すること。
二 応答を行う場合は、**応答を確認**する信号を送出すること。
三 通信を終了する場合は、**チャネルを切断する信号**を送出すること。

○ ①**要求** ②**チャネルを切断する信号**
× ①確認 ②チャネルのブロックを要求する信号

（発信の機能）

移動電話端末は、発信に関する次の機能を備えなければならない。

一 電気通信回線からの**応答が確認できない場合**選択信号送出終了後**1分以内**にチャネルを切断する信号を送出し、送信を停止するものであること。

***送出電力／不要送出レベル** 平衡**600オーム**のインピーダンスを接続して測定した値を絶対レベルで表した値とする。

二　**自動再発信**を行う場合にあっては、その回数は**2回以内**であること。ただし、最初の発信から3分を超えた場合にあっては、別の発信とみなす。

○　①**1分**　②**2回**
×　①2分、3分　②3回

（送信タイミング）

総務大臣が別に告示する条件に適合する送信タイミングで送信する機能を備えなければならない。

（緊急通報機能）

通話の用に供するものは、**緊急通報を発信**する機能を備えなければならない。

○　①**通話の用に供するもの**　②**緊急通報を発信**
×　①自動再発信できないもの　②遭難信号を受信

（漏話減衰量）

漏話減衰量は、**1,500ヘルツ**において70デシベル以上でなければならない。

○　**1,500ヘルツ**
×　1,700ヘルツ

3　インターネットプロトコル電話端末

（基本的機能）

一　**発信又は応答**を行う場合にあっては、呼の設定を行うためのメッセージ又は当該メッセージに対応するためのメッセージを送出するものであること。

二　**通信を終了**する場合にあっては、呼の切断、解放若しくは取消しを行うためのメッセージ又は当該メッセージに対応するためのメッセージ（以下「通信終了メッセージ」という。）を送出するものであること。

（発信の機能）

一　発信に際して相手の端末設備からの応答を自動的に確認する場合にあっては、電気通信回線からの応答が確認できない場合呼の設定を行うためのメッセージ送出終了後2分以内に**通信終了メッセージ**を送出するものであること。

二　自動再発信を行う場合（自動再発信の回数が15回以内の場合を除く。）にあっては、その回数は最初の発信から**3分間に2回**以内であること。この場合において、最初の発信から3分を超えて行われる発信は、別の発信とみなす。

○　**3分間に2回**
×　2分間に3回

（電気的条件等）

1　インターネットプロトコル電話端末は、総務大臣が別に告示する電気的条件及び**光学的**条件のいずれかの条件に適合するものでなければならない。

○　**光学的**
×　機械的

2　インターネットプロトコル電話端末は、電気通信回線に対して**直流の電圧**を加えるものであってはならない。ただし、前項に規定する総務大臣が別に告示する条件において直流重畳が認められる場合にあっては、この限りでない。

（アナログ電話端末等と通信する場合の送出電力）

インターネットプロトコル電話端末がアナログ電話端末等と通信する場合にあっては、通話の用に供する場合を除き、インターネットプロトコル電話用設備とアナログ電話用設備との接続点においてデジタル信号をアナログ信号に変換した送出電力は、**平均レベル**（端末設備の使用状態における平均的なレベル（実効値））で**マイナス3dBm**以下でなければならない。

4 インターネットプロトコル移動電話端末

（発信の機能）

インターネットプロトコル移動電話端末は、発信に関する次の機能を備えなければならない。

一　発信に際して相手の端末設備からの応答を自動的に確認する場合にあっては、電気通信回線からの応答が確認できない場合呼の設定を行うためのメッセージ送出終了後128秒以内に通信終了メッセージを送出するものであること。

二　自動再発信を行う場合にあっては、その回数は**3回**以内であること。ただし、最初の発信から3分を超えた場合にあっては、別の発信とみなす。

三　前号の規定は、火災、盗難その他の非常の場合にあっては、適用しない。

（送信タイミング）

インターネットプロトコル移動電話端末は、総務大臣が別に告示する条件に適合する送信タイミングで送信する機能を備えなければならない。

5 総合デジタル通信用設備

（基本的機能）

次の機能を備えなければならない。

一　発信又は応答を行う場合、**呼設定用メッセージ**を送出するものであること。

○　**呼設定用メッセージ**
×　初期設定用メッセージ

二　通信を終了する場合、**呼切断用メッセージ**を送出するものであること。

○　**呼切断用メッセージ**
×　初期設定メッセージ、中断メッセージ、電源切断用メッセージ

（発信の機能）

発信に関する次の機能を備えなければならない。

一　電気通信回線からの**応答が確認できない場合**、呼設定メッセージ送出終了後2分以内に呼切断用メッセージを送出するものであること。

二　**自動再発信を行う場合**（自動再発信の回数が15回以内の場合を除く。）にあっては、その回数は最初の発信から**3分間に2回以内**であること。この場合において、最初の発信から**3分を超えて**行われる発信は、別の発信とみなす。

○　①**3分間に2回**　②**3分を超えて**

×　①2分間に3回　②2分を超えて

（電気的条件等）

一　総務大臣が告示する**電気的条件及び光学的条件**のいずれかの条件に適合するものでなければならない。

二　電気通信回線に対して**直流の電圧**を加えるものであってはならない。

○　①**光学的条件**　②**直流**の電圧

×　①機械的条件、磁気的条件　②交流

（アナログ電話端末等と通信する場合の送出電力）

送出電力は**－3dBm（平均レベル）以下**とする。

○　**－3dBm（平均レベル）以下**

×　平均レベルで－10dBm以下で、かつ、最大レベルで0dBmを超えてはならない

6　専用通信回線設備又はデジタルデータ伝送用設備

（電気的条件等）

一　総務大臣が告示する電気的条件及び光学的条件のいずれかの条件に適合するものでなければならない。

二　電気通信回線に対して直流の電圧を加えるものであってはならない。ただし、総務大臣が告示する条件において直流重畳が認められる場合にあっては、この限りでない。

（漏話減衰量）

漏話減衰量は、**1,500ヘルツ**において70デシベル以上でなければならない。

○　**1,500ヘルツ**
×　1,000ヘルツ

（インターネットプロトコルを使用する専用通信回線設備等端末）

一　専用通信回線設備等端末（デジタルデータ伝送用設備に接続されるものに限る。以下同じ。）であって、デジタルデータ伝送用設備との接続においてインターネットプロトコルを使用するもののうち、電気通信回線設備を介して接続することにより当該専用通信回線設備等端末に備えられた電気通信の機能（送受信に係るものに限る。以下同じ。）に係る設定を変更できるものは、当該専用通信回線設備等端末に備えられた電気通信の機能に係る設定を変更するための**アクセス制御**機能を有しなければならない。

二　当該専用通信回線設備等端末が有するアクセス制御機能に係る識別符号であって、初めて当該専用通信回線設備等端末を利用するときにあらかじめ設定されているものの**変更**を促す機能若しくはこれに準ずるものを有すること又は当該識別符号について当該専用通信回線設備等端末の機器ごとに異なるものが付されていること若しくはこれに準ずる措置が講じられていること。

○　**変更**
×　記録

三　当該専用通信回線設備等端末の電気通信の機能に係る**ソフトウェアを更新**できること。

四　当該専用通信回線設備等端末への電力の供給が停止した場合であっても、第一号のアクセス制御機能に係る設定及び前号の機能により更新された**ソフトウェアを維持**できること。

Theme 5

有線電気通信設備令、不正アクセス禁止法等

重要度：★★★

法規の第5問に出題される有線電気通信設備令（施工規則含む）、不正アクセス禁止法、電子署名法等についてまとめています。

- 有線電気通信設備令施工規則は数字に関する出題が多いところです。
- 一方、不正アクセス禁止法、電子署名法に関しては数字の出題は少なく、用語に関するところが問われています。

1 有線電気通信設備令（施工規則含む）

（定義）

1 **電線** 有線電気通信（送信の場所と受信の場所との間の線条その他の導体を利用して、電磁的方式により信号を行うことを含む。）を行うための導体（絶縁物又は保護物で被覆されている場合は、これらの物を含む。）であって、強電流電線に重畳される通信回線に**係るもの以外のもの**。

○ **係るもの以外のもの**
× 係るもの

2 **絶縁電線** **絶縁物のみ**で被覆されている電線

○ **絶縁物のみ**
× 絶縁物及び保護物

- この範囲から5問程度（20点分）の出題が見込まれます。
- 有線電気通信設備令は数字のひっかけが多く、苦しむところです。一方、不正アクセス禁止法、電子署名法は得点しやすい単元です。

3　**ケーブル**　**光ファイバ並びに光ファイバ以外の絶縁物及び保護物**で被覆されている電線

○　**光ファイバ並びに光ファイバ以外の絶縁物及び保護物**
×　光ファイバ以外の絶縁物

4　**強電流電線**　強電流電気の伝送を行うための導体（**絶縁物又は保護物で被覆**されている場合は、これらの物を含む。）

○　**絶縁物又は保護物で被覆**
×　つり線、支線などで支持

5　**線路**　送信の場所と受信の場所との間に設置されている電線及びこれに係る中継器その他の機器（これらを支持し、又は保蔵するための**工作物を含む**。）

○　**工作物を含む**
×　工作物を除く

6　**支持物**　電柱、支線、つり線その他電線又は強電流電線を支持するための工作物

7　**離隔距離**　線路と他の物体（線路を含む。）とが**気象条件による位置の変化により最も接近した場合**におけるこれらの物の間の距離

○　**気象条件による位置の変化により最も接近した場合**
×　定常状態

8　**音声周波**　周波数が**200ヘルツ**を超え、3,500ヘルツ以下の電磁波

○　**200ヘルツ**
×　300ヘルツ、250ヘルツ

9　**高周波**　周波数が**3,500ヘルツを超える**電磁波

○　**3,500ヘルツを超える**
×　1ギガヘルツ以下、3000ヘルツ

10　**絶対レベル**　1の**皮相電力**の1ミリワットに対する比をデシベルで表わしたもの

○　**皮相電力**
×　有効電力

11　**平衡度**　通信回線の**中性点**と大地との間に**起電力**を加えた場合におけるこれらの間に生ずる電圧と通信回線の端子間に生ずる電圧との比をデシベルで表わしたもの

○　①**中性点**　　②**起電力**
×　①分界点　　②漏話電力

（使用可能な電線の種類）

有線電気通信設備に使用する電線は、**絶縁電線又はケーブル**でなければならない。ただし、総務省令で定める場合は、この限りでない。

○　**ケーブル**
×　強電流絶縁電線

（通信回線の平衡度）

通信回線（導体が光ファイバであるものを除く。）の平衡度は、**1,000ヘルツ**の交流において**34デシベル**以上でなければならない。

（線路の電圧及び通信回線の電力）

1　通信回線の線路の電圧は、**100ボルト**以下でなければならない。ただし、電線としてケーブルのみを使用するとき、又は人体に危害を及ぼし、若しくは物件に損傷を与えるおそれがないときは、この限りでない。

○　100ボルト
×　200ボルト

2　通信回線の**電力**は、絶対レベルで表わした値で、その周波数が音声周波であるときはプラス10デシベル以下、高周波であるときはプラス20デシベル以下でなければならない。

（架空電線の支持物）

架空電線の支持物は、その架空電線が他人の設置した架空電線又は架空強電流電線と交差し、又は接近するときは、次の各号により設置しなければならない。

1　一　他人の設置した架空電線又は架空強電流電線を挟み、又はこれらの間を通ることがないようにすること。

二　架空強電流電線との間の離隔距離は、次表（10-5-1）で定める値以上とすること。

表10-5-1 架空電線の支持物と架空強電流電線との間の離隔距離

架空強電流電線の使用電圧及び種別		離隔距離
低圧		30センチメートル
高圧	強電流ケーブル	30センチメートル
	その他の強電流電線	60センチメートル
35,000ボルト以下	強電流ケーブル	50センチメートル
	特別高圧強電流絶縁電線	1メートル
	その他の強電流電線	2メートル

2　道路上に設置する電柱、架空電線と架空強電流電線とを架設する電柱その他の総務省令で定める電柱は、総務省令で定める**安全係数**をもたなければならない。

3　架空電線の支持物には、取扱者が昇降に使用する足場金具等を地表上**1.8メートル**未満の高さに取り付けてはならない。ただし、総務省令で定める場合は、この限りでない。

○　1.8メートル
×　2.5メートル、2.0メートル

（架空電線の高さ）

架空電線の高さは、その架空電線が道路上にあるとき、鉄道又は軌道を横断するとき、及び河川を横断するときは、**総務省令で定めるところによらなければならない。**

○ **総務省令で定めるところによらなければならない**
× 総務大臣に届け出なければならない

総務省令で定める架空電線の高さは、次の各号によらなければならない。

一　架空電線が**道路上**にあるときは、横断歩道橋の上にあるときを除き、路面から**5メートル**（交通に支障を及ぼすおそれが少ない場合で工事上やむを得ないときは、歩道と車道との区別がある道路の歩道上においては、2.5メートル、その他の道路上においては、4.5メートル）以上であること。
二　架空電線が**横断歩道橋の上**にあるときは、その路面から**3メートル**以上であること。
三　架空電線が鉄道又は軌道を横断するときは、軌条面から6メートル（車両の運行に支障を及ぼすおそれがない高さが6メートルより低い場合は、その高さ）以上であること。
四　架空電線が河川を横断するときは、舟行に支障を及ぼすおそれがない高さであること。

（架空電線と他人の設置した架空電線等との関係）

1　架空電線は、他人の設置した架空電線との離隔距離が**30センチメートル**以下となるように設置してはならない。ただし、その他人の承諾を得たとき、又は設置しようとする架空電線（これに係る中継器その他の機器を含む。以下この条において同じ。）が、その他人の設置した架空電線に係る作業に支障を及ぼさず、かつ、その他人の設置した架空電線に損傷を与えない場合として総務省令で定めるときは、この限りでない。

○ **30センチ**
× 60センチ

2　架空電線は、架空強電流電線と交差するとき、又は架空強電流電線との水平距離がその架空電線若しくは架空強電流電線の支持物のうち**いずれか高いもの**の高さに相当する距離以下となるときは、総務省令で定めるところによらなければ、設置してはならない。

○　**いずれか高いもの**
×　**いずれか低いもの**

（強電流電線に重畳される通信回線）

強電流電線に重畳される通信回線は、左の各号により設置しなければならない。

一　重畳される部分とその他の部分**とを安全に分離し、且つ、開閉できる**ようにすること。
二　重畳される部分に異常電圧が生じた場合において、その他の部分を保護するため総務省令で定める保安装置を設置すること。

（屋内電線）

屋内電線（光ファイバを除く。以下この条において同じ。）と大地との間及び屋内電線相互間の絶縁抵抗は、直流100ボルトの電圧で測定した値で、1メグオーム以上でなければならない。

屋内電線は、屋内強電流電線との離隔距離が**30センチメートル**以下となるときは、総務省令で定めるところによらなければ、設置してはならない。

○　**30センチ**
×　**60センチ**

（屋内電線と屋内強電流電線との交差又は接近）

屋内電線が低圧の屋内強電流電線と交差し、又は同条に規定する距離以内に接近する場合には、屋内電線は、次の各号に規定するところにより設置しなければならない。

1　屋内電線と屋内強電流電線との離隔距離は、**10センチメートル**（屋内強電流電線が強電流裸電線であるときは、**30センチ**メートル）以上とすること。
ただし、屋内強電流電線が**300ボルト**以下である場合において、屋内電線と屋内強電流電線との間に絶縁性の隔壁を設置するとき、又は屋内強電流電線が絶縁管（絶縁性、難燃性及び耐水性のものに限る。）に収めて設置されているときは、この限りでない。

○　**30センチ**
×　15センチ

2　屋内電線が**高圧**の屋内強電流電線と交差し、又は同条に規定する距離以内に接近する場合には、屋内電線と屋内強電流電線との離隔距離が**15**センチメートル以上となるように設置しなければならない。
ただし、屋内強電流電線が強電流ケーブルであって、屋内電線と屋内強電流電線との間に耐火性のある堅ろうな隔壁を設けるとき、又は屋内強電流電線を耐火性のある堅ろうな管に収めて設置するときは、この限りでない。

（有線電気通信設備の保安）

有線電気通信設備は、総務省令で定めるところにより、絶縁機能、避雷機能その他の保安機能をもたなければならない。

2　不正アクセス禁止法

（目的）

この法律は、不正アクセス行為を禁止するとともに、これについての罰則及びその再発防止のための都道府県公安委員会による援助措置等を定めることにより、**電気通信回線を通じて行われる電子計算機**に係る犯罪の防止及びアクセス制御機能により実現される電気通信に関する秩序の維持を図り、もって**高度情報通信社会の健全な発展**に寄与することを目的とする。

○　**①電気通信回線を通じて行われる電子計算機　②高度情報通信社会の健全な発展**
×　①インターネット　②電子商取引の普及に寄与

（定義）

「アクセス管理者」とは、電気通信回線に接続している電子計算機（以下「特定電子計算機」という。）の利用（当該電気通信回線を通じて行うものに限る。以下「特定利用」という。）につき当該特定電子計算機の**動作を管理する者**をいう。

「識別符号」とは、特定電子計算機の特定利用をすることについて当該特定利用に係るアクセス管理者の許諾を得た者（以下「利用権者」という。）及び当該アクセス管理者（以下この項において「利用権者等」という。）に、当該アクセス管理者において当該利用権者等を他の利用権者等と区別して識別することができるように付される符号であって、次のいずれかに該当するもの又は次のいずれかに該当する符号とその他の符号を組み合わせたものをいう。

①**当該アクセス管理者**によってその内容をみだりに第三者に知らせてはならないものとされている符号
②当該利用権者等の身体の全部若しくは一部の影像又は音声を用いて当該アクセス管理者が定める方法により作成される符号
③当該利用権者等の署名を用いて**当該アクセス管理者**が定める方法により作成される符号

○　**当該アクセス管理者**
×　総務大臣

「不正アクセス行為」とは、次の各号のいずれかに該当する行為をいう。

①アクセス制御機能を有する特定電子計算機に電気通信回線を通じて当該アクセス制御機能に係る他人の識別符号を入力して当該特定電子計算機を作動させ、当該アクセス制御機能により制限されている**特定利用**をし得る状態にさせる行為
②アクセス制御機能を有する特定電子計算機に電気通信回線を通じて当該アクセス制御機能による特定利用の制限を免れることができる情報（識別符号であるものを除く。）又は指令を入力して当該特定電子計算機を作動させ、その制限されている**特定利用**をし得る状態にさせる行為
③電気通信回線を介して接続された他の特定電子計算機が有するアクセス制御機能によりその**特定利用**を制限されている特定電子計算機に電気通信回線を通じてその制限を免れることができる情報又は指令を入力して当該特定電子計算機を作動させ、その制限されている特定利用をし得る状態にさせる行為

（アクセス管理者による防御措置）

アクセス制御機能を特定電子計算機に付加したアクセス管理者は、当該アクセス制御機能に係る識別符号又はこれを当該アクセス制御機能により確認するために用いる符号の適正な管理に努めるとともに、常に当該アクセス制御機能の**有効性を検証し**、必要があると認めるときは速やかにその機能の高度化その他当該特定電子計算機を不正アクセス行為から防御するため必要な措置を講ずるよう努めるものとする。

3　電子署名法

（目的）

この法律は、電子署名に関し、電磁的記録**の真正な成立の推定**、特定認証業務に関する認定の制度その他必要な事項を定めることにより、電子署名の円滑な利用の確保による情報の電磁的方式による流通及び情報処理の促進を図り、もって**国民生活の向上及び国民経済**の健全な発展に寄与することを目的とする。

○　①**の真正な成立の推定**　②**国民生活の向上**

×　①に係る犯罪の防止　②個人情報の保護及び電子商取引

（定義）

「**電子署名**」とは、電磁的記録（電子的方式、磁気的方式その他**人の知覚によっては認識**することができない方式で作られる記録であって、電子計算機による情報処理の用に供されるものをいう。）に**記録することができる情報**について行われる措置であって、次の要件のいずれにも該当するものをいう。

○　**人の知覚によっては認識**

×　本人以外は任意に改変

①当該情報が当該措置を行った者の**作成**に係るものであることを示すためのものであること。

②当該情報について改変が行われていないかどうかを確認することができるものであること。

「**認証業務**」とは、**自らが行う**電子署名についてその業務を利用する者（以下「利用者」という。）その他の者の求めに応じ、当該利用者が電子署名を行ったものであることを確認するために用いられる事項が当該利用者に係るものであることを証明する業務をいう。

「**特定認証業務**」とは、電子署名のうち、その方式に応じて本人だけが行うことができるものとして主務省令で定める基準に適合するものについて行われる認証業務をいう。

（電磁的記録の真正な成立の推定）

電磁的記録であって情報を表すために作成されたもの（公務員が職務上作成したものを除く。）は、当該電磁的記録に記録された情報について**本人による電子署名**（これを行うために必要な符号及び物件を適正に管理することにより、本人だけが行うことができることとなるものに限る。）が行われているときは、**真正に成立**したものと推定する。

○　**本人による電子署名**
×　暗号化によるセキュリティ対策

Question

問題を解いてみよう

問1 「工事担任者規則」または「端末機器の技術基準適合認定等に関する規則」の規定に関して、下の空欄①～⑩にあてはまる文言を答えよ。

(工事担任者を要しない工事)

次の場合は、工事担任者を要しない。

(①) に端末設備又は自営電気通信設備 (端末設備等) を接続するとき。

(資格者証の種類及び工事の範囲)

工事担任者が工事を行い、又は監督することができる端末設備等の接続に係る工事の範囲は、次の表に掲げるとおりとする。

資格者証の種類	工事の範囲
第二級デジタル通信	デジタル伝送路設備に端末設備等を接続するための工事 (接続点におけるデジタル信号の入出力速度が毎秒 (②) 以下であって、主としてインターネットに接続するための回線に限る。)。ただし、総合デジタル通信用設備に端末設備等を接続するための工事を (③)。

(資格者証を交付しない場合)

総務大臣は、電気通信事業法の規定により工事担任者資格者証の返納を命ぜられ、その日から (④) を経過しない者に対しては、工事担任者資格者証の交付を行わないことができる。

総務大臣は、電気通信事業法の規定により罰金以上の刑に処せられ、その執行を終わり、又はその執行を受けることがなくなった日から (⑤) を経過しない者に対しては、工事担任者資格者証の交付を行わないことができる。

（返納を命ぜられた場合）

工事担任者資格者証の返納を命ぜられた者は、その処分を受けた日から（　⑥　）日以内にその資格者証を総務大臣に返納しなければならない。資格者証の再交付を受けた後失った資格者証を発見したときも同様とする。

（表示）

技術基準適合認定をした旨の表示を付するときは、端末機器の見やすい箇所に付す方法、又は、端末機器に（　⑦　）により記録し、当該端末機器の映像面に直ちに（　⑧　）で表示することができるようにする方法のいずれかによると規定されている。

技術基準適合認定を受けた端末機器の認定番号の最初の1文字は、次表のとおりである。

端末機器の種類	記号
（　⑨　）に接続される端末機器	A
無線呼出用設備に接続される端末機器	B
総合デジタル通信用設備に接続される端末機器	C
（　⑩　）に接続される端末機器	D
インターネットプロトコル電話用設備に接続される端末機器	E
インターネットプロトコル移動電話用設備に接続される端末機器	F

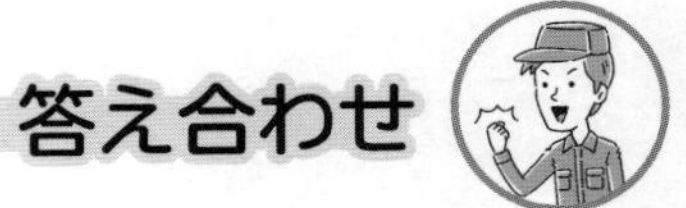

問1

【工事担任者規則】

（工事担任者を要しない工事）

次の場合は、工事担任者を要しない。

（①**専用設備**）に端末設備又は自営電気通信設備（端末設備等）を接続するとき。

（資格者証の種類及び工事の範囲）

工事担任者が工事を行い、又は監督することができる端末設備等の接続に係る工事の範囲は、次の表に掲げるとおりとする。

資格者証の種類	工事の範囲
第二級デジタル通信	デジタル伝送路設備に端末設備等を接続するための工事（接続点におけるデジタル信号の入出力速度が毎秒（②**1ギガビット**）以下であって、主としてインターネットに接続するための回線に限る。）。ただし、総合デジタル通信用設備に端末設備等を接続するための工事を（③**除く**）。

（資格者証を交付しない場合）

総務大臣は、電気通信事業法の規定により工事担任者資格者証の返納を命ぜられ、その日から（④**1年**）を経過しない者に対しては、工事担任者資格者証の交付を行わないことができる。

総務大臣は、電気通信事業法の規定により罰金以上の刑に処せられ、その執行を終わり、又はその執行を受けることがなくなった日から（⑤**2年**）を経過しない者に対しては、工事担任者資格者証の交付を行わないことができる。

（返納を命ぜられた場合）

工事担任者資格者証の返納を命ぜられた者は、その処分を受けた日から（⑥**10**）日以内にその資格者証を総務大臣に返納しなければならない。資格者証の再交付を受けた後失った資格者証を発見したときも同様とする。

【端末機器の技術基準適合認定等に関する規則】

（表示）

技術基準適合認定をした旨の表示を付するときは、端末機器の見やすい箇所に付す方法、又は、端末機器に（⑦**電磁的方法**）により記録し、当該端末機器の映像面に直ちに（⑧**明瞭な状態**）で表示することができるようにする方法のいずれかによると規定されている。

技術基準適合認定を受けた端末機器の認定番号の最初の1文字は、次表のとおりである。

端末機器の種類	記号
（⑨**アナログ電話用設備**又は**移動電話用設備**）に接続される端末機器	A
無線呼出用設備に接続される端末機器	B
総合デジタル通信用設備に接続される端末機器	C
（⑩**専用通信回線設備**又は**デジタルデータ伝送用設備**）に接続される端末機器	D
インターネットプロトコル電話用設備に接続される端末機器	E
インターネットプロトコル移動電話用設備に接続される端末機器	F

MEMO

模擬問題（第1回）

（制限時間65分）

Question

問題を解いてみよう

■模擬問題（基礎 - 第１回）

次の各文章の（　　　　）内に、それぞれの解答群の中から最も適したものを選び、その番号を記せ。

問１

(1) 図に示す回路において、抵抗Rが（　　　　）オームであるとき、この抵抗Rに流れる電流は、3アンペアである。ただし、電池の内部抵抗は無視するものとする。

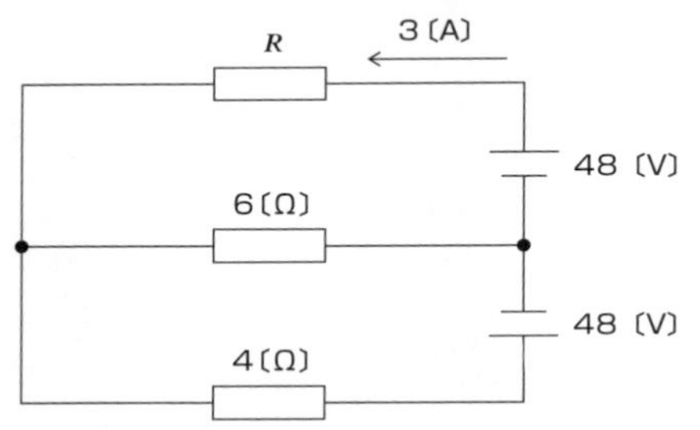

①　2　　②　3　　③　4　　④　5　　⑤　6

(2) 図に示す回路において、コイルに流れる交流電流 I_L が12アンペアであるとき、全交流電流Iは、（　　　　）アンペアである。

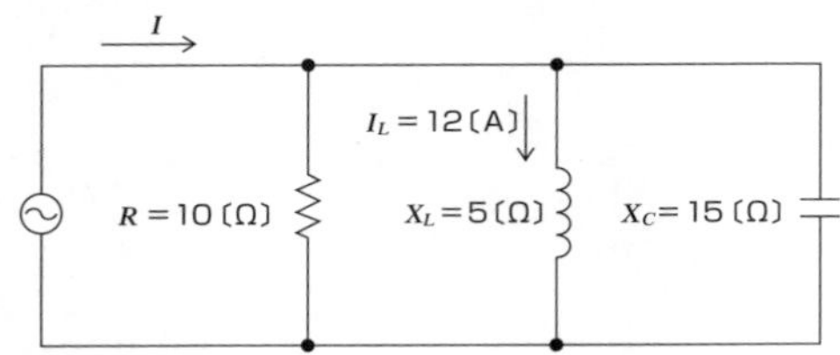

①　2　　②　5　　③　10　　④　12　　⑤　13

問2

(1) 原子の構造などについて述べた次の2つの記述は、(　　　　)。

A　原子は、原子核とその周りを運動する電子から構成される。原子は、全体として電気的に中性を保っているが、何らかの原因により電子の数が不足した場合、負電荷を帯びたイオンとなる。

B　シリコン原子は4個の価電子を持っている。これらの価電子は、原子核から最も外側の軌道(m殻)に位置する。

①　Aのみ正しい　　②　Bのみ正しい
③　AもBも正しい　　④　AもBも正しくない

(2) 半導体中の自由電子または正孔に濃度差があるとき、自由電子または正孔が濃度の高い方から低い方に移動する。この現象は、(　　　　)といわれる。

①　拡散　　②　整合　　③　イオン化　　④　再結合　　⑤　帰還

問3

(1) 表に示す2進数のX_1～X_3を用いて、計算式(加算)$X_0=X_1+X_2+X_3$からX_0を求め、2進数で表示すると、X_0の先頭から(左から)6番目と7番目の数字は、(　　　　)である。

2進数
X_1 = 110111
X_2 = 1111001
X_3 = 10111001

①　00　　②　01　　③　10　　④　11

(2) 図1に示す論理回路において、Mの論理素子が(　　　　)であるとき、入力aおよび入力bと出力cとの関係は、図2で示される。

Q 模擬問題(第1回)

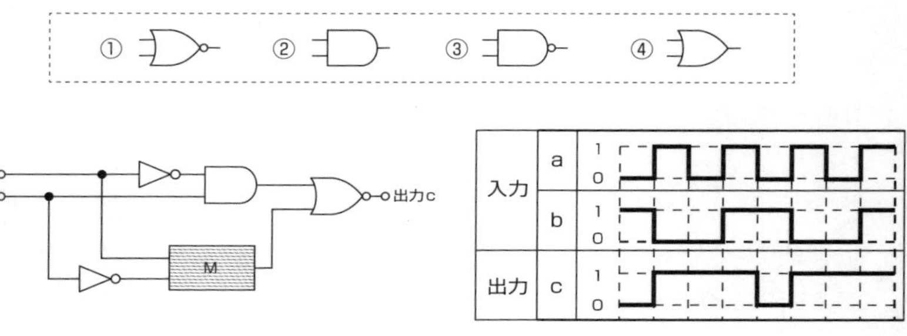

図1　　図2

問4

(1) 伝送損失について述べた次の2つの記述は、(　　　　)。

A　平衡対ケーブルにおいては、心線導体間の間隔を大きくすると、静電容量が大きくなるため、伝送損失が増加する。

B　同軸ケーブルは、一般的に使用される周波数帯において信号の周波数が4倍になると、その伝送損失は、約2倍になる。

① Aのみ正しい　　② Bのみ正しい

③ AもBも正しい　　④ AもBも正しくない

(2) 下図に示すアナログ方式の伝送路において、受端のインピーダンスZに加わる信号電力が45ミリワットで、同じ伝送路の無信号時の雑音電力が0.0045ミリワットであるとき、この伝送路の受端におけるSN比は、(　　　　)デシベルである。

① 15　　② 25　　③ 40　　④ 45　　⑤ 50

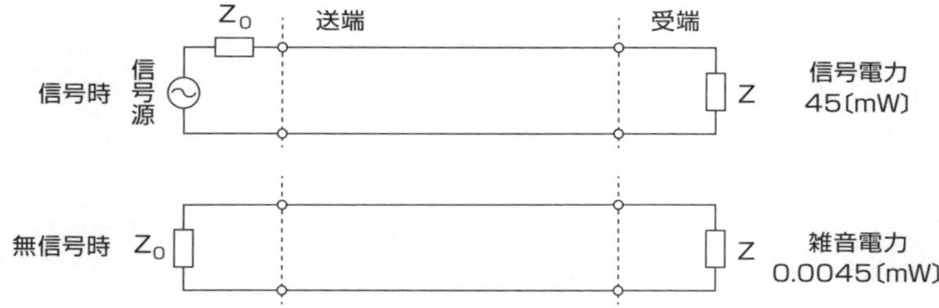

問5

(1) アナログ信号の伝送における減衰ひずみについて述べた次の2つの記述は、( )。

A　音声回線における減衰ひずみが大きいと、鳴音が発生したり反響が大きくなるなど、通話品質の低下の要因となる場合がある。

B　減衰ひずみは、非直線ひずみの一種であり、伝送路における信号の減衰量が周波数に対して比例関係にあるために生ずるひずみである。

①　Aのみ正しい　②　Bのみ正しい
③　AもBも正しい　④　AもBも正しくない

(2) 光ファイバ中の屈折率の変化（揺らぎ）によって光が散乱する現象は、( ) 散乱といわれる。この散乱による損失は光波長の4乗に反比例する。

①　ブリルアン　②　ラマン　③　ミー　④　コンプトン　⑤　レイリー

Question 問題を解いてみよう

■模擬問題（技術-第１回）

次の各文章の（　　　　）内に、それぞれの解答群の中から最も適したものを選び、その番号を記せ。

問1

(1) ARIB STD-T101に準拠したデジタルコードレス電話の標準システムは、親機、子機および中継機から構成されており、同一構内における混信防止のため、（　　　　）を自動的に送信または受信する機能を有している。

① ACK信号　② トランザクション番号　③ IPパケット
④ 識別符号　⑤ RTS／CTS信号

(2) 図は、デジタル式PBXの内線回路のブロック図を示したものである。図中のXは（　ア　）であり、Zは（　イ　）を表す。

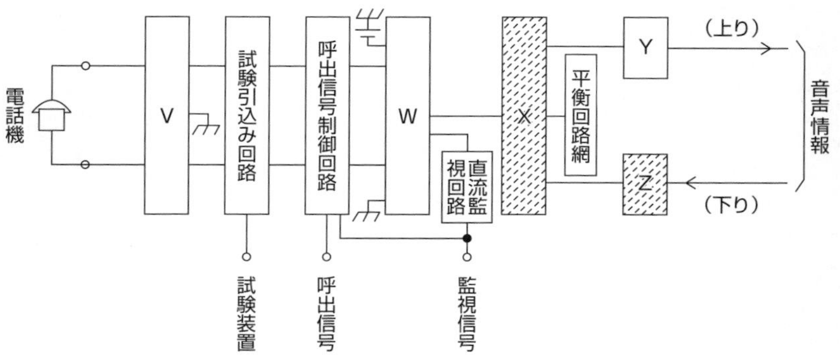

① 変調器
② リングトリップ回路
③ 2線－4線変換回路
④ 復調器
⑤ 通話電流供給回路
⑥ 復号器
⑦ 符号器
⑧ 過電圧保護回路
⑨ 直流交流変換回路

問2

(1) IEEE802.3aeにおいて標準化された(　　　　　)では、長波長帯の半導体レーザが用いられ、WAN用としてシングルモード光ファイバが使用される。

① 10GBASE-CX4　② 10GBASE-LR　③ 10GBASE-LW
④ 10GBASE-LX4　⑤ 1000BASE-SX

(2) IEEE802.3at Type 2として標準化された、一般に、PoE PLUSといわれる規格では、PSEの1ポート当たり、直流(　　　)～57.0ボルトの範囲で最大600ミリアンペアの電流を、PSEからPDに給電することができる。

① 37.5　② 42.5　③ 44.0　④ 48.0　⑤ 50.0

問3

(1) ISDN基本ユーザ・網インタフェースの機能群について述べた次の2つの記述は、(　　　　　)。

A NT2には、交換や集線などの機能のほか、レイヤ2およびレイヤ3のプロトコル処理機能を有しているものがあり、一般に、NT2はTE1またはTE2とNT1との間に設置される。

B TEには、ISDN基本ユーザ・網インタフェースに準拠しているTE1があり、一般に、TE1はTAを介してNT2に接続される。

① Aのみ正しい　② Bのみ正しい
③ AもBも正しい　④ AもBも正しくない

(2) ISDN基本ユーザ・網インタフェースにおける確認形情報転送手順について述べた次の記述のうち、誤っているものは、(　　　　　)である。

① ポイント・ツー・ポイントリンクを使って通信が行われる。
② モジュロ128の順序番号を用いた送達確認が行われる。
③ ユーザ情報は情報フレームで伝送される。
④ 情報フレームの転送において、フレームの送・受信を制御するときは、フロー制御が行われる。
⑤ 情報転送時のフレームのTEI値は、127に設定されている。

問4

(1) 100BASE-FXでは、送信するデータに対して4B/5Bといわれるデータ符号化を行った後、(　　　　)といわれる方式で信号を符号化する。この方式は、図に示すように2値符号でビット値1が発生するごとに信号レベルが低レベルから高レベルへ、または高レベルから低レベルへと遷移する符号化方式である。

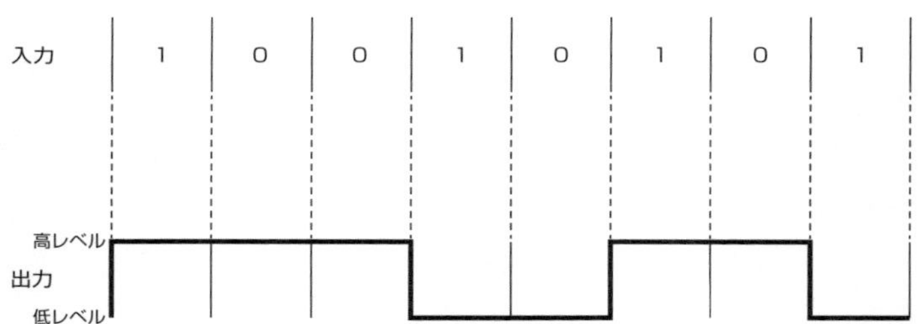

① NRZ　② NRZI　③ MLT-3　④ RZ　⑤ Manchester

(2) 次に示すIPv6アドレスの例は、省略および簡略化された表記である。

ea73:600:7::f52d/60

このIPv6アドレスについて述べた次の記述のうち、正しいものは、(　　　)である。

① f52dを2進数で表すと、1111 0101 0010 1111である。

② この例に示すアドレスは、リンクローカルユニキャストアドレスである。

③ この例に示すアドレスは、マルチキャストアドレスである。

④ この例に示すアドレスの下位部分は、インタフェースID部といわれ、/60は、60ビット分がインタフェースIDであることを表している。

⑤ この例に示すアドレスの上位部分は、プレフィックス部といわれ、/60は、60ビット分がプレフィックスIDであることを表している。

問5

(1) 即時式完全線群のトラヒックについて述べた次の2つの記述は、(　　　　)。

A　ある回線群において、40分間に運ばれた呼数が120呼、その平均回線保留時間が80秒であるとき、この回線群で運ばれた呼量は40アーランである。

B　出回線数が90回線の回線群において、運ばれた呼量が72アーラン、呼損率が0.2であるとき、この回線群に加わった呼量は90アーラン、出線能率は80パーセントである。

① Aのみ正しい　　② Bのみ正しい

③ AもBも正しい　　④ AもBも正しくない

(2) アーランの損失式（一般的に「アーランB式」といわれる）は、出回線数をS、生起呼量をaアーラン、呼損率をBとしたとき、B ＝（　　　　）の式で表される。回線数と呼量から呼損率を予測するための計算式として用いられる。

① $$\frac{\frac{S^a}{a!}}{1+\frac{S}{1!}+\frac{S^2}{2!}+\cdots+\frac{S^a}{a!}}$$

② $$\frac{1+\frac{S}{1!}+\frac{S^2}{2!}+\cdots+\frac{S^a}{a!}}{\frac{S^a}{a!}}$$

③ $$\frac{\frac{a^S}{S!}}{1+\frac{a}{1!}+\frac{a^2}{2!}+\cdots+\frac{a^S}{S!}}$$

④ $$\frac{1+\frac{a}{1!}+\frac{a^2}{2!}+\cdots+\frac{a^S}{S!}}{\frac{a^S}{S!}}$$

問6

(1) アプリケーションゲートウェイ型ファイアウォールは、一般に、(　　　) サーバの形態で動作することから、パケットフィルタリング型ファイアウォールと比較して、高いレベルのセキュリティ確保が可能とされている。

① プロキシ　② Web　③ DNS　④ ファイル　⑤ DHCP

(2) SQLインジェクションについて述べた次の記述のうち、正しいものは、(　　　) である。

① 攻撃者が、データベースと連動したWEBサイトにおいて、データベースへの問い合わせや操作を行うプログラムの脆弱性を利用して、データベースを改ざんしたり情報を不正に入手したりする攻撃である。
② 攻撃者が、WEBサーバとクライアント間の通信に割り込んで、正規のユーザになりすますことにより、やりとりしている情報を盗んだり改ざんしたりする攻撃である。
③ 攻撃者が、JavaScriptを使ったセッション管理に使うcookieにアクセスし、ブラウザに広告などのダミー画面を表示する攻撃である。
④ 攻撃者がスクリプトをターゲットとなるサイト経由でユーザのブラウザに送り込み、そのターゲットにアクセスしたユーザのcookieデータの盗聴や改ざんなどを行う攻撃である。

問7

(1) 架空線路設備において、メタリックケーブルを用いた通信線が電力線から受ける誘導妨害について述べた次の2つの記述は、(　　　　)。

A 遮蔽線がない場合は、遮蔽線がある場合と比較して、一般に、通信線が電力線から受ける誘導妨害が大きい。
B 通信線と電力線が直角に交差している場合は、接近・平行している場合と比較して、一般に、通信線が電力線から受ける誘導妨害が大きい。

① Aのみ正しい　② Bのみ正しい
③ AもBも正しい　④ AもBも正しくない

(2) 事務所内などの配線工事において、波形のデッキプレートの溝部にカバーを取り付けて配線路とする（　　　　）配線方式は、一般に、配線ルートおよび配線取出し口を固定できる場合に適用される。

① フロアダクト　② セルラダクト　③ バスダクト
④ 簡易二重床　⑤ 電線管

問8

(1) ISDN基本ユーザ・網インタフェースでのバス配線では、一般に、ISO 8877に準拠した8端子のモジュラジャックが使用されるが、端子番号の規定内容について述べた次の2つの記述は、（　　　　）。

A　送信線と受信線には、1～4番の4つの端子が使用される。
B　ファントムモードの給電には、3～6番の4つの端子が使用される。

① Aのみ正しい　② Bのみ正しい
③ AもBも正しい　④ AもBも正しくない

(2) 光ファイバ心線融着接続方法における光ファイバ心線の接続方法について述べた次の2つの記述は、（　　　　）。

A　融着接続の準備として、光ファイバのクラッド（プラスチッククラッド光ファイバの場合はコア）の表面に傷をつけないように、被覆材を完全に取り除き、次に、光ファイバを光ファイバ軸に対し135°の角度で切断する。なお、光ファイバ端面は、鏡面状で、突起、欠けなどがないようにする。
B　融着接続は、電極間放電またはその他の方法によって、光ファイバの端面を溶かして接続する。なお、融着部には、気泡、異物などがないようにする。次に、融着接続部のスクリーニング試験を経た光ファイバ接続部に、光学的な劣化、並びに外傷や、大きな残留応力などの機械的な劣化が生じない方法で補強を施す。

① Aのみ正しい　② Bのみ正しい
③ AもBも正しい　④ AもBも正しくない

問9

(1) JIS X 5150：2016では、下図に示す水平配線設計において、クロスコネクト-TOモデル、クラスEのチャネルの場合、機器コード、パッチコード／ジャンパおよびワークエリアコードの長さの総和が14メートルのとき、固定水平ケーブルの最大長は（　　　　　）メートルとなる。ただし、使用温度は20℃、コードの挿入損失（dB/m）は水平ケーブルの挿入損失（dB/m）に対して50パーセント増とする。

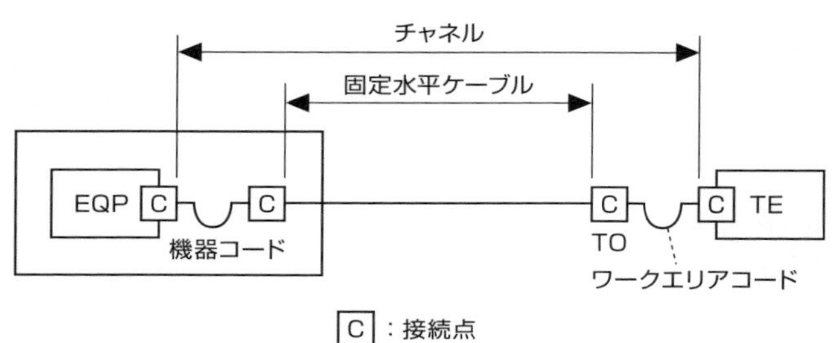

① 79.0　② 81.0　③ 82.0　④ 84.5　⑤ 89.0

(2) 図に示す設計において、カテゴリ6要素を使ったクラスEのチャネルの場合、パッチコード／ジャンパおよび機器コードの長さの総和が15メートルのとき、幹線ケーブルの最大長は、（　　　）メートルとなる。
ただし、使用温度は20℃、コードの挿入損失（dB/m）は幹線ケーブルの挿入損失（dB/m）に対して50パーセント増とする。

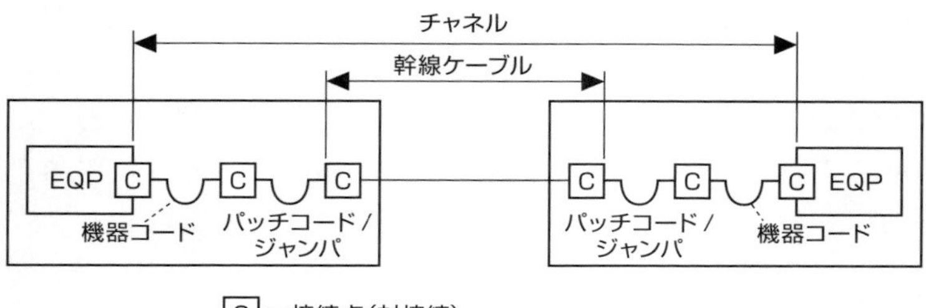

① 79.0　② 79.5　③ 80.5　④ 81.5　⑤ 87.0

問10

(1) 下図に示す、メタリックケーブルを用いた電話共用型ADSLの設備形態において、ADSL信号の伝送品質に影響を及ぼすことが最も少ない要因となるものは、(　　　)である。

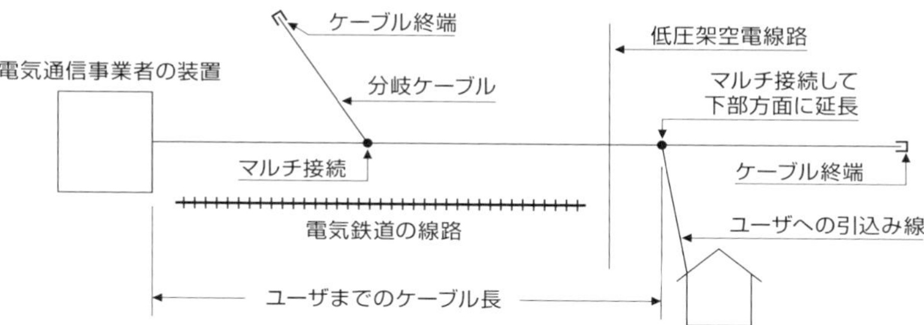

① 電気通信事業者の装置からユーザへの引込み線の接続箇所までのケーブル長が、数キロメートルに及ぶ場合

② 低圧架空電線路が通信ケーブルの架空区間を、ほぼ直角に近い角度で横断している場合

③ 電気鉄道の線路と通信ケーブルの架空区間が接近して、平行している距離が数キロメートルに及ぶ場合

④ マルチ接続されたケーブルの分岐箇所がある場合

⑤ ケーブルとユーザへの引込み線の接続箇所において、固定電話配線用に下部方面に延びるケーブルの心線がマルチ接続され、切断されていない場合

(2) 光ファイバ損失試験方法について述べた次の記述のうち、誤っているものは、(　　) である。

① カットバック法は、入射条件を変えずに光ファイバの2つの地点でのパワーP1、P2を測定する。P2は光ファイバ末端から放射される光パワーとし、P1は入射地点近くで切断した光ファイバから放射される光パワーとする。

② 挿入損失法は、測定原理から光ファイバ長手方向での損失の解析に使用することができ、入射条件を変化させながら連続的な損失変動を測定することが可能である。

③ 挿入損失法は、カットバック法よりも精度は落ちるが、非破壊でできる利点がある。

④ OTDR法は、光ファイバの単一方向の測定であり、後方散乱光パワーを測定する方法である。

Question

問題を解いてみよう

模擬問題（法規 - 第1回）

次の各文章の（　　　）内に、それぞれの解答群の中から最も適したものを選び、その番号を記せ。

問1

(1) 電気通信事業法に規定する「端末設備の接続の技術基準」または電気通信事業法施行規則に規定する「利用者からの端末設備の接続請求を拒める場合」について述べた次の文章のうち、誤っているものは、（　　　　　　　）である。

① 端末設備の接続の技術基準は、電気通信回線設備を利用する他の利用者に迷惑を及ぼさないようにすることが確保されるものとして定められなければならない。
② 端末設備の接続の技術基準は、電気通信回線設備を損傷し、又はその機能に障害を与えないようにすることが確保されるものとして定められなければならない。
③ 端末設備の接続の技術基準は、電気通信事業者の設置する電気通信回線設備と利用者の接続する端末設備との責任の分界が明確であるようにすることが確保されるものとして定められなければならない。
④ 電気通信事業者は、利用者から、端末設備であって電波を使用するもの（別に告示で定めるものを除く。）および公衆電話機その他利用者による接続が著しく不適当なものの接続の請求を受けた場合は、その請求を拒むことができる。
⑤ 電気通信事業者は、利用者から端末設備をその電気通信回線設備に接続すべき旨の請求を受けたときは、その接続が指定認定機関で定める品質規格を満たさない場合を除き、その請求を拒むことができない。

(2) 「重要通信の確保」および「緊急に行うことを要する通信」について述べた次の2つの文章は、（　　　　　）。

A　電気通信事業者は、天災、事変その他の非常事態が発生し、又は発生するおそれがあるときは、災害の予防若しくは救援、交通、通信若しくは電力の供給の確保又は秩序の維持のために必要な事項を内容とする通信を優先的に取り扱わなければならない。

B　緊急に行うことを要する通信として総務省令で定める通信には、気象、水象、地象若しくは地動の観測の報告又は警報に関する事項であって、緊急に通報することを要する事項を内容とする通信であって、新聞社等の機関相互間において行われるものがある。

① Aのみ正しい
② Bのみ正しい
③ AもBも正しい
④ AもBも正しくない

問2

(1) 工事担任者規則に規定する「資格者証の種類及び工事の範囲」について述べた次の文章のうち、正しいものは、(　　　)である。

① 第一級アナログ通信の工事担任者は、アナログ伝送路設備又はデジタル伝送路設備に端末設備等を接続するための工事を行い、又は監督することができる。
② 第二級アナログ通信の工事担任者は、アナログ伝送路設備に端末設備を接続するための工事のうち、端末設備に収容される電気通信回線の数が1のものに限る工事を行い、又は監督することができる。また、総合デジタル通信用設備に端末設備を接続するための工事のうち、総合デジタル通信回線の数が基本インタフェースで1のものに限る工事を行い、又は監督することができる。
③ 第一級デジタル通信の工事担任者は、デジタル伝送路設備に端末設備等を接続するための工事及び総合デジタル通信用設備に端末設備等を接続するための工事を行い、又は監督することができる。
④ 第二級デジタル通信の工事担任者は、デジタル伝送路設備に端末設備等を接続するための工事のうち、接続点におけるデジタル信号の入出力速度が毎秒64キロビット以下であって、主としてインターネットに接続するための回線に係るものに限る工事を行い、又は監督することができる。ただし、総合デジタル通信用設備に端末設備等を接続するための工事を除く。

(2) 工事担任者規則に規定する「資格者証の交付」および「資格者証の再交付」について述べた次の2つの文章は、(　　　　　)。

A　工事担任者資格者証の交付を受けた者は、端末設備等の接続に関する知識及び技術の発展に寄与しなければならない。

B　工事担任者は、資格者証を汚したことが理由で資格者証の再交付の申請をしようとするときは、別に定める様式の申請書に、資格者証並びに氏名及び住所(または居所)を証明する書類を添えて、総務大臣に提出しなければならない。

① Aのみ正しい
② Bのみ正しい
③ AもBも正しい
④ AもBも正しくない

問3

(1) 用語について述べた次の文章のうち、正しいものは、(　　　)である。

① 無線呼出端末とは、端末設備であって、インターネットプロトコル移動電話用設備に接続されるものをいう。
② 専用通信回線設備とは、電気通信事業の用に供する電気通信回線設備であって、特定の利用者に当該設備を専用させる電気通信役務の用に供するものをいう。
③ 通話チャネルとは、移動電話用設備と移動電話端末又はインターネットプロトコル移動電話端末の間に設定され、電気通信回線からの呼出しに使用する通信路をいう。
④ 絶対レベルとは、1の皮相電力の1マイクロワットに対する比をデシベルで表したものをいう。
⑤ 呼設定用メッセージとは、呼設定メッセージ又は切断メッセージをいう。

(2) 責任の分界または安全性などについて述べた次の文章のうち、誤っているものは、(　　　　)である。

① 分界点における接続の方式は、端末設備を電気通信回線ごとに事業用電気通信設備から容易に切り離せるものでなければならない。

② 利用者の接続する端末設備は、事業用電気通信設備との責任の分界を明確にするため、事業用電気通信設備との間に分界点を有しなければならない。

③ 端末設備の機器の金属製の台及び筐体は、接地抵抗が100オーム以下となるように接地しなければならない。ただし、安全な場所に危険のないように設置する場合にあっては、この限りでない。

④ 通話機能を有する端末設備は、通話中に受話器から過大な誘導雑音が発生することを防止する機能を備えなければならない。

⑤ 端末設備の機器は、その電源回路と筐体及びその電源回路と事業用電気通信設備との間において、使用電圧が300ボルト以下の場合にあっては、0.2メガオーム以上であり、300ボルトを超え750ボルト以下の直流及び300ボルトを超え600ボルト以下の交流の場合にあっては、0.4メガオーム以上である絶縁抵抗を有しなければならない。

問4

(1) 移動電話端末の「基本的機能」、「発信の機能」、「緊急通報機能」または「漏話減衰量」について述べた次の文章のうち、正しいものは、(　　　　)である。

① 通信を終了する場合にあっては、チャネル(通話チャネル及び制御チャネルをいう。)のブロックを要求する信号を送出するものであること。

② 自動再発信を行う場合にあっては、その回数は4回以内であること。ただし、最初の発信から2分を超えた場合にあっては、別の発信とみなす。なお、この規定は、火災、盗難その他の非常の場合にあっては、適用しない。

③ 発信に際して相手の端末設備からの応答を自動的に確認する場合にあっては、電気通信回線からの応答が確認できない場合、選択信号送出終了後1分以内にチャネルを切断する信号を送出し、送信を停止するものであること。

④ 移動電話端末であって、自動再発信できないものは、緊急通報を発信する機能を備えなければならない。

⑤ 複数の電気通信回線と接続される移動電話端末の回線相互間の漏話減衰量は、1,600ヘルツにおいて70デシベル以上でなければならない。

(2) アナログ電話端末の「基本的機能」、「緊急通報機能」、「発信の機能」または「直流回路の電気的条件等」について述べた次の文章のうち、正しいものは、(　　　)である。

① アナログ電話端末の直流回路は、発信又は応答を行うとき開き、通信が終了したとき閉じるものでなければならない。
② アナログ電話端末であって、通話の用に供するものは、電気通信番号規則に規定する電気通信番号を用いた警察機関、海上保安機関又は気象機関への通報を発信する機能を備えなければならない。
③ 自動的に選択信号を送出する場合にあっては、直流回路を閉じてから3秒以上経過後に選択信号の送出を開始するものであること。ただし、電気通信回線からの発信音又はこれに相当する可聴音を確認した後に選択信号を送出する場合にあっては、この限りでない。
④ 発信に際して相手の端末設備からの応答を自動的に確認する場合にあっては、電気通信回線からの応答が確認できない場合選択信号送出終了後1分以内に直流回路を開くものであること。
⑤ ダイヤルパルスによる選択信号送出時における直流回路の静電容量は、2マイクロファラド以下であること。

問5

(1) 有線電気通信設備令に規定する「通信回線の平衡度」、「線路の電圧及び通信回線の電力」、「使用可能な電線の種類」または「架空電線の支持物」について述べた次の文章のうち、誤っているものは、(　　　　)である。ただし、通信回線は、導体が光ファイバであるものを除く。

① 通信回線の平衡度は、1,000ヘルツの交流において34デシベル以上でなければならない。ただし、総務省令で定める場合は、この限りでない。
② 通信回線の電力は、絶対レベルで表わした値で、その周波数が音声周波であるときは、プラス10デシベル以下、高周波であるときは、プラス20デシベル以下でなければならない。ただし、総務省令で定める場合は、この限りでない。
③ 通信回線の線路の電圧は、100ボルト以下でなければならない。ただし、電線としてケーブルのみを使用するとき、又は人体に危害を及ぼし、若しくは物件に損傷を与えるおそれがないときは、この限りでない。

④　有線電気通信設備に使用する電線は、絶縁電線でなければならない。ただし、総務省令で定める場合は、この限りでない。

⑤　架空電線の支持物は、その架空電線が他人の設置した架空電線又は架空強電流電線と交差し、又は接近するときは、他人の設置した架空電線又は架空強電流電線を挟み、又はこれらの間を通ることがないように設置しなければならない。ただし、その他人の承諾を得たとき、又は人体に危害を及ぼし、若しくは物件に損傷を与えないように必要な設備をしたときは、この限りでない。

(2) 有線電気通信設備令に規定する「架空電線の支持物」および「架空電線と他人の設置した架空電線等との関係」について述べた次の2つの文章は、(　　)。

A　架空電線の支持物には、取扱者が昇降に使用する足場金具等を地表上1.7メートル未満の高さに取り付けてはならない。ただし、総務省令で定める場合は、この限りでない。

B　架空電線は、他人の設置した架空電線との離隔距離が50センチメートル以下となるように設置してはならない。ただし、その他人の承諾を得たとき、又は設置しようとする架空電線（これに係る中継器その他の機器を含む。以下同じ。）が、その他人の設置した架空電線に係る作業に支障を及ぼさず、かつ、その他人の設置した架空電線に損傷を与えない場合として総務省令で定めるときは、この限りでない。

①　Aのみ正しい
②　Bのみ正しい
③　AもBも正しい
④　AもBも正しくない

模擬問題解説（基礎-第1回）

問1(1)	問1(2)	問2(1)	問2(2)	問3(1)	問3(2)
③	③	②	①	③	①
問4(1)	問4(2)	問5(1)	問5(2)		
②	③	①	⑤		

解説は著者が独自に作成したものです。

問1(1)　正解：③

解説

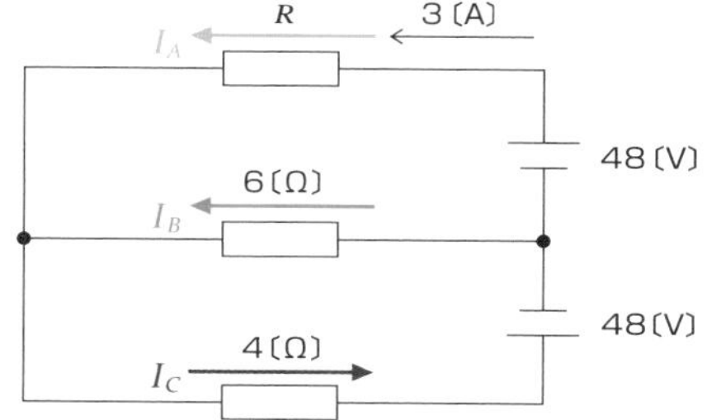

電流の向きを任意に決め、交点の式を作ります。

図から、

$I_C = I_A + I_B$

$I_C = 3 + I_B$　　・・・<1>

次に、経路を決め、電圧の式を立てます。

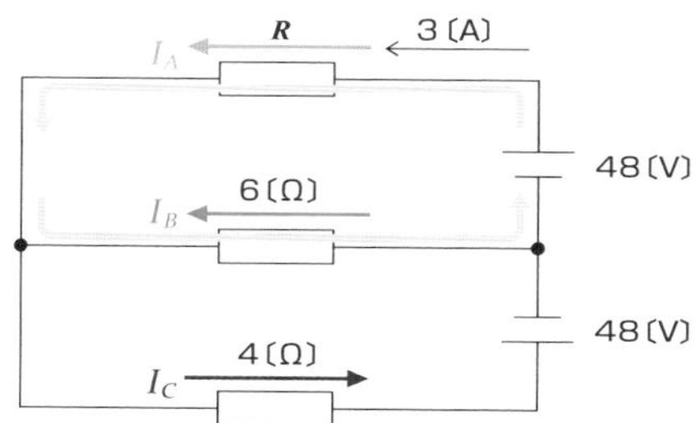

$48=3R-6I_B$　・・・<2>　←電流が逆らう向きのときはマイナス処理をします。

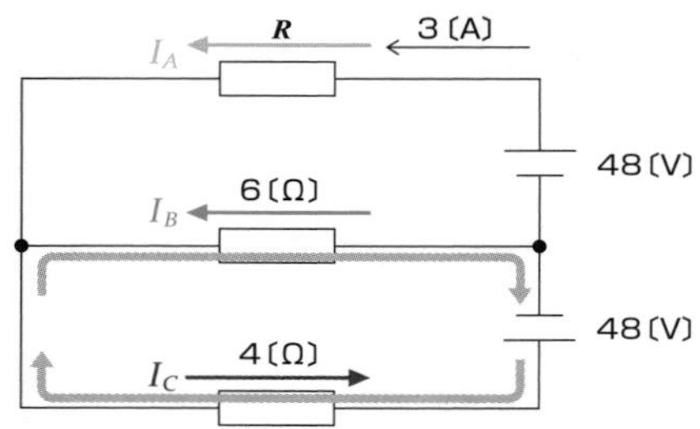

$48=-4I_C-6I_B$　・・・<3>

<2>、<3>より　$R=-\frac{4}{3}I_C$

<1>より、 $I_B=I_C-3$

これを<2>に代入して、

$48=3R-6(I_C-3)=3R-6I_C+18$

$R=-\frac{4}{3}I_C$より

$48=-4I_C-6I_C+18$

$30=-10I_C$

$Ic=-3$

よって、$R=-\frac{4}{3}\times-3=4$

問1(2)　正解：③

解説

$$Z = \frac{1}{\sqrt{\left(\frac{1}{R}\right)^2 + \left(\frac{1}{X_L} - \frac{1}{X_C}\right)^2}}$$

$$Z = \frac{1}{\sqrt{\left(\frac{1}{10}\right)^2 + \left(\frac{1}{5} - \frac{1}{15}\right)^2}}$$

$$Z = \frac{1}{\sqrt{\frac{1}{100} + \frac{4}{225}}} = \frac{1}{\sqrt{\frac{25}{900}}} = 6$$

回路の合成インピーダンスは6[Ω]とわかります。

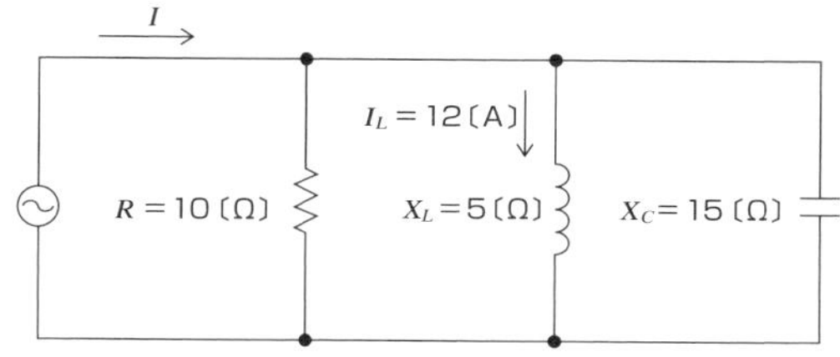

次に、$I_L \times X_L$ より、 $12 \times 5 = 60$

この並列回路の電圧は60[V]であることがわかります。

$I = \frac{E}{Z}$ より、

$I = \frac{60}{6} = 10$

問2(1)　正解：②

解説

A：×

電子（マイナス）の数と陽子（プラス）の数が同じとき、電気的に中性になります。

何らかの原因で電子の数が不足した場合、電子の数よりも陽子の数が多くなるため、正電荷を帯びたイオンとなります。

B：○

問2(2)　正解：①

解説

濃度の高い方から低い方に移動して濃度が均一になる現象は、「**拡散**」といいます。

本問では、「**濃度が均一になる現象→拡散**」と覚えておきましょう。

問3(1)　正解：③

解説

```
     110111   ←……… X1
 +  1111001   ←……… X2
   1111111    ←……… 繰り上がり
   10110000   ←……… X1＋X2
 +10111001    ←……… X3
  1  11       ←……… 繰り上がり
  101101001   ←……… X1＋X2＋X3
```

左から6番目、7番目の数字は10

問3(2)　正解：①

解説

図2から、入力と出力の関係がわかります。

あとはこれを順に確認していき、正解の記号を導きます。

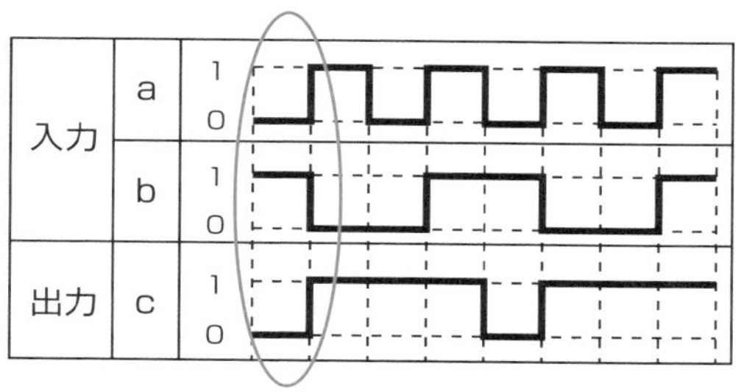

入力a＝0、b＝1のとき、出力c＝0ということがわかります。実際に数値を入れてみましょう。

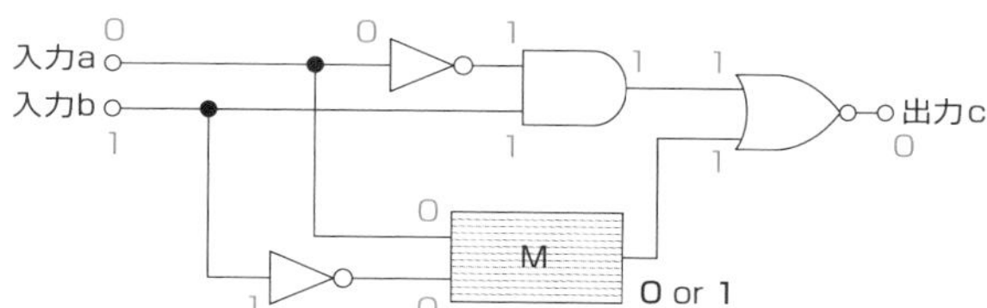

出力c=0を得るためには、Mからの出力は0でも1でも成立してしまいます。つまり、これだけでは答えを絞ることができません。

次の条件を確認していきましょう。

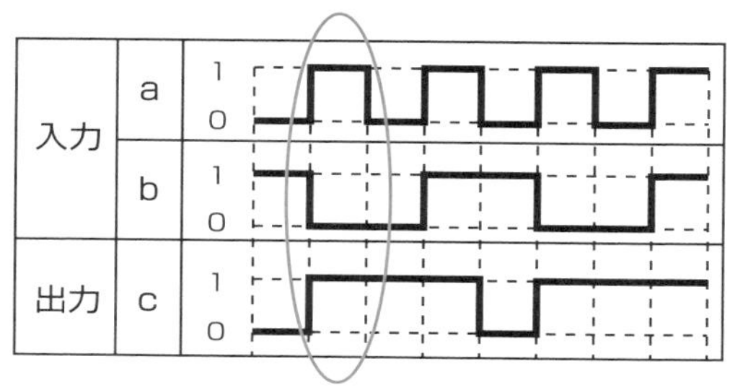

入力a=1、b＝0のとき、出力c＝1ということがわかります。実際に数値を入れてみましょう。

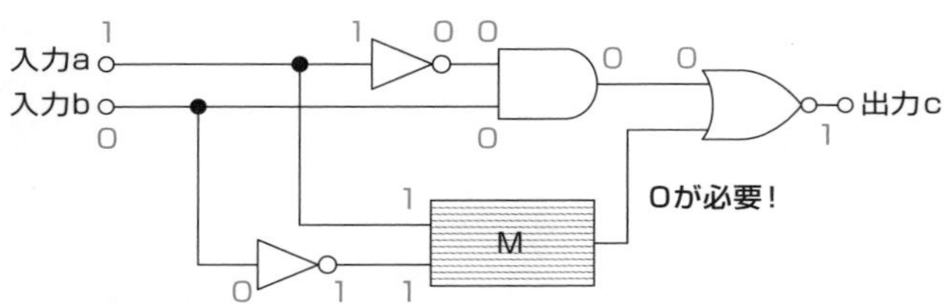

出力c＝0を得るためには、Mからの出力が0である必要があります。Mに1と1を入力して、出力が0であるとの結果から、選択肢の②と④が消去できます。

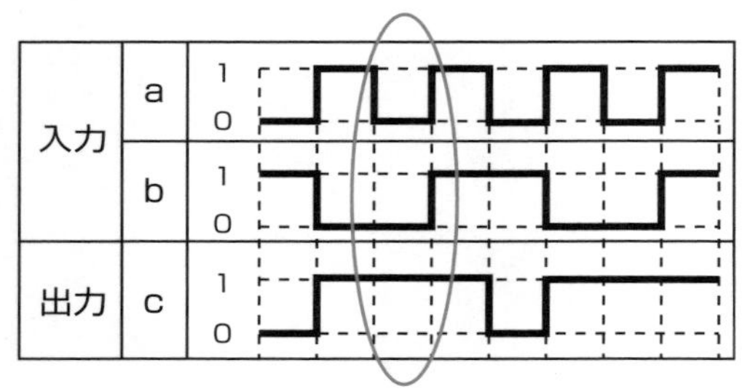

次に、入力a＝0、b＝0のとき、出力c＝1を入れてみましょう。

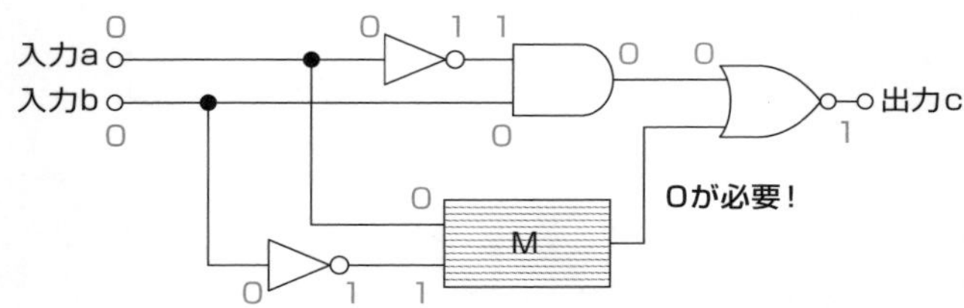

出力c＝0を得るためには、Mからの出力が0である必要があります。Mに0と1を入力して、出力が0であるとの結果から、選択肢③が消去され、残った選択肢①が正解となります。

問4(1)　正解：②

解説

A：×

伝送損失は減少します。

B：○

問4(2)　正解：③

解説

SNとは、S(信号電力)とN(雑音電力)との比率をデシベルで表したものです。

45mWと0.0045mWの比率は、

$$\frac{45}{0.0045} = 10000$$ より

$10\log_{10}10^4 = 10\times4 = 40$〔dB〕

問5(1)　正解：①

解説

A：○

B：×　非直線ひずみは、比例関係にありません。

問5(2)　正解：⑤

解説

光ファイバ中の屈折率の変化によって光が散乱する現象はレイリー散乱といわれます。

Answer

答え合わせ

■模擬問題解説（技術-第1回）

問1(1)	問1(2)		問2(1)	問2(2)	問3(1)	問3(2)
④	ア③	イ⑥	③	⑤	①	⑤
問4(1)	問4(2)		問5(1)	問5(2)	問6(1)	問6(2)
②	⑤		②	③	①	①
問7(1)	問7(2)		問8(1)	問8(2)	問9(1)	問9(2)
①	②		②	②	③	②
問10(1)	問10(2)					
②	②					

解説は著者が独自に作成したものです。

問1(1)　正解：④

解説

混信を防ぐための方法として、**識別符号**を使用しています。

問1(2)　正解：ア=③　イ=⑥

解説

頻出問題ですので、整理をして覚えられるようにしておきましょう。

問2(1)　正解：③

解説

問題文を見ると、「WAN用」と書いてあるので、Wがつくことがわかります。
この時点で、選択肢が③のみとなります。

問2(2)　正解：⑤

解説

Type 2では、直流50.0～57.0V、最大600ミリアンペアの電流と規定されています。

問3(1)　正解：①

解説

A：○

B：×

TE1はISDN標準端末のため、TAを必要としません。TAが必要になるのはTE2(ISDN非標準端末)の場合だけですので注意しましょう。

問3(2)　正解：⑤

解説

フレームのTEIの値は、0～126の間で設定されます。

127は放送系リンク(相手を特定しない通信)にて使用されます。

問4(1)　正解：②

解説

変化が3値ではない➡MLT-3×

ビットの途中で変化しないこと➡RZ×、マンチェスタ×、

0で変化しないこと➡NRZ×、

と消去法によっても答えを導くことが可能です。

問4(2)　正解：⑤

解説

①：×

f52dを10進数に直すと、

f＝15、5＝5、2＝2、d＝13

次にこれを2進数に直すと、

1111　0101　0010　1101

となり、末尾の4桁が異なりますので、誤りとなります。

②：×

リンクローカルユニキャストアドレスの特徴として、アドレスの先頭3桁が、必ずfe8である必要があります。

③：×

マルチキャストアドレスは、アドレスの先頭2桁が必ずffとなる必要があります。

④：×

/以下の部分は、プレフィックス部といわれ、ネットワークを識別するために使用されます。

⑤：○

問5(1)　正解：②

解説

A：×

本問を解く上で、時間に関して「分」と「秒」を統一する必要があります。

測定対象時間T＝40×60＝2400〔秒〕となります。

次に、呼量a_cの基本式　$a_c = \frac{C \times h}{T}$　に代入します。

基本式におけるCは運ばれた呼数、hは平均回線保留時間です。

$$a_c = \frac{120 \times 80}{2400} = 4$$

よって運ばれた呼量は4アーランとなります。

B：○

加わった呼量＝a

運ばれた呼量＝a_c

損失となった呼量＝$a - a_c$

呼損率$B = \frac{a - a_c}{a}$

呼損率の式に各数値を代入すると、呼損率 $0.2=\frac{90-72}{90}$

また、出線能率は（運ばれた呼量÷加わった呼量）×100で表されます。
出線能率＝（72÷90）×100＝80

よって出線能率は80パーセントとなります。

問5（2）　正解：③

解説

選択肢の中から公式を選べるように覚えましょう。

$$\frac{\frac{a^S}{S!}}{1+\frac{a}{1!}+\frac{a^2}{2!}+\cdots+\frac{a^S}{S!}}$$

問6（1）　正解：①

解説

「アプリケーション型＝プロキシサーバ」というキーワードで覚えておきましょう。

問6（2）　正解：①

解説

①：○

②：×

これは「スプーフィング」です。「なりすまし」という文言がポイントです。

③：×

「セッション乗っ取り」もしくは「セッションハイジャック」です。
「セッション～」という文言から、判断できます。

④：×

クロスサイトスクリプティングの説明です。

問7(1)　正解：①

解説

A：○

B：×　接近・平行の方が、誘導妨害の影響は大きくなります。

問7(2)　正解：②

解説

「波型デッキプレート」とくれば、セルラダクトです。

問8(1)　正解：②

解説

A：×　送信線と受信線には、3、4、5、6番の端子が使用されます。

B：○

問8(2)　正解：②

解説

A：×

135°ではなく、90°が正しい答えとなります。

B：○

問9(1)　正解：③

解説

▼水平リンク長公式

構成	カテ(クラスD)	カテ6(クラスE)	カテ7(クラスF)
クロスコネクト-TO	H=107-FX	**H=106-3-FX**	H=106-3-FX
インタコネクト-TO	H=109-FX	**H=107-3-FX**	H=107-2-FX

H：水平配線ケーブルの最大長［m］
F：機器コード類の長さの総和
X：水平ケーブルの挿入損失に対するコードケーブルの挿入損失比［dB/m］
※非シールドケーブルでは、20～40℃：1℃当たり0.4％減、40～60℃：1℃当たり0.6％減

問題文より、クロスコネクト、カテ6（クラスE）、コード長14m、挿入損失比1.5として、公式H＝106－3－FXに代入します。

H＝106－3－14×1.5＝103－21＝82

問9(2)　正解：②

解説

▼幹線リンク長公式

カテゴリ	クラスD	クラスE	クラスF
5	B=105-FX	-	-
6	B=111-FX	**B=105-3-FX**	-
7	B=115-FX	B=109-3-FX	B=105-3-FX

B:幹線配線ケーブルの最大長［m］　F:機器コード類の長さの総和
X:幹線ケーブルの挿入損失に対するコードケーブルの挿入損失比［db/m］
※非シールドケーブルでは、20～40℃：1℃当たり0.4％減、40～60℃：1℃当たり0.6％減

問題文より、カテ6、クラスE、コード長15m、挿入損失比1.5として、公式B＝105－3－FXに代入します。

B＝105－3－15×1.5＝102－22.5＝79.5

問10(1)　正解：②

解説

影響が大きくなるのは、平行に近い角度の場合です。

問10(2)　正解：②

解説

挿入損失法は、光ファイバ長手方向での解析には使用できません。これができるのは、OTDR法です。

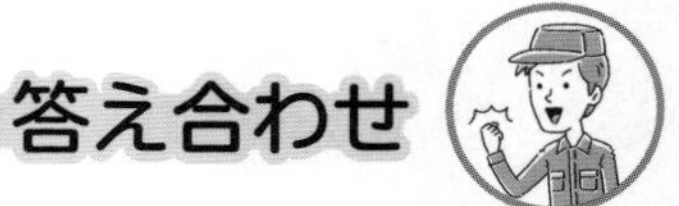

■模擬問題解説（法規-第１回）

問1(1)	問1(2)	問2(1)	問2(2)	問3(1)	問3(2)
⑤	①	②	④	②	④
問4(1)	問4(2)	問5(1)	問5(2)		
③	③	④	④		

解説は著者が独自に作成したものです。

問1(1)　正解：⑤

解説

①：○　電気通信事業法第52条

②：○　電気通信事業法第52条

③：○　電気通信事業法第52条

④：○　電気通信事業法施行規則第31条

⑤：×　電気通信事業法第52条

「指定認定機関で定める品質規格を満たさない場合」ではなく、「総務省令で定める技術基準に適合しない場合」です。

問1(2)　正解：①

解説

A：○　電気通信事業法第8条

B：×　電気通信事業法施行規則第55条

「新聞社等の機関相互間」ではなく、「気象機関相互間」です。

問2(1)　正解：②

解説

工事担任者規則第4条に基づく出題です。

①：×　「デジタル伝送路設備」ではなく、「総合デジタル通信用設備」です。

②：○

③：×　「**ただし**、総合デジタル通信用設備に端末設備等を接続するための工事を**除く**」

④：×　「64キロビット」ではなく、「1ギガビット」です。

問2(2)　正解：④

解説

A：×　工事担任者規則第28条

「知識及び技術の普及に寄与しなければならない」ではなく、「知識及び技術の**向上を図る**ように努めなければならない」です。

B：×　工事担任者規則第40条

「資格者証並びに氏名及び住所（または居所）を証明する書類」ではなく、「資格者証並びに氏名及び**生年月日**を証明する書類」です。

問3(1)　正解：②

解説

端末設備等規則第2条に基づく出題です。

①：×　「無線呼出端末」とは、端末設備であって、**無線呼出用設備**に接続されるものをいいます。

②：○

③：×　「通話チャネル」とは、移動電話用設備と移動電話端末またはインターネットプロトコル移動電話端末の間に設定され、主として**音声の伝送**に使用する通信路をいいます。

④：×　「絶対レベル」とは、1の皮相電力の**1ミリワット**に対する比をデシベルで表したものをいいます。

⑤：×　「呼設定用メッセージ」とは、呼設定メッセージまたは**応答メッセージ**をいいます。

問3(2)　正解：④

解説

①：○　端末設備等規則第3条

②：○　端末設備等規則第3条

③：○　端末設備等規則第6条

④：×　端末設備等規則第7条

通話機能を有する端末設備は、通話中に受話器から過大な**音響衝撃**が発生することを防止する機能を備えなければなりません。

⑤：○　端末設備等規則第6条

問4(1)　正解：③

解説

①：×　端末設備等規則第17条

通信を終了する場合にあっては、チャネル(通話チャネル及び制御チャネルをいう)を**切断する**信号を送出するものであること。

②：×　端末設備等規則第18条

自動再発信を行う場合にあっては、その回数は**2回以内**であること。

③：○　端末設備等規則第18条

④：×　端末設備等規則第28条の2

移動電話端末であって、**通話の用に供する**ものは、緊急通報を発信する機能を備えなければなりません。

⑤：×　端末設備等規則第15条

1,500ヘルツにおいて70デシベル以上でなければなりません。

問4(2)　正解：③

解説

①：×　端末設備等規則第10条

発信又は応答を行うとき**閉じ**、通信が終了したとき**開く**ものでなければなりません。

②：×　端末設備等規則第12条の2

警察機関、海上保安機関又は**消防**機関への通報

③：○　端末設備等規則第11条

模擬問題（第2回）

（制限時間65分）

Question

問題を解いてみよう

■模擬問題（基礎-第２回）

次の各文章の（　　　）内に、それぞれの解答群の中から最も適したものを選び、その番号を記せ。

問1

(1) 電磁誘導によって巻数Nのコイルに生ずる誘導起電力eは、コイルを貫く磁束Φの時間tとともに変化する割合を$\frac{\Delta\Phi}{\Delta t}$とすれば、$e=$（　　　）$\times\frac{\Delta\Phi}{\Delta t}$の関係式で表される。

① $\frac{1}{N^2}$　② $\frac{1}{2N^2}$　③ $\sqrt{N}$　④ N　⑤ N^3

(2) 正弦波交流の電圧において、実効値は（　　　）の $\frac{1}{\sqrt{2}}$ 倍である。

① 瞬時値　② 最小値　③ 平均値　④ 有効値　⑤ 最大値

問2

(1) ダイオードについて述べた次の２つの記述は、（　　　）。

A　トンネルダイオードに順方向電流を流すと、ある電圧領域では電圧をかけるほど流れる電流量が少なくなるという負性抵抗が現れる。

B　可変容量ダイオードに逆方向電圧を加えると、静電容量が変化する。

① Ａのみ正しい　② Ｂのみ正しい
③ ＡもＢも正しい　④ ＡもＢも正しくない

(2) トランジスタの接地方式について述べた次の2つの記述は、(　　　)。

A　エミッタ接地方式は、電圧増幅度がほぼ1であり、入力インピーダンスが高く、出力インピーダンスが低い特性を持ち、出力の位相が反転することからインピーダンス変換回路として用いられる。

B　ベース接地方式は、電流増幅作用はないが、入力インピーダンスが低く、出力インピーダンスが高い特性を持ち、高周波特性がよいことから高周波増幅回路として用いられる。

① Aのみ正しい　　② Bのみ正しい
③ AもBも正しい　　④ AもBも正しくない

問3

(1) 表に示す2進数X_1、X_2について論理積を求め10進数に変換すると、(　　　)になる。

① 144
② 145
③ 146
④ 256
⑤ 273

2進数
X_1= 1 0 0 1 1 1 0 1
X_2= 1 1 1 1 0 0 1 1

(2) 次の論理関数Xは、ブール代数の公式等を利用して変形し、簡単にすると、(　　　)になる。

$$X=\overline{(A+B)\cdot(A+\overline{C})}\cdot\overline{(\overline{A}+B)\cdot(\overline{A}+\overline{C})}$$

① 0　② 1　③ $A\cdot C+\overline{B}$　④ $\overline{B}+\overline{C}$　⑤ $\overline{A}\cdot C+\overline{A}\cdot\overline{C}$

問4

(1) 図において、電気通信回線への入力電圧が（　　　　）ミリボルト、その伝送損失が1キロメートル当たり0.9デシベル、増幅器の利得が38デシベルのとき、電圧計の読みは、500ミリボルトである。ただし、変成器は理想的なものとし、電気通信回線および増幅器の入出力インピーダンスはすべて同一値で、各部は整合しているものとする。

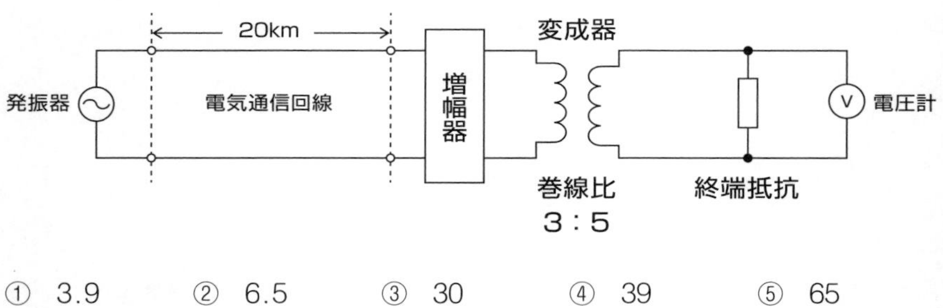

① 3.9　② 6.5　③ 30　④ 39　⑤ 65

(2) 一様なメタリック線路の減衰定数は線路の一次定数により定まり、（　　　　）によりその値が変化する。

① 信号の振幅　② 信号の周波数　③ 非直線ひずみ
④ 電圧反射係数　⑤ 電流反射係数

問5

(1) 光ファイバ増幅器について述べた次の2つの記述は、（　　　　）。

A 光ファイバ増幅器には、コアにエルビウムイオンを添加した光ファイバを利用する、EDFAといわれるものがある。

B 光ファイバ増幅器は、波長が異なる信号光の一括増幅が可能であり、波長分割多重伝送方式を用いた光中継システムなどに使用されている。

① Aのみ正しい　② Bのみ正しい
③ AもBも正しい　④ AもBも正しくない

(2) デジタル伝送方式における雑音について述べた次の2つの記述は、(　　　)。

A　アナログ信号をデジタル化して伝送する方式では、アナログ信号の連続量を離散的な値に変換するときの誤差により生ずる雑音(量子化雑音)は避けられない。

B　PCM伝送において発生する特有の雑音には、量子化雑音、ランダム雑音、熱雑音などがある。

① Aのみ正しい　　② Bのみ正しい

③ AもBも正しい　　④ AもBも正しくない

Question **問題を解いてみよう**

■模擬問題（技術-第2回）

次の各文章の（　　　）内に、それぞれの解答群の中から最も適したものを選び、その番号を記せ。

問1

(1) ダイヤルイン方式を利用するデジタル式PBXの夜間閉塞について述べた次の2つの記述は、（　　　　）。

A　夜間閉塞を開始すると、電気通信事業者の交換機からは、一般の電話に着信する場合と同様の接続シーケンスにより、夜間受付用電話機に着信する。

B　夜間閉塞機能を利用するためには、電気通信事業者の交換機に対してL1線に地気を送出する必要がある。

①　Aのみ正しい　　②　Bのみ正しい
③　AもBも正しい　　④　AもBも正しくない

(2)　電圧制限形サージ防護デバイスは低圧の電源回路および機器で使用されており、このデバイス内には、非直線性の電圧ー電流特性を持つ（　　　　）、アバランシブレークダウンダイオードなどの素子が用いられている。

①　SPD　　②　ガス入り放電管　　③　バリスタ
④　ガラス管ヒューズ　　⑤　サージ防護サイリスタ

問2

(1)IETFのRFC3261において標準化されたSIPについて述べた次の2つの記述は、（　　　　）。

A　SIPは、単数または複数の相手とのセッションを生成、変更および切断するためのプレゼンテーション層制御プロトコルであり、IPv4およびIPv6の両方で動作する。

B　SIPサーバは、ユーザエージェントクライアント（UAC）の登録を受け付けるプロキシサーバ、受け付けたUACの位置を管理するリダイレクトサーバ、UACからの発呼要求などのメッセージを転送するレジストラ、UACからのメッセージを再転送する必要がある場合にその転送先を通知するロケーションサーバから構成される。

① Aのみ正しい　② Bのみ正しい
③ AもBも正しい　④ AもBも正しくない

(2) GE-PONについて述べた次の2つの記述は、(　　　)。

A　GE-PONの上り信号は光スプリッタで合波されるため、各ONUからの上り信号が衝突しないようOLTが各ONUに対して送信許可を通知することにより、上り信号を時間的に分離して衝突を回避している。

B　GE-PONでは、伝送帯域を有効活用するため、各ONUは上りのデータ量をOLTへ通知し、OLTが各ONUに帯域を割り当てるP2MPといわれる機能が用いられている。

① Aのみ正しい　② Bのみ正しい
③ AもBも正しい　④ AもBも正しくない

問3

(1) ISDN基本ユーザ・網インタフェースにおける使用チャネルについて述べた次の2つの記述は、(　　　)。

A　パケット交換モードにより通信を行う場合、データパケットは、Bチャネルまたは Dチャネルで伝送される。

B　回線交換モードにより通信を行う場合、呼制御用のシグナリング情報は、Bチャネルでのみ伝送される。

① Aのみ正しい　② Bのみ正しい
③ AもBも正しい　④ AもBも正しくない

(2) ISDN基本ユーザ・網インタフェースにおけるレイヤ3のメッセージは、共通部と個別部からなる。共通部は、すべてのメッセージに共通に含まれており、大別して、(　　　　)、呼番号およびメッセージ種別といわれる3つの情報要素から構成されている。

① プロトコル識別子　② ユーザ情報
③ 端末識別子　④ 宛先アドレス
⑤ MACアドレス

問4

(1) GE-PONのDBAアルゴリズムについて述べた次の2つの記述は、(　　　　)。

A　GE-PONでは、毎秒10ギガビットの上り帯域を各ONUで分け合うので、上り帯域を使用していないONUにも帯域が割り当てられることによる無駄をなくすため、OLTにDBA(動的帯域割当)アルゴリズムを搭載し、柔軟に帯域を割り当てている。

B　GE-PONのDBAアルゴリズムを用いたDBA機能には、帯域制御機能と遅延制御機能がある。

① Aのみ正しい　② Bのみ正しい
③ AもBも正しい　④ AもBも正しくない

(2) 広域イーサネットにおいて用いられるEoMPLSでは、ユーザネットワークのアクセス回線から転送されたイーサネットフレームは、MPLSドメインの入口にあるエッジルータで(　　　　)が除去され、レイヤ2転送用ヘッダとMPLSヘッダが付与される。

① PA(PreAmble/SFD)とFCS(Frame Check Sequence)
② PAとPAD(Padding Bit)
③ DA(Destination Address)とSA(Source Address)
④ PAとDA
⑤ DAとFCS

問5

(1) ある回線群についてトラヒックを20分間調査し、保留時間別に呼数を集計したところ、表に示す結果が得られた。調査時間中におけるこの回線群の呼量が3.5アーランであるとき、保留時間が200秒の呼数は、(　　　　)呼である。

1呼当たりの保留時間	110秒	120秒	150秒	200秒
呼　数	5	10	7	(　　)

① 2　② 3　③ 7　④ 8　⑤ 9

(2) 即時式完全線群のトラヒックについて述べた次の2つの記述は、(　　　　)。

A　出線能率は、出回線数を運ばれた呼量で割ることにより求められる。
B　運ばれた呼量は、出回線群の平均同時接続数、1時間当たりの出回線群における保留時間の総和などで表される。

① Aのみ正しい
② Bのみ正しい
③ AもBも正しい
④ AもBも正しくない

問6

(1) 暗号化電子メールを実現する代表的な方式であるPGPとS/MIMEの異なる点について述べた次の記述のうち、正しいものは、(　　　　)である。

① 送信者が、電子メールの内容を公開鍵で暗号化し、その鍵を受信者の共通鍵を用いて暗号化する方式をとるか否かである。
② 送信者が、電子メールの内容を共通鍵で暗号化し、その鍵を受信者の公開鍵を用いて暗号化する方式をとるか否かである。
③ 電子メールに電子署名を付加するか否かである。
④ 公開鍵を証明するための第三者機関(CA)が必要であるか否かである。

(2) 情報セキュリティマネジメントシステム（ISMS）の要求事項を満たすための管理策について述べた次の記述のうち、誤っているものは、（　　　　）である。

① 情報セキュリティのための方針群は、これを定義し、管理層が承認し、発行し、従業員および関連する外部関係者に通知しなければならない。
② 経営陣は、組織の確立された方針および手順に従った情報セキュリティの適用を、全ての従業員および契約相手に要求しなければならない。
③ 資産の取扱いに関する手順は、組織が採用した情報分類体系に従って策定し、実施しなければならない。
④ 装置は、情報セキュリティの3要素のうちの可用性および安全性を継続的に維持することを確実にするために、正しく保守しなければならない。

問7

(1) デジタル式PBXの接続工事について述べた次の2つの記述は、（　　　　）。

A デジタル式PBXの主装置と外線との接続工事において、DSUは、4線式で主装置の外線ユニットに接続される。
B デジタル式PBXの主装置と内線端末との接続工事において、ISDN端末は、2線式で主装置の内線ユニットに接続される。

① Aのみ正しい　② Bのみ正しい
③ AもBも正しい　④ AもBも正しくない

(2) デジタル式PBXの機能確認試験のうち、（　　　　）試験では、外線中継台で着信信号を受信中に、外線からの着信信号を一定時間以上受信しなくなった場合に、中継台に表示されていた着信表示が消え、ブザーなどが自動的に停止することを確認する。

① オートレリーズ　② ラインロックアウト　③ 外線キャンプオン
④ コールパーク　⑤ コールトランスファ

問8

(1) OITDA/TP 11/BW：2012ビルディング内光配線システムにおける、光ファイバケーブル収納方式のうち、ビルのフロア内の横系配線収納方式について述べた次の2つの記述は、(　　　　)。

A　横系の配線収納は床スラブ上、床スラブ内または天井内のどれかを利用するが、床スラブ上の配線方式としては、アンダーカーペット方式、フリーアクセスフロア方式またはセルラダクト方式のどれかを採用する。

B　床スラブ内の配線方式のうち電線管方式は、他の方式と比較して配線収納容量は小さいが、費用が安い。

① Aのみ正しい　　② Bのみ正しい
③ AもBも正しい　　④ AもBも正しくない

(2) ISDN基本ユーザ・網インタフェースにおける、ポイント・ツー・マルチポイント構成の配線長などについて述べた次の記述のうち、誤っているものは、(　　)である。

① 延長受動バス配線では、TE相互間の最大配線長は、25～50メートルの範囲とされている。
② 短距離受動バス配線では、NTとNTから一番遠いTEとの距離となる最大配線長は、100～200メートルの範囲とされている。
③ 短距離受動バス配線では、1つのバス配線に対して、最大8台まで端末を接続することができる。
④ ポイント・ツー・マルチポイント構成では、1対のインタフェース線における配線極性は、全TE間で同一とする必要はなく、反転してもよいとされている。

問9

(1) 光コネクタについて述べた次の2つの記述は、(　　　　)。

A　現場取付け可能な単心接続用の光コネクタのうち、ドロップ光ファイバケーブルとインドア光ファイバケーブルの接続や宅内配線における光コネクタキャビネット内での心線接続に用いられ、コネクタプラグとコネクタソケットの2種類がある光コネクタは、FCコネクタといわれる。

B　テープ心線相互の接続に用いられるMTコネクタは、MTコネクタかん合ピンおよびMTコネクタクリップを使用して接続する光コネクタであり、コネクタの着脱には着脱用工具を使用する。

①　Aのみ正しい　　②　Bのみ正しい
③　AもBも正しい　　④　AもBも正しくない

(2) JIS X 5150：2016の平衡配線性能において、挿入損失が(　　　　)となる周波数における近端漏話減衰量の値は、近端漏話減衰量に関する特性について、その周波数範囲の部分で試験結果が不合格となっても合格とみなすことができる。

①　3.0dB以上　　②　3.0dB未満　　③　4.0dB以上
④　4.0dB未満　　⑤　5.0dB以上

問10

(1) シューハート管理図の概要について述べた次の記述のうち、誤っているものは、(　　　　)である。

①　シューハート管理図は、ほぼ規則的な間隔で工程からサンプリングされたデータを必要とし、間隔は、時間または量によって定義してよい。

②　シューハート管理図には中心線があり、打点される特性値に対する参照値として用いられる。統計的管理状態であるかどうかを評価する場合、一般に、参照値には、対象となるデータの平均値が用いられる。

③ シューハート管理図には、中心線の両側に統計的に求められた2つの管理限界があり、打点された統計量の群内母標準偏差をσとすると、管理限界線は、中心線から両側へ3σの距離にある。

④ シューハート管理図において、統計的管理状態にある場合、管理限界内には近似的に88パーセントの打点値が含まれ、この管理限界は警戒限界ともいわれる。

(2) 図に示すネットワーク式工程表の各作業の作業順序に対応するバーチャートは、表1～表4のバーチャートのうち、(　　　　)である。

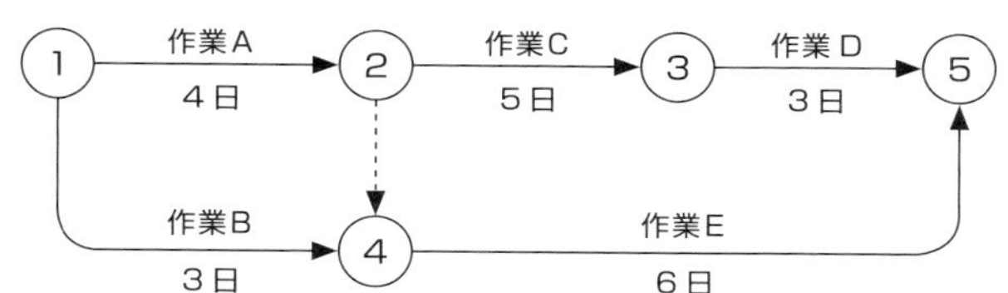

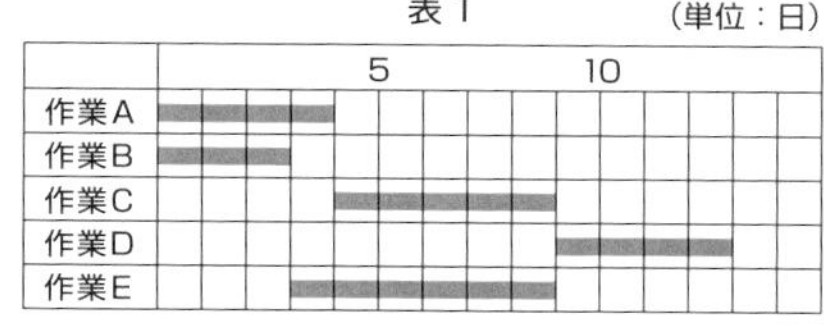

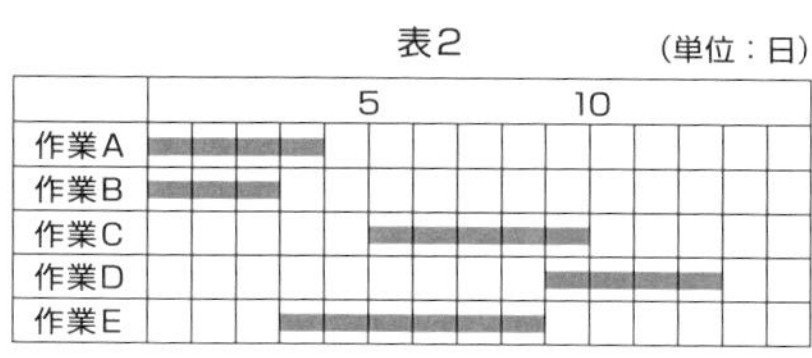

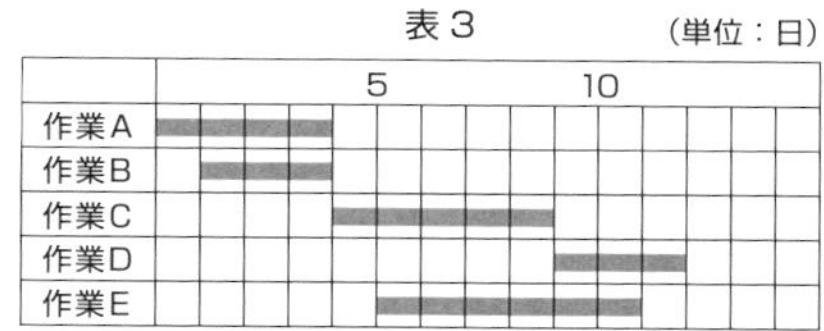

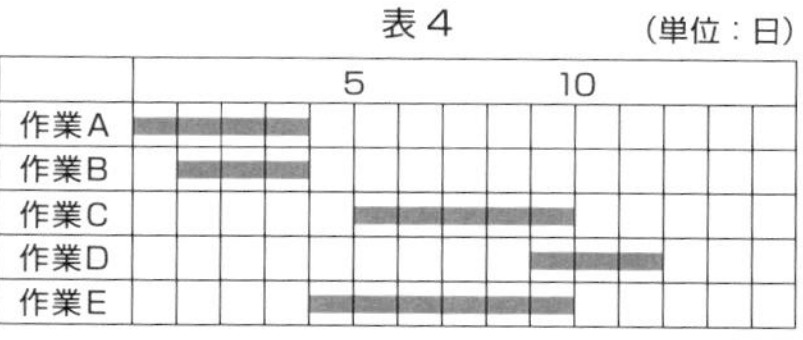

① 表1　　② 表2　　③ 表3　　④ 表4

Question

問題を解いてみよう

■模擬問題（法規 - 第２回）

次の各文章の（　　　）内に、それぞれの解答群の中から最も適したものを選び、その番号を記せ。

問1

(1) 電気通信事業法の規定により公共の利益のため緊急に行うことを要するその他の通信であって総務省令で定めるものに該当する通信について述べた次の２つの文章は、（　　　）。

A　治安の維持のため緊急を要する事項を内容とする通信であって、海上保安機関相互間において行われるものは該当する通信である。

B　国会議員又は地方公共団体の長若しくはその議会の長の選挙の執行又はその結果に関し、緊急を要する事項の通信であって、新聞社等の機関相互間において行われるものは該当する通信である。

① Aのみ正しい　　② Bのみ正しい
③ AもBも正しい　　④ AもBも正しくない

(2) 総務大臣は、電気通信事業法に規定する電気通信設備が総務省令で定める技術基準に適合していないと認めるときは、当該電気通信設備を設置する電気通信事業者に対し、その技術基準に適合するように当該設備を修理し、若しくは改造することを命じ、又はその（　　　）することができる。

① 撤去を指示　② 業務を停止　③ 更改を勧告　④ 使用を制限

問2

(1) 有線電気通信設備（その設置について総務大臣に届け出る必要のないものを除く。）を設置しようとする者は、有線電気通信の方式の別、設備の（　　　　）及び設備の概要を記載した書類を添えて、設置の工事の開始の日の２週間前まで（工事を要しないときは、設置の日から２週間以内）に、その旨を総務大臣に届け出なければならない。

① 接続の方法　② 技術的条件　③ 設置の場所
④ 工事の方式　⑤ 使用の条件

(2) 総務大臣は、有線電気通信法の施行に必要な限度において、有線電気通信設備を設置した者からその設備に関する報告を徴し、又はその職員に、その事務所、営業所、工場若しくは事業場に立ち入り、その（　　　　）させることができる。

① 設備若しくは帳簿書類を検査
② 業務の内容を分析し変更
③ 装置及び附属設備を点検
④ 運用の状況を確認し変更
⑤ 設備の修理又は改造の効果を調査

問3

(1)「配線設備等」および「絶縁抵抗等」について述べた次の2つの文章は、（　　　　）。

A 配線設備等は、事業用電気通信設備を損傷し、又はその機能に障害を与えないようにするため、総務大臣が別に告示するところにより配線設備等の設置の方法を定める場合にあっては、その方法によるものでなければならない。

B 端末設備の機器は、その電源回路と筐体及びその電源回路と事業用電気通信設備との間において、使用電圧が750ボルトを超える直流及び600ボルトを超える交流の場合にあっては、その使用電圧の2.5倍の電圧を連続して20分間加えたときこれに耐える絶縁耐力を有しなければならない。

① Aのみ正しい　② Bのみ正しい
③ AもBも正しい　④ AもBも正しくない

(2) 端末設備を構成する一の部分と他の部分相互間において電波を使用する端末設備が有しなければならない識別符号とは、端末設備に使用される無線設備を識別するための符号であって、通信路の設定に当たってその（　　　）が行われるものをいう。

① 検証　② 受信　③ 登録　④ 照合　⑤ 選択

問4

(1) 総合デジタル通信端末がアナログ電話端末等と通信する場合にあっては、通話の用に供する場合を除き、総合デジタル通信用設備とアナログ電話用設備との接続点においてデジタル信号をアナログ信号に変換した送出電力は、平均レベルでマイナス（　　　）dBm以下でなければならない。

① 2　② 2.5　③ 3　④ 4　⑤ 5

(2) 専用通信回線設備等端末の「電気的条件等」および「漏話減衰量」について述べた次の2つの文章は、（　　　）。

A　専用通信回線設備等端末（光伝送路インタフェースのデジタル端末を除く。）は、電気通信回線に対して直流の電圧を加えるものであってはならない。ただし、総務大臣が別に告示する条件において直流重畳が認められる場合にあっては、この限りでない。

B　複数の電気通信回線と接続される専用通信回線設備等端末の回線相互間の漏話減衰量は、1,700ヘルツにおいて50デシベル以上でなければならない。

① Aのみ正しい　② Bのみ正しい
③ AもBも正しい　④ AもBも正しくない

問5

(1) 不正アクセス行為の禁止等に関する法律に規定する不正アクセス行為に該当する行為の1つとして、アクセス制御機能を有する特定電子計算機に電気通信回線を通じて当該アクセス制御機能に係る他人の識別符号を入力して当該特定電子計算機を作動させ、当該アクセス制御機能により制限されている（　　　）をし得る状態にさせる行為（当該アクセス制御機能を付加したアクセス管理者がするもの及び当該アクセス管理者又は当該識別符号に係る利用権者の承諾を得てするものを除く。）がある。

① コマンド入力　② 動作解析　③ 特定利用
④ 個人情報を閲覧　⑤ パスワードの変更

(2) 電子署名及び認証業務に関する法律に規定する事項について述べた次の2つの文章は、（　　　）。

A この法律は、電子署名に関し、電磁的記録の真正な成立の推定、特定認証業務に関する認定の制度その他必要な事項を定めることにより、電子署名の円滑な利用の確保による情報の電磁的方式による流通及び情報処理の促進を図り、もって国民生活の向上及び国民経済の健全な発展に寄与することを目的とする。

B 電磁的記録であって情報を表すために作成されたもの（公務員が職務上作成したものを含む。）は、当該電磁的記録に記録された情報について暗号化によるセキュリティ対策が行われているときは、真正に成立したものと推定する。

① Aのみ正しい
② Bのみ正しい
③ AもBも正しい
④ AもBも正しくない

模擬問題解説（基礎-第2回）

問1(1)	問1(2)	問2(1)	問2(2)	問3(1)	問3(2)
④	⑤	③	②	②	①
問4(1)	問4(2)	問5(1)	問5(2)		
③	②	③	①		

解説は著者が独自に作成したものです。

問1(1)　正解：④

解説

誘導起電力の公式は、次のとおりです。

$$e = N \times \frac{\Delta\Phi}{\Delta t}$$

問1(2)　正解：⑤

解説

以下、交流電圧で使われる各値について、算出公式を示します。

$$\text{実効値} = \frac{\text{最大値}}{\sqrt{2}}$$

$$\text{最大値} = \sqrt{2} \times \text{実効値}$$

$$\text{平均値} = \frac{2}{\pi} \times \text{最大値}$$

問2(1)　正解：③

解説

A：○

マイクロ波の高周波回路でよく使われます。

B：○

周波数変調回路に含まれる発振回路などに用いられます。

問2(2)　正解：②

解説

A：×

エミッタ接地方式は、増幅回路として使用されます。

B：○

問3(1)　正解：②

解説

かけ算は桁上がりしないことに注意をして計算し、最後に10進数へ変換しましょう。

$$
\begin{array}{r}
10011101 \\
\times\ 11110011 \\
\hline
10010001
\end{array}
$$

計算結果から、10進数へ変換します。

右端から0乗と数えて、左端は7乗ですので、次の計算が導かれます。

$1\times2^7+0\times2^6+0\times2^5+1\times2^4+0\times2^3+0\times2^2+0\times2^1+1\times2^0$

$=128+16+1=145$

Q 模擬問題（第2回）

問3(2)　正解：①

解説

ド・モルガンの法則を使い式を変形します。

$$
\begin{aligned}
X &= \overline{(A+B)\cdot(A+\overline{C})}\cdot\overline{(\overline{A}+B)\cdot(\overline{A}+\overline{C})} \\
&= \overline{(A+B)\cdot(A+\overline{C})+(\overline{A}+B)\cdot(\overline{A}+\overline{C})} \\
&= \overline{A\cdot A+A\cdot\overline{C}+B\cdot A+B\cdot\overline{C}+\overline{A}\cdot\overline{A}+A\cdot\overline{C}+B\cdot\overline{A}+B\cdot\overline{C}} \\
&= \overline{A\cdot A+\overline{A}\cdot\overline{A}+A\cdot\overline{C}+B\cdot A+B\cdot\overline{C}+A\cdot\overline{C}+B\cdot\overline{A}+B\cdot\overline{C}}
\end{aligned}
$$

同じ文字同士のかけ算では、文字は変化しませんので、

$$= \overline{A+\overline{A}+A\cdot\overline{C}+B\cdot A+B\cdot\overline{C}+A\cdot\overline{C}+B\cdot\overline{A}+B\cdot\overline{C}}$$

ここで、$A+\overline{A}$は1になります。

1というのは全体を意味し、1に何を足しても1です。

$$= \overline{1+A\cdot\overline{C}+B\cdot A+B\cdot\overline{C}+A\cdot\overline{C}+B\cdot\overline{A}+B\cdot\overline{C}}$$

$$= \overline{1}$$

$$= 0$$

問4 (1)　正解：③

解説

変成器において、電圧は巻線比に応じて変圧されます。

巻線比が3:5となっていることから、電圧の大きさも同じように3:5となります。

電圧計の値が500ミリボルトであることから、変成器の2次側が500ミリボルトとわかります。

次に、巻線比が3:5であることから、変成器の1次側が300ミリボルトであるとわかります。

ここで、電気通信回線の減衰量は−0.9×20＝−18より、−18デシベル。

増幅器の利得が38デシベルであることから、−18＋38＝＋20より、入力電圧はトータル20デシベル増幅して変成器に入ることがわかります。

電圧20デシベルを真数に直すと10倍となりますので、入力電圧が10倍して変成器の1次側電圧300ミリボルトになることから、入力電圧は30ミリボルトとなります。

問4 (2)　正解：②

解説

一様なメタリック線路の減衰定数は、**信号の周波数**によりその値が変化します。

問5 (1)　正解：③

解説

A、Bともに正しい記述です。テキストのように読み込んでおきましょう。

問5 (2)　正解：①

解説

B：熱雑音は、デジタル、アナログ共通の雑音ですので、「特有の雑音」とはいえません。

■模擬問題解説（技術-第2回）

問1(1)	問1(2)	問2(1)	問2(2)	問3(1)	問3(2)
①	③	④	①	①	①
問4(1)	問4(2)	問5(1)	問5(2)	問6(1)	問6(2)
②	①	③	②	④	④
問7(1)	問7(2)	問8(1)	問8(2)	問9(1)	問9(2)
①	①	②	④	②	④
問10(1)	問10(2)				
④	③				

解説は著者が独自に作成したものです。

問1(1)　正解：①

解説

A：○

B：×　**L2線に地気を送出**します。

問1(2)　正解：③

解説

電圧制限形サージ防護デバイスでは、非直線性の電圧ー電流特性を持つバリスタ、アバランシブレークダウンダイオードなどの素子が用いられています。

問2(1)　正解：④

解説

A：×　SIPは、アプリケーション層のプロトコルです。

B：×　各サーバの名称が異なっています。正しくは、次のとおりです。

・登録を受け付ける➡レジストラ

・位置を管理する➡ロケーション

・メッセージを転送➡プロキシ

・メッセージを再転送➡リダイレクト

問2(2)　正解：①

解説

A：○

B：×　これは、P2MPではなく、DBA機能に関する内容です。

問3(1)　正解：①

解説

A：○

B：×　呼制御などの情報はDチャネルで伝送されます。

問3(2)　正解：①

解説

プロトコル識別子+**呼番号**+**メッセージ種別**です。
どれも重要ですので、3つとも覚えましょう。

問4(1)　正解：②

解説

A：×
「毎秒10ギガビット」というところが間違いです。
「毎秒1ギガビット」というのが正しい記述です。

B：○

問4(2)　正解：①

解説

EoMPLSの技術を実現するために、次の2ステップが行われます。
①エッジルータで、PAとFCSを除去
②レイヤ2転送用ヘッダ(MACヘッダ)とMPLSヘッダを付与
頻出事項ですので、覚えておきましょう。

問5(1)　正解：③

解説

「分」を「秒」に統一し、調査時間T＝20×60＝1200〔秒〕となります。

呼量は 「延べ保留時間÷調査時間」で求められます。

また、延べ保留時間は、「呼数」×「1呼当たりの保留時間」で計算できます。

ここで延べ保留時間を仮にxとおくと、

3.5＝x÷調査時間　より

　＝x÷1200

x＝4200

表から延べ保留時間を計算すると、

1呼当たりの保留時間	110秒	120秒	150秒	200秒
呼　数	5	10	7	（ y ）

延べ保留時間 ＝(110×5)＋(120×10)＋(150×7)＋(200×y)

4200 ＝550＋1200＋1050＋200×y

＝2800＋200×y

200×y ＝1400

y ＝7

問5(2)　正解：②

解説

A：×　出線能率は**(運ばれた呼量÷加わった呼量)×100**で求められます。

B：○

問6(1)　正解：④

解説

PGPとS/MIMEは、どちらも暗号化電子メールの信頼性を担保するものです。

PGPはお互いが署名をすればよいのに対して、S/MIMEは**認証機関としての第三者機関(CA)が必要となる**点で違いがあります。

問6(2)　正解：④

解説

正しくは、「可用性及び完全性」です。

ちなみに、セキュリティの3要素とは、機密性、完全性、可用性です。

問7(1)　正解：①

解説

A：○

B：×　ISDN端末は4線式で接続されます。

問7(2)　正解：①

解説

「自動的に停止」という文言から、オートレリーズが選べるようにしておきましょう。

問8(1)　正解：②

解説

A：×　セルラダクトは、床スラブ内の配線方式となります。

B：○

問8(2)　正解：④

解説

ポイント・ツー・マルチポイントでは、全TE間で配線極性を統一する必要があります。

問9(1)　正解：②

解説

A：×

現場取付け可能な単心で、コネクタプラグとコネクタソケットの2種類がある光コネクタは、FAコネクタです。

B：〇

問9(2)　正解：④

解説

近端漏話減衰量は4.0dB未満が適用されます。

反射減衰量は3.0dB以下、近端漏話減衰量は4.0dB未満と規定されています。

問10(1)　正解：④

解説

管理限界内には近似的に99.7パーセントが含まれるとされています。

問10(2)　正解：③

解説

本問は、アローダイアグラムとバーチャートとの対応関係を聞かれています。

解くコツは、「消去法」です。

矛盾するものを消していくことにより、答えを見つけることができます。

(表1)

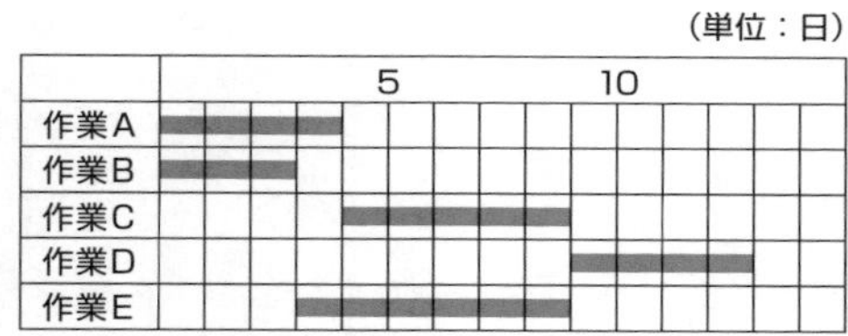

表1を見ると、作業Aと作業Eに矛盾があります。

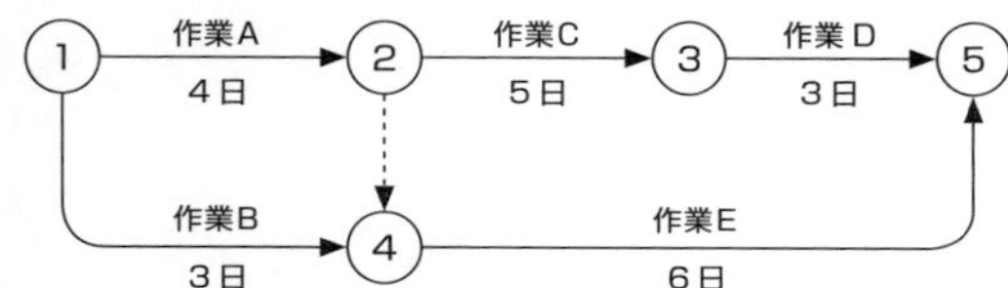

アローダイアグラムでは、作業Aが終わらないと、作業Eには入れないようになっています。バーチャートと矛盾しています。よって、×です。

（表2）

（単位：日）

					5					10					
作業A	■	■	■	■											
作業B	■	■	■												
作業C						■	■	■	■	■					
作業D										■	■	■	■		
作業E				■	■	■	■	■	■						

作業Cと作業Dに矛盾があります。

アローダイアグラムでは、作業Cが終わらなければ作業Dに入れないはずなのに、バーチャートでは重なっています。

よって、こちらの選択肢も×です。

（表3）

（単位：日）

					5					10					
作業A	■	■	■	■											
作業B		■	■	■											
作業C					■	■	■	■	■						
作業D										■	■	■			
作業E						■	■	■	■	■	■				

特に矛盾が見つかりません。これが正解です。

（表4）

（単位：日）

					5					10					
作業A	■	■	■	■											
作業B		■	■	■											
作業C						■	■	■	■	■					
作業D										■	■	■			
作業E					■	■	■	■	■	■					

作業Cが終わる前に作業Dが始まっており、矛盾しています。

結果、表1、表2、表4が消去されて、表3が正しい選択肢となります。

答え合わせ

■模擬問題解説（法規 - 第2回）

問1(1)	問1(2)	問2(1)	問2(2)	問3(1)	問3(2)
①	④	③	①	①	④
問4(1)	問4(2)	問5(1)	問5(2)		
③	①	③	①		

解説は著者が独自に作成したものです。

問1(1)　正解：①

解説

A：○　電気通信事業法施行規則第55条

B：×　電気通信事業法施行規則第55条

正しくは「新聞社等の機関相互間」ではなく、「選挙管理機関相互間」です。

問1(2)　正解：④

解説

電気通信事業法第43条に基づく出題です。

問2(1)　正解：③

解説

有線電気通信法第3条に基づく出題です。

問2(2)　正解：①

解説

有線電気通信法第6条に基づく出題です。

問3(1)　正解：①

解説

A：○　端末設備等規則第8条

B：×　端末設備等規則第6条

「使用電圧の2.5倍の電圧を連続して20分間加えたとき」ではなく、「使用電圧の1.5倍の電圧を連続して10分間加えたとき」です。

問3(2)　正解：④

解説

端末設備等規則第9条に基づく出題です。

問4(1)　正解：③

解説

端末設備等規則第34条の6および別表第5号に基づく出題です。

問4(2)　正解：①

解説

A：○　端末設備等規則第34条の8

B：×　端末設備等規則第34条の9

1,500ヘルツにおいて70デシベル以上でなければなりません。

問5(1)　正解：③

解説

不正アクセス行為の禁止等に関する法律第2条に基づく出題です。

問5(2)　正解：①

解説

A：○　**電子署名及び認証業務に関する法律第1条**

B：×

電磁的記録であって情報を表すために作成されたもの（公務員が職務上作成したものを除く。）は、当該電磁的記録に記録された情報について**本人による電子署名**が行われているときは、真正に成立したものと推定する。

索引

あ行

アーラン……176
アイパターン……169
上がり帯域制御……162
アクセス制御方式……127, 199
暑さ指数……252
アッドオン試験……220
アドホックモード……126
アドレス……150
アナログ式テスタ……247
アバランシェフォトダイオード……37
アローダイアグラム……261
暗号化電子メール……192
暗号化プロトコル……192
暗号化方式……196
暗号方式……190
安全施工サイクル……255
安全朝礼……254
安全パトロール……254
アンダーカーペット配線方式……213
アンチパスバック……199
イーサネットフレーム……156
位相同期……165
位相偏移変調……90
位相変調方式……90
一次群速度……118
一次群速度ユーザ・網インタフェース……115
イミュニティ……120
インフラストラクチャーモード……126
ウイルス検出方式……198
ウイルスチェック……199
ウォードライビング……189
エイリアンクロストーク……229
エコーチェック……140
エコケーブル……211
遠隔給電……116
遠端漏話……74
延長受動バス配線……224
オートダイヤル……105
オートネゴシエーション機能……169
オートラン機能……186
オートレリーズ試験……221
オートレンジ式……245
オームの法則……20
オルタナティブA方式……122
オルタナティブB方式……122
音響エコー……106
音声品質……113

か行

外線キャンプオン試験……219
回線交換モード……137
回線使用率……177
回線保留時間……174
外部変調方式……95
確認形情報転送手順……145
隠れ端末問題……128
カットアンドスルー……168
カットバック法……242
カテゴリ……228
過電圧保護回路……110
可動コイル形……246
加入者保安器……208
過変調……90
可変容量ダイオード……38
幹線ケーブル配線長……237
完全線群……176
ガンブラー……186
危険作業……252
危険予知活動……253
起動・停止手順……140
基本方針……200
基本ユーザ・網インタフェース……115
逆方向電圧……37
キャリアセンス……105
キューイング……113
吸引力……17

給電方式…………………………… 122
共振周波数………………………………… 18
共通鍵暗号方式…………………… 190
許容曲率半径……………………… 212
キルヒホッフの法則…………………… 27
金属ダクト………………………… 231
近端漏話……………………………………… 74
空間スイッチ……………………… 109
空乏層………………………………………… 37
クリアスクリーン………………… 199
クリアデスク……………………… 199
ケーブル入線剤…………………… 212
ケーブルラック…………………… 231
検疫ネットワーク………………… 195
原子…………………………………………… 35
現状把握…………………………… 253
減衰定数……………………………………… 75
減衰度………………………………………… 80
建設費曲線………………………… 257
呼…………………………………… 174
コイルの自己インダクタンス………… 16
コイルの誘導性リアクタンス………… 16
広域イーサネット………………… 156
公開鍵暗号方式…………………… 191
工期………………………………… 257
合計回線数………………………… 179
交差接続…………………………… 232
工事試験…………………………… 227
工事担任者規則…………………… 273
工事費……………………………… 256
合成インピーダンス…………………… 29
合成静電容量………………………………… 25
高速情報チャネル………………… 137
工程・原価・品質の関係………… 260
降伏現象……………………………………… 38
交流波形……………………………………… 18
コーデック回路…………………… 118
コールウェイティング…………… 220
コールトランスファ試験………… 220
コールピックアップ試験………… 221
故障切分け試験…………………… 227
呼数……………………………… 175, 178
呼損率……………………………… 175
コネクタ接続……………………… 232
呼番号……………………………… 146
コモンモードノイズ……………… 120
呼量………………………………… 176
混信防止機能……………………… 105
コンデンサ…………………………………… 24
コンピュータウイルス…………… 186
コンピュータウイルス対策ソフトウェア
…………………………………… 198

さ行

サイドチャネル…………………… 187
サイリスタ…………………………………… 37
雑音…………………………………………… 93
参照点……………………………… 135
散布図……………………………… 261
時間スイッチ……………………… 109
識別符号…………………………… 105
試験ループバック………………… 140
実効値検波方式…………………… 245
実施手順…………………………… 201
時定数………………………………………… 26
時分割多重方式……………………………… 94
シューハート管理図……………… 260
周波数帯域幅………………………………… 92
周波数偏移変調……………………………… 90
周波数変調方式……………………………… 90
出線数有限………………………… 177
出線能率………………………… 177, 179
出力特性……………………………………… 41
受動素子…………………………… 162
順次サーチ方式…………………… 218
順方向電圧…………………………………… 37
使用回線数………………………… 179
常時起動状態……………………… 142

使用周波数帯域…… 104
情報セキュリティポリシー…… 200
情報セキュリティマネジメント…… 201
情報チャネル…… 136
情報転送モード…… 137
シングルサインオン…… 192
信号チャネル…… 137
真性半導体…… 36
心線被覆…… 209
侵入検知システム…… 194
振幅偏移変調…… 90
振幅変調…… 88
真理値表…… 52
垂直ラック…… 231
スイッチングハブ…… 168
水平配線…… 234
水平ラック…… 231
水平リンク長公式…… 235
スター配線…… 221
ストアアンドフォワード…… 168
スパムメール対策…… 192
スライサ…… 38
スループット…… 127
正弦波…… 18
静電遮蔽…… 15
静電誘導…… 14
静電容量…… 24,26
静電容量試験…… 227
静特性…… 41
施工管理…… 256
施工出来高…… 256
絶縁抵抗試験…… 227
設計…… 256
接合型FET …… 42
接続シーケンス…… 146
接続端子函…… 208
切断配線クリート…… 233
切断法…… 242
接地工事…… 222
接地工法…… 218
接地方式…… 40
セルラダクト配線方式…… 212
ゼロオーム調整…… 247
ゼロデイ攻撃…… 189
線形中継器…… 96
総合減衰量…… 224
総合呼損率…… 177
総呼量…… 178
増設…… 180
相対レベル…… 76
挿入損失法…… 242
増幅度…… 80
ソーシャルエンジニアリング…… 188
即時式…… 175
即時式不完全線群…… 176
測定確度…… 240
測定器のクラス…… 248
測定誤差の範囲…… 247
速度変換機能…… 118
側音…… 106
ソフトウェアタイプ…… 112
損失波長モデル…… 243

た行

対策基準…… 201
対策樹立…… 253
待時式…… 175
代表着信方式…… 218
タウ…… 26
多重伝送方式…… 93
縦電圧…… 120
短距離受動バス配線…… 224
端子配置…… 226
端末アダプタ…… 115,118
端末機器の技術基準適合認定等に
関する規則…… 276
端末設備等規則（Ⅰ） …… 279
端末設備等規則（Ⅱ） …… 286

チェックシート…… 259
力率…… 19
チャネルタイプ…… 136
中継装置…… 96
直接変調方式…… 95
直流カット…… 42
直流監視回路…… 110
直流電流増幅率…… 44
直流電流測定方法…… 247
直流ループ抵抗試験…… 227
直列接続…… 21
直交振幅変調…… 91
対の撚り戻し…… 229
通光試験…… 243
通信プロトコル…… 154
通信方式…… 104
ツールボックスミーティング…… 253
通話電流供給回路…… 110
抵抗…… 82
定電圧ダイオード…… 38
ディレクトリサービス…… 195
データリンク…… 144
データリンク層…… 166
デジタル回線終端装置…… 115, 116
デジタルコードレス電話…… 104
デジタル署名…… 191
デジタルテスタ…… 245
電圧…… 81
電圧増幅度…… 47
電圧反射係数…… 76
電界効果トランジスタ…… 42
電気通信回線…… 79
電気通信事業法…… 266
電気・物理インタフェース変換機能 118
電磁エネルギー…… 17
電磁エミッション…… 120
電磁シールド…… 120
電子署名法…… 304
電子的性質…… 35
電磁ノイズ…… 120
電磁誘導電圧…… 75
伝送コンバージェンスサブレイヤ… 155
伝送速度…… 142
伝送損失…… 75, 86
転送遅延…… 113
伝送品質評価…… 99
伝送路符号…… 142
伝搬遅延…… 244
電流…… 81
電流伝達特性…… 41
電流反射係数…… 76
電力…… 81
等化器…… 116
等電位ボンディング…… 120
トラヒック量…… 176
トラヒック理論…… 174
トランジスタ…… 39
トランジスタ増幅回路…… 40
ドリフト…… 37
トンネルダイオード…… 38

な行

内線回路…… 110
内線キャンプオン試験…… 219
入線数無限…… 177
入退出管理…… 203
ネットワーク型侵入検知システム… 194
ネットワーク管理コマンド…… 153
ネットワーク構成機器…… 167
ネットワーク層…… 166
延べ保留時間…… 178

は行

ハードウェアタイプ…… 112
パーマネントリンク…… 239
バイアス回路…… 40
バイオメトリクス認証…… 192
配線盤…… 232

配線用図記号…… 214
排他的論理和…… 55
ハイブリッド暗号方式…… 191
バイポーラトランジスタ…… 39
ハインリッヒの法則…… 254
波形劣化の評価…… 169
パケット…… 166
パケット交換モード…… 138
パケットスニッフィング…… 188
バス配線…… 221
パスワードリスト攻撃…… 188
波長チャーピング…… 95
発煙濃度…… 212
白化現象…… 211
発信電話番号通知サービス…… 107
バッファオーバフロー…… 187
発泡ポリエチレン…… 209
バナナ曲線…… 259
バリスタ…… 38,119
パルス符号変調…… 92
パレート図…… 258
反射係数…… 76,78
半導体…… 35
ハンドオーバ試験…… 221
反発力…… 17
非確認形情報転送手順…… 145
光アウトレット…… 233
光アクセスネットワーク設備構成…… 160
光ケーブル…… 230,231
光コネクタ挿入損失試験…… 241
光再生中継器…… 96
光スプリッタ…… 162
光損失…… 97
光導通試験…… 243
光ファイバ…… 231
光ファイバ増幅器…… 96
光ファイバ損失試験…… 242
光ファイバ伝送…… 95
光変調器…… 96
ヒストグラム…… 258
ひずみ…… 92
非線形素子…… 119
非直線ひずみ…… 75
否定論理…… 53
否定論理積…… 53
否定論理和…… 54
ビハインドPBX …… 112,217
ヒヤリハット…… 254
ピンキング…… 211
ピンポン伝送…… 116
ファイアウォール…… 193
ファントムモード…… 226
フィールドテスト…… 239
フィッシング…… 188
フィルタ…… 94
ブール代数…… 64
フールプルーフ…… 254
フェールセーフ…… 254
フェライトコア…… 222
フォトダイオード…… 37
不完全線群…… 176
復号器…… 110
複数通信利用者アウトレット…… 238
復調…… 88
符号化…… 148
符号器…… 110
不純物半導体…… 36
不正アクセス…… 187
不正アクセス禁止法…… 296,302
物理層…… 166
物理媒体依存サブレイヤ…… 155
物理レイヤ…… 155
フラグメント化…… 152
フラグメントフリー…… 168
フラットケーブル…… 213
プリセットダイヤル…… 105
ブリッジ…… 167
フリップフロップ回路…… 57

フレーム…………………………………… 139
フロアダクト配線方式……………… 213
プロービング……………………………… 188
プロトコル識別子……………………… 146
プロトコル変換機能…………………… 118
分岐点…………………………………… 237
分散…………………………………………… 97
分散収容…………………………………… 219
平均呼数…………………………………… 175
平均待ち時間……………………………… 181
平行電線…………………………………… 17
平行板コンデンサ……………………… 24
並列接続…………………………………… 21
ベース電流………………………………… 45
ベースバイアス抵抗…………………… 46
ペネトレーションテスト…………… 198
変換接続…………………………………… 233
ベン図………………………………………… 67
変調…………………………………………… 88
変調度………………………………………… 88
変調方式…………………… 88,95,127
変調率………………………………………… 89
ポアソン分布……………………………… 174
ポイント・ツー・ポイント………… 143
ポイント・ツー・ポイント構成…… 223
ほう・れん・そう運動……………… 253
ポートスキャン………………………… 187
ホスティング……………………………… 199
ホスト型侵入検知システム………… 194
本質追求…………………………………… 253

ま行

巻線比………………………………………… 81
待ち率………………………………………… 175
マルチフレーム………………………… 141
マルチフレーム同期信号…………… 141
無限長………………………………………… 76
無線LAN ……………………… 126,196
メタリック平衡対ケーブル………… 209
メッセージ種別………………………… 146
メッセージ認証………………………… 191
メッセージフォーマット…………… 146
目標設定…………………………………… 253

や行

夜間閉塞機能……………………………… 108
ユーザ・網インタフェース………… 137
有線電気通信設備令…………………… 296
有線電気通信法………………………… 276
誘電分極…………………………………… 14
誘導起電力………………………………… 17
誘導雷………………………………………… 119
指さし呼称………………………………… 253
撚り合わせ方法………………………… 210

ら行・わ行

ライン回路………………………………… 112
ラウンドロビン方式…………………… 219
ランダム呼………………………………… 174
リサイクル対応………………………… 212
リスクアセスメント…………………… 254
リスク分析………………………………… 203
リピータハブ……………………………… 167
リラティブ測定機能…………………… 245
ルータ………………………………………… 168
ループバック2試験…………………… 227
レイヤ1 ……………………………………… 166
レイヤ2 ……………………………………… 166
レイヤ2スイッチ……………………… 167
レイヤ3 ……………………………………… 166
レイヤ3スイッチ……………………… 167
レイリー散乱損失……………………… 97
レンツの法則……………………………… 16
労働安全…………………………………… 252
労働安全性マネジメントシステム… 255
漏話…………………………………………… 74
漏話対策…………………………………… 210
ログオンパスワード…………………… 198

論理演算 52
論理積 53
論理和 54
ワンタッチダイヤル 105

アルファベット

ACD試験 220
ADS 161
ADSL 165
AND 53
Annex C 165
ARPパケット 188
ASK 90
ATM 154
ATMレイヤ 155
ATMアダプテーションレイヤ 155
Bチャネル 136
BER 99
BIOSパスワード 198
BPSK 91
B8ZS 142
CATV 164
CCPケーブル 209
CDMA 94
CED 106
CHAP 197
CLP 155
CNG 106
Cookie 187
CTI試験 220
CWDM 98
Dチャネル 137
Dチャネルアクセス競合制御 140
DBAアルゴリズム 163
DFビット 152
DHCPサーバ方式 195
DLCI 144
DMT 165
DMZ 193
DRAM 43
DSU 116
DWDM 98
EoMPLS 158
EXOR 55
Fビット 141
FAコネクタ 230
FAX 106
FCS 156,157
FET 42
FLP 169
FSK 90
GE-PON 162
G-PON 161
Hチャネル 137
HFC 164
HIDS 194
ICMPv6 152
IDS 194
IoT技術 169
IPスプーフィング 188
IPセントレックス 112
IPsec 195
IPv4 150
IPv6 151
IP-VPN 156
ISDN 115
ISDNインタフェース 134
ISDNレイヤ1 139
ISDNレイヤ2 144
ISDNレイヤ3 146
ISMS 201
ISMバンド 127
IVR試験 220
JPEG 106
KY活動 253
LAN 166
LED 37,95
LER 157

LLID ······ 162
LSR ······ 157
MACアドレス ······ 150, 166
MACコントロール副層 ······ 163
MIMO ······ 129
MOS型FET ······ 42
MPLS ······ 157
MTコネクタ ······ 230
MTU ······ 152
n形半導体 ······ 36
n進数 ······ 59
NAND ······ 53
NAND型フリップフロップ ······ 57
NAPT ······ 193
NAT ······ 193
NIDS ······ 194
NOR ······ 54
NOR型フリップフロップ回路 ······ 58
NOT ······ 53
NT1 ······ 135
NT2 ······ 135
OFDM ······ 92
OP25B ······ 192
OR ······ 54
OTDR法 ······ 242
OTDR法測定波形 ······ 244
p形半導体 ······ 36
PA ······ 162
PAP ······ 197
PBダイヤルイン方式 ······ 107
PBX ······ 107
PCM ······ 92
PD ······ 121
PDCAサイクル ······ 257
PECケーブル ······ 209
PGP ······ 192
PINフォトダイオード ······ 38
PLC ······ 169
PMTUD ······ 153
pn接合 ······ 36
PoE ······ 121
PoE Plus ······ 122
PON ······ 161
Preamble ······ 156
PSE ······ 121
PSK ······ 90
P2MPディスカバリ ······ 163
QAM ······ 91
QPSK ······ 91
R点 ······ 135
RADIUS ······ 197
RC直列回路 ······ 31
RL直列回路 ······ 31
RLC直列回路 ······ 29
RLC並列回路 ······ 32
RSA暗号 ······ 191
S点 ······ 135
SAPI ······ 144
SCコネクタ ······ 230
SFD ······ 157
SIP ······ 113
SIPサーバ ······ 113
S/MIME ······ 192, 197
SN比 ······ 86
SPD ······ 119
SQLインジェクション ······ 187
SS方式 ······ 161
SSH ······ 197
SSL ······ 197
STPケーブル ······ 229
syslog ······ 198
T点 ······ 136
Tラベル ······ 158
TA ······ 118, 135
TCM方式 ······ 98
TCPスキャン ······ 187
TDM ······ 94
TDMA/TDD ······ 104

TE1 …… 135
TE2 …… 135
TEI …… 144
Type1 …… 121
Type2 …… 122
VCラベル …… 158
VoIPゲートウェイ …… 112
W/h …… 181
WBGT …… 252
WDM …… 163
WDM方式 …… 98
xDSL …… 165

数字

1呼あたりの保留時間 …… 178
1フレーム …… 141
2進数 …… 59,60,63
2線4線式 …… 217
2線-4線変換回路 …… 110
2相位相変調方式 …… 91
3dB/4dBルール …… 240
3S活動 …… 253
4相位相変調方式 …… 91
4S活動 …… 253
5S活動 …… 253
8相位相変調方式 …… 91
8PSK …… 91
10ギガビットイーサネット …… 124
10進数 …… 59
10G-EPON …… 163
16進数 …… 59,62,63
1000BASE-T …… 123

記号

%DM …… 100
%EFS …… 99
%ES …… 99
%SES …… 99
τ …… 26

●藤本　勇作（ふじもと　ゆうさく）
総合学習塾まなびや塾長

【略歴】
神戸大学法学部卒業。独学で第一級陸上無線技術士、電気通信主任技術者、電気工事士など国家資格を複数取得。YouTubeでの講義が評判となり、個別指導塾「総合学習塾まなびや」を創立。特に工事担任者試験の受験指導において好評を得る。幼稚園から小・中・高の全学年、全教科指導担当の他、速読英語、パズル教室、ロボットプログラミングスクール等の講師も担当している。生徒が自ら学びとる力（"まなびの力"）の育成を目的に、実務を通じてまなびや式学習メソッドの開発に取り組んでいる。

【校閲】
・日高有香

【イラスト】
・キタ大介／タナカ　ヒデノリ

これ1冊で最短合格
工事担任者 総合通信
要点解説テキスト&問題集

発行日　2023年 2月 6日　第1版第1刷
　　　　2024年 7月 1日　第1版第3刷

著　者　藤本　勇作

発行者　斉藤　和邦
発行所　株式会社　秀和システム
〒135-0016
東京都江東区東陽2-4-2　新宮ビル2F
Tel 03-6264-3105（販売）Fax 03-6264-3094
印刷所　三松堂印刷株式会社　Printed in Japan

ISBN978-4-7980-6926-5 C3050